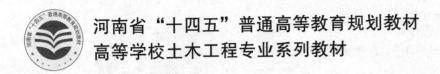

河南省"十四五"普通高等教育规划教材

高等学校土木工程专业系列教材

环境岩土工程学

张建伟　边汉亮　主编

中国建筑工业出版社

图书在版编目（CIP）数据

环境岩土工程学/张建伟，边汉亮主编. —北京：
中国建筑工业出版社，2021.2
河南省"十四五"普通高等教育规划教材　高等学校
土木工程专业系列教材
ISBN 978-7-112-26141-3

Ⅰ. ①环…　Ⅱ. ①张… ②边…　Ⅲ. ①环境工程-岩
土工程-高等学校-教材　Ⅳ. ①TU4

中国版本图书馆 CIP 数据核字（2021）第 087294 号

环境岩土工程学是一门岩土工程学科和环境工程学科、地下水科学等多学科交叉的学科。本书对国内外学者的最新研究成果进行了归纳，全书分 10 章，主要内容包括绪论、城市固体废物的工程性质与污染形式、城市固体废物的处置方法与利用、填埋场的设计与计算、地下水与环境岩土工程、污染土的固化处理、重金属污染土的生态处理、人类工程活动造成的环境岩土工程问题、大环境岩土工程问题和温室效应及 CO_2 地下储存等。

本书可作为土木工程、地质工程和环境工程相关专业的研究生教材或高年级本科生的选修课教材，可供相关领域的科研技术人员和工程管理人员、相关专业高校师生作为参考书选用。

责任编辑：牛　松　田立平
责任校对：党　蕾

河南省"十四五"普通高等教育规划教材
高等学校土木工程专业系列教材
环境岩土工程学
张建伟　边汉亮　主编
＊
中国建筑工业出版社出版、发行（北京海淀三里河路 9 号）
各地新华书店、建筑书店经销
霸州市顺浩图文科技发展有限公司制版
天津安泰印刷有限公司印刷
＊
开本：787 毫米×1092 毫米　1/16　印张：14½　字数：360 千字
2021 年 9 月第一版　　2021 年 9 月第一次印刷
定价：**40.00** 元
ISBN 978-7-112-26141-3
（36733）

前　　言

随着现代社会的飞速发展，人类活动造成了环境污染和生态破坏，环境保护得到不同领域的关注，由此，岩土工程学科、环境工程学科和地下水学科等多学科交叉产生了一门新兴学科——环境岩土工程学。国外发达国家自20世纪80年代开始对环境岩土工程研究，国内相关研究起步于20世纪90年代，在国家和各级政府的重视下，经过近30年的发展，我国在国际环境岩土工程领域已处于主导地位。

国内对环境岩土工程问题的研究，可以归为大环境问题和小环境问题两大类。大环境问题是指人类与自然环境之间的共同作用问题，主要是由自然灾变引起，如地震灾害、火山灾害、洪水灾害、温室效应和水土流失等；小环境问题是人类的生活、生产和工程活动与环境之间的共同作用问题，主要是由人类自身引起的，如由采矿造成的采空区塌陷、城市垃圾及工业有毒有害废弃物对生态环境的危害、城市建设产生的振动与土体变形移动等。

根据环境岩土工程学教学和科研的需要，作者对国内外相关理论研究成果、工程实践经验进行总结归纳，并包含了作者的部分科研成果，编写了这本《环境岩土工程学》。全书共分10章，包括第1章绪论、第2章城市固体废物的工程性质与污染形式、第3章城市固体废物的处置方法与利用、第4章填埋场的设计与计算、第5章地下水与环境岩土工程、第6章污染土的固化处理、第7章重金属污染土的生态处理、第8章人类工程活动造成的环境岩土工程问题、第9章大环境岩土工程问题和第10章温室效应及CO_2地下储存。

全书由河南大学张建伟编写第1、2、8章，边汉亮编写第4、6、7章，王浩编写第5、9章，王伟编写第3、10章，全书由张建伟和边汉亮负责统稿。参加本书整理、编写工作的还有王小锯、李贝贝、丁乐、樊亚龙、张旭钢、尹悦等研究生，他们也都奉献了大量的精力。此外在编写过程中，作者参考和引用了大量文献资料，在此对原作者深表谢意。

由于作者水平有限，书中难免存在错误和不当之处，敬请读者批评指正。

目　　录

第1章　绪论 ··· 1

1.1　环境岩土工程学的形成与发展 ·········· 1

1.2　环境岩土工程学的基本概念 ·············· 2

1.3　环境岩土工程学的研究内容与分类 ········· 2

1.4　环境岩土工程学的研究现状 ·············· 3

第2章　城市固体废物的工程性质与污染形式 ··· 9

2.1　固体废料的来源和分类 ·················· 9

2.2　城市固体废物的工程性质 ·············· 12

2.3　固体废物的污染形式 ···················· 18

第3章　城市固体废物的处置方法与利用 ········ 22

3.1　概述 ······························ 22

3.2　卫生土地填埋 ··························· 23

3.3　安全土地填埋 ··························· 26

3.4　深井灌注 ······························· 32

3.5　固体废物的利用 ························· 35

第4章　填埋场的设计与计算 ················· 45

4.1　概述 ······························ 45

4.2　填埋场场址选择 ························· 46

4.3　防渗衬垫系统的设计 ···················· 48

4.4　渗沥液收集与排放系统的设计 ········· 51

4.5　气体收集系统的设计 ···················· 54

4.6　填埋场封顶系统设计 ···················· 57

4.7　填埋场边坡稳定分析 ···················· 58

4.8　填埋场沉降计算 ························· 63

第5章　地下水与环境岩土工程 ················ 67

5.1　地下水位与环境岩土工程的关系 ······· 67

5.2　砂土液化 ······························· 68

5.3　地下水污染 ····························· 77

第6章　污染土的固化处理 ·· 81

6.1　概述 ·· 81

6.2　固化技术的分类 ·· 84

6.3　固化效果测试 ·· 87

6.4　固化物浸出毒性测试 ·· 89

6.5　固化稳定化施工技术 ·· 92

6.6　国内应用案例 ·· 93

第7章　重金属污染土的生态处理 ·· 94

7.1　概述 ·· 94

7.2　重金属污染物在土中的形态与迁移转化 ································ 96

7.3　典型重金属在土体中的迁移与转化 ···································· 99

7.4　植物对重金属的吸收积累 ··· 101

7.5　植物修复重金属污染的土壤 ··· 102

7.6　微生物修复重金属污染土 ··· 106

第8章　人类工程活动造成的环境岩土工程问题 ·································· 111

8.1　地基基础施工对环境的影响与防护 ··································· 111

8.2　深基坑开挖对环境的影响与防护 ····································· 114

8.3　地下开挖对环境的影响与防护 ······································· 119

8.4　抽汲地下水对环境的影响与防护 ····································· 121

8.5　采空区地面变形与地面塌陷 ··· 124

8.6　城市扬尘的治理 ··· 125

第9章　大环境岩土工程问题 ·· 133

9.1　山洪 ·· 133

9.2　滑坡与泥石流 ··· 140

9.3　地震灾害 ·· 155

9.4　火山 ·· 160

9.5　水土整治 ·· 163

9.6　盐渍土及土壤盐渍化 ··· 167

9.7　海岸灾害及岸坡保护 ··· 176

9.8　海平面上升引起的环境岩土工程问题 ································· 181

第10章　温室效应及 CO_2 地下储存 ·· 184

10.1　温室效应及其影响 ·· 184

10.2　CO_2 地下储存技术 ·· 186

10.3　CO_2 地质封存与利用技术（CCUS） ······························· 214

参考文献 ·· 220

1.1　环境岩土工程学的形成与发展

随着经济社会的发展，人们越来越意识到人类活动对环境产生的两个负面影响：环境污染和生态破坏。在科学领域应运而生一门新兴学科——环境岩土工程学，它是利用岩土工程理论和技术来改善和解决人类活动和自然演变引起的环境问题，是岩土工程学科和环境工程学科、地下水科学等多学科交叉的结果。它既是一门应用性的工程学，也是一门社会学；它是把技术与政治、经济、文化相结合的跨学科的新兴学科，它的产生是社会发展的必然结果。

当今世界的十大环境问题可归纳为：①大气污染；②气候变暖；③臭氧层破坏；④土壤退化和荒漠化；⑤水环境污染严重；⑥海洋污染；⑦"绿色屏障"锐减；⑧生物多样性减少；⑨固体废物污染；⑩酸雨蔓延。环境条件的变化，使人类意识到自我毁灭的危险，人类活动的评价标准随之不断扩展，所以新的学科就不断出现，老的学科不断地组合。环境岩土工程就是在这样的背景下发展起来的。与传统的岩土工程学科相比，环境岩土工程更强调化学和生物的作用，环境岩土工程的研究内涵也在不断丰富发展。

大约在 20 世纪 70 年代，美国、欧洲核电工业垃圾废物的安全处置问题和纽约爱运河的污染问题引起了人们的强烈关注，而岩土工程师们在处理这些问题时起到了决定性作用。到了 20 世纪 80 年代，随着社会的发展，人们普遍感觉到原来的土力学与基础工程这门学科范围已不能满足社会的要求，随着各种各样地基处理手段的出现，土力学与基础工程领域有所扩大，形成了岩土工程新学科。进入 20 世纪 90 年代，设计者考虑的问题不单单是工程本身的技术问题，而是把环境作为主要制约条件，例如大型水利建设中必须考虑到上下游生态的变化、上游边坡的坍塌、地震的诱发等；又如采矿和冶炼工程的尾矿库，它的渗滤液有可能造成地下水的污染，引起人畜和动植物的中毒。大量工业及生活废弃物的处置、城市的改造、人们居住环境的改善等，需要考虑的问题不再是孤立的，而是综合的；不再是局部的，而是全面的。因此，岩土工程师面对的不仅是工程本身的技术问题，还必须考虑到工程对环境的影响问题，所以它必然要吸收其他学科，如化学、土壤学、生物学、气象学、水文学等学科中的许多内容来充实自己，从而成为一门综合性和适应性更强的学科，这就是环境岩土工程新学科形成与发展的前提。

1.2 环境岩土工程学的基本概念

1981 年在斯德哥尔摩召开的第 10 届国际土力学与基础工程学术会议第一次提出并定义了"环境岩土工程"这一学科术语。国际上以 1986 年在美国里海大学召开的第 1 届国际环境岩土工程学术讨论会作为环境岩土工程成为一门独立学科的标志。美籍华人里海大学方晓阳教授在其著名的《环境岩土工程导论》论文中，将环境岩土工程定位为"跨学科的边缘科学，覆盖了在大气圈、生物圈、水圈、岩石圈及地质微生物圈等多种环境下土和岩石及其相互作用的问题"，主要是研究在不同环境周期（循环）作用下水土系统的工程性质。20 世纪 90 年代初，美国土木工程师学会（ASCE）的岩土工程分会，意识到岩土工程活动中的环境问题日益突出，于 1997 年将其所创办的刊物《Journal of Geotechnical and Engineering》(《岩土工程学报》) 更名为《Journal of Geotechnical and Geoenvironmental Engineering》(《岩土与环境岩土工程学报》)，自此，"环境岩土工程学"正式诞生。自国际土力学及岩土工程学会（ISSMGE）成立环境土工专业委员会（TC5）以来，已组织召开 8 次国际环境土工大会。国内环境岩土工程起步于 20 世纪 90 年代，经过近 30 年发展，我国在国际环境岩土工程领域的影响力正逐步扩大并处于主导地位。以浙江大学、中国科学院武汉岩土力学研究所为代表的研究单位在城市固体废弃物填埋处置与资源化利用，以及以清华大学、东南大学为代表的科研单位在污染场地封场与生态修复等领域开展了大量研究工作，提出了一系列环境岩土工程新理论、新方法与新技术，为我国生态文明建设提供了核心技术支撑。

环境岩土工程自 1981 年提出至今，学术界倾注了大量的精力，进行了广泛的研究。由于各学者的理解不同，对环境岩土工程的定义不一。除方晓阳教授 1986 年给出的定义外，国内环境岩土领域的开拓者胡中雄（1990 年）认为，环境岩土工程是研究应用岩土工程的概念进行环境保护的一门学科；龚晓南院士（2000 年）指出，环境岩土工程是岩土工程与环境科学密切结合的一门学科，它主要是应用岩土工程的观点、技术和方法为治理和保护环境服务。陈云敏院士（2003 年）将环境岩土工程定义为：以环保理念为出发点，脱胎于岩土工程，融合了多学科的一门新兴学科。"以环保理念为出发点"是环境岩土工程学科根本所在，生命力所在；"脱胎于岩土工程"说明环境岩土工程学科是从传统岩土工程发展而来，但有别于传统岩土工程；"融合了多学科"说明环境岩土工程是一门交叉学科；"新兴学科"突出了环境岩土工程学科的前沿性。

1.3 环境岩土工程学的研究内容与分类

环境岩土工程是岩土工程与环境工程等学科紧密结合而发展起来的一门新兴学科，是工程与环境协调、可持续发展背景下岩土工程学科的延伸与发展，它主要是应用岩土力学的观点、技术和方法，为治理和保护环境服务。从环境岩土工程的研究实践来看，其研究内容具有广泛性、综合性和实践性的特点。环境岩土工程研究内容的广泛性和复杂性决定了环境岩土工程研究应以系统论为指导，强调多种研究方法的互补和综合研究。目前，国外对环境岩土工程的研究主要集中于垃圾土、污染土的性质、理论与控制等方面，而国内则在此基础上有较大发展，就目前涉及的问题来分，可以归为两大类：

第一类是人类与自然环境之间的共同作用问题。这类问题的动因主要是由自然灾变引起的，这些问题通常泛称为大环境问题。其中包括了内因形成的地震灾害、火山灾害；外因形成的土壤退化、沙漠化、区域性滑坡、崩塌、泥石流、地面沉降、洪水灾害、温室效应和水土流失等。

第二类是人类的生活、生产和工程活动与环境之间的共同作用问题。这类问题动因主要是由人类自身引起的，有关这方面的问题统称为小环境问题。例如由生产活动引起的问题有采矿造成的采空区塌陷，城市垃圾及工业生产中的废水、废液、废渣等有毒有害废弃物对生态环境的危害，过量抽汲地下水引起的地面沉降、海水入侵等，由工程建设活动引起的问题如打桩、强夯、基坑开挖等对周围环境的影响，城市建设产生的振动与土体变形移动等。

表1-1具体列出了环境岩土工程的主要研究内容及分类。从表1-1中可以看出，自然灾变诱发的环境岩土工程问题与人类活动引起的环境岩土工程问题相互之间是有联系的。例如自然灾变导致的土壤退化、洪水灾害、温室效应等问题，也可能是由于人类不负责任的生产或工程活动，破坏了生态环境造成的，人类的水利建设也可能会诱发地震等。

环境岩土工程学的主要研究内容及分类   表1-1

研究内容	分类	成因	主要研究内容
环境岩土工程学	自然灾变诱发的环境岩土问题	内成的	地震灾害
			火山灾害
		外成的	土壤退化
			洪水灾害
			温室效应
			特殊土地质灾害
			滑坡、崩塌、泥石流
			地面沉降、地裂缝、地面塌陷
	人类活动诱发的环境岩土问题	生活、生产活动引起的	过量抽汲地下水引起地面沉降
			生活垃圾、工业有毒有害废弃物污染
			采矿造成采空区坍塌
			水库蓄水诱发地震
			……
		工程活动引起的	基坑开挖对周围环境的影响
			地基基础工程对周围环境的影响
			地下工程施工对周围环境的影响
			……

1.4 环境岩土工程学的研究现状

近20年来，随着我国现代化建设的发展，城市化进程加快，到2018年末，我国的城市化率已达 59.58%。我国城市化高速发展为经济持续发展提供了强劲持久的动力，但也导致城市用地紧张、交通堵塞、垃圾围城、环境污染等一系列问题，严重制约了城市化的可持续发展。我国大城市群区开始实施产业布局调整和工业企业退城进园等战略。这些工业企业在建设和运营期，污染控制不严格，导致大量有毒有害重金属、有机污染物侵入了厂区土壤和地下水。随着这些公害事件的显现，人们不断探索，反思这个问题，并已取得了基本共识。

1.4.1　自然灾变诱发的环境岩土工程问题

1. 地震灾害

地震灾害是一种危害性很大的自然灾害。由于地震的作用，不仅使地表产生一系列地质现象，如地表隆起、山崩滑坡等，而且还引起各类工程结构物的破坏，如房屋开裂倒塌、桥孔掉梁、墩台倾斜歪倒等。

地震主要由地壳运动或火山活动引起，即构造地震或火山地震。自然界大规模的崩塌、滑坡或地面塌陷也能够产生地震，即塌陷地震。此外，采矿、地下核爆炸及水库蓄水或向地下注水等人类活动也可能诱发地震。

地震及其伴随的灾害对人类的危害是相当严重的，特别是一些大地震，造成的生命财产损失非常惊人。1976 年我国 7.8 级唐山大地震，1995 年日本 7.2 级神户大地震，2008 年 8.0 级汶川大地震，均造成了大量人员伤亡和财产损失。严重的还发生了泥石流（图 1-1）和洪水灾情（图 1-2）。

图 1-1　泥石流　　　　　　　　　　　　图 1-2　洪水灾情

因其灾害的严重性，地震已成为许多科学工作者的研究对象。研究重点主要包括：（1）地层的构造；（2）表层岩性对地震的反应；（3）地震的监测和预报，从而能够为不同的地震烈度区的建筑物规划及建筑物的防震设计提供依据。

2. 火山灾害

火山活动也是一种灾害性自然现象，是指与火山喷发有关的岩浆活动。它包括岩浆冲出地表，产生爆炸，流出熔岩，喷射气体，散发热量，析离出气体、水分和喷发碎屑物质等活动。大部分活动性火山都处在地壳板块构造结合部，在这些地方，由于岩圈板块相互作用使得岩浆发生蔓延或下沉，所以活动性火山 80% 集中在太平洋火山环周围。

火山按活动情况通常分为活火山、死火山和休眠火山三种类型。活火山指尚在活动或周期性发生喷发活动的火山。这类火山正处于活动的旺盛时期，如爪哇岛上的梅拉皮火山，平均每两三年就要持续喷发一个时期,我国火山活动以台湾省大屯火山群的主峰七星山最为有名。死火山指史前曾发生过喷发,但有史以来一直未活动过的火山。有的火山仍保持着完整的火山形态,有的则已遭受风化侵蚀,只剩下残缺不全的火山遗迹。休眠火山指有史以来曾经喷发过,但长期以来处于相对静止状态的火山,此类火山都保存有完好的火山锥形态,仍具有火山活动能力,或尚不能断定其已丧失火山活动能力,如我国长白山天池火山,曾于1327年和1658年两度喷发,在此之前还有多次活动。虽然目前没有喷发活动,但从山坡上一些深不可测的喷气孔中不断喷出高温气体,可见该火山如今正处于休眠状态。

火山灾害有两大类,一类是由于火山喷发本身造成直接灾害,另一类是由于火山喷发而引起的间接灾害。实际上,在火山喷发时,这两类灾害常常是兼而有之。火山碎屑流,火山熔岩流,火山喷发物(包括火山碎屑和火山灰),火山喷发引起的泥石流、滑坡、地震、海啸等都能造成火山灾害。

3. 土壤退化

土壤退化目前存在的主要问题是荒漠化(图1-3)和盐渍化(图1-4)。

荒漠化是一个世界性环境问题,全球荒漠化土地面积达3600万 km^2,占整个陆地面积的1/4,全球荒漠化面积以每年5万～7万 km^2 的速度扩展,每年造成直接经济损失达420亿美元。我国是世界上荒漠化土壤面积较大、危害严重的国家之一。从1995年开始,我国每5年组织一次荒漠化和沙化土体监测工作,该项工作已经开展了5次,第五次《中国荒漠化和沙化公报》显示,截至2014年,全国荒漠化土地面积261.16万 km^2,占国土面积的27.20%,比2009年第四次监测的262.37万 km^2 减少了1.21万 km^2,年均减2424km^2。

土壤盐渍化是指土壤底层或地下水的盐分随毛管水上升到地表,水分蒸发后,使盐分积累在表层土壤中的过程,是易溶性盐分在土壤表层积累的现象或过程,也称盐碱化。土壤的盐碱化对人类的危害十分严重,已成为世界性的研究课题。盐渍土是一种腐蚀性的土,它的腐蚀破坏作用表现在两大方面:一是对于硫酸盐为主的盐渍土,主要表现在混凝土的腐蚀作用,造成混凝土的强度降低,引起裂缝和剥离;二是对于氯盐为主的盐渍土,主要表现在对金属材料的腐蚀作用,造成地下管道的穿孔破坏、钢结构厂房和机械设备的锈蚀等。中国盐渍土分布范围广、面积大、类型多,总面积约1亿 hm^2,主要发生在干旱、半干旱和半湿润地区。通过灌溉工程和生物工程措施,我国黄海平原盐渍化土壤得到有效的控制,但在新疆、黄河河套地区的土壤盐渍化问题却依然存在。

图1-3 荒漠化   图1-4 盐渍化

4. 洪水灾害

由于特殊的自然条件和现实因素，我国是全球受洪水威胁最严重的国家之一。据水利部 2016 年公布的水利发展改革"十三五"规划，洪涝干旱灾害仍是心腹之患，流域性大洪水、局部强降雨、强台风、山洪、城市内涝、区域干旱等灾害时有发生，防汛抗旱仍面临严峻挑战。到 2020 年，要健全防汛抗旱指挥调度体系。大江大河重点防洪保护区达到流域规划确定的防洪标准，城市防洪排涝设施建设明显加强，主要海堤达到国家规范设定的标准，中小河流重要河段防洪标准达到 10～20 年一遇，主要低洼易涝地区排涝标准达到 5～10 年一遇，山洪灾害重点区域基本形成非工程措施与工程措施相结合的综合防御体系。

5. 温室效应

温室效应是指透射阳光的密闭空间由于与外界缺乏热交换而形成的保温效应，就是太阳短波辐射可以透过大气射入地面，而地面增暖后放出的长波辐射却被大气中的二氧化碳等物质所吸收，从而产生大气变暖的效应。

长期以来，人类不加节制、大规模地伐木燃煤、燃烧石油及石油产品，释放出大量的二氧化碳，工农业生产也排放出大量甲烷等派生气体，地球的生态平衡在无意识中遭到破坏，致使气温不断上升。据政府间气候变化专业委员会（IPCC）第四次科学评估报告，过去 100 年（1906—2005 年），全球地表平均温度升高 0.74℃，2005 年全球大气二氧化碳浓度 379PPM，为 65 万年来的最高值。与 1980—1999 年相比，21 世纪末全球平均地表温度可能会升高 1.1～6.41℃。21 世纪高温、热浪以及强降水频率可能增加，台风强度可能加强。

温室效应使全球海平面及沿海地区地下水位不断上升，土体中有效应力降低，从而产生液化及震陷现象加剧、地基承载力降低等一系列岩土工程问题。河川水位上升，又使堤防标准降低，渗透破坏加剧。大气降雨的增加，台风的加大，使风暴、洪涝灾害加重，引发滑坡、崩塌、泥石流等环境问题。

1.4.2 人类活动引起的环境岩土工程问题

1. 人类生产活动引起的环境问题

（1）过量抽汲地下水引起的地面沉降

在许多城市和地区，存在地下水被大量不合理开采的现象。地面沉降主要与无计划抽汲地下水有关，地下水的开采地区、开采层次、开采时间过于集中。集中过量地抽汲地下水，使地下水的开采量大于补给量，导致地下水位不断下降，漏斗范围亦相应地不断扩大（图 1-5）。开采设计上的错误或由于工业、厂矿布局不合理，水源地过分集中，也常导致地下水位的过大和持续下降。以上海市中心为代表的沉降中心区，由于地下水位下降引起的最大沉降量已达 2.63m。

除了人为开采外，还有一些其他因素也会引起地下水位的降低，并可能诱发一系列环境问题。比如对河流进行人工改道，上游修建水库、筑坝截流或上游地区新建或扩建水源地，截夺了下游地下水的补给量；矿床疏干、排水疏干、改良土壤等都能使地下水位下降。另外，工程活动如降水工程、施工排水等也能造成局部地下水位下降。

（2）废弃物污染造成的环境岩土工程问题

图 1-5　过量抽汲地下水引起的地面沉降

随着社会的进步、经济的发展和人们生活水平的不断提高，城市废弃物产量与日俱增。这些废弃物不但污染环境，破坏城市景观，还传播疾病，威胁人类的健康和生命安全。治理城市废弃物已经成为世界各大城市面临的重大环境问题。废弃物的储存、处置和管理是目前亟待解决的重大课题。

目前，处理废弃物垃圾的主要方法有堆肥、焚烧和填埋。在中国，填埋法是目前和今后相当长时期内城镇处理生活垃圾的重要方法之一。我国卫生填埋场所需的土地面积至少为几千万平方米以上。这些填埋场大多建设在城市近郊，有很高的利用价值，如何对废旧填埋场进行再利用已经成为人们关注的问题。废旧填埋场的再利用包括两个方面：一是在原有的老填埋场上继续填埋生活垃圾，从而节省建设新填埋场所需的大量资金；二是对已稳定的填埋场进行安全处理后，用于修建公园、种植经济树木或建造构筑物等。

（3）放射性废物的地质处置

核工业带来了各种形式的核废物。核废物具有放射性与放射毒性，从而对人类及其生存环境构成了威胁。因此，核废物的安全处理与最终处置，在很大程度上影响着核工业的前途和生命力，制约着核工业特别是民用核工业的进一步应用与发展。

按放射性水平的不同，核废物可分为高放废物和中低放废物。高放废物的放射性水平高、放射性毒性大、发热量大，而其中超铀元素的半衰期很长，因此，高放废物的处理与处置是核废物管理中最为重要也最为复杂的课题。消除放射性废物对生态环境危害，可通过 3 种途径：核嬗变处理法、稀释法和隔离法。隔离法又可分为地质处置、冰层处置、太空处置等方法。核嬗变处理法尚处于探索阶段，稀释法不适宜于高放废物，冰层处置与太空处置还仅仅是一种设想，因此，高放废物最现实可行的方法是地质处置法。

深地质处置是高放废物地质处置中最重要的形式，即把高放废物埋在距离地表深约 $500\sim1000m$ 的地质体中，使之永久与人类的生存环境隔离。深地质处置法隔离放射性核素是基于多重屏障的概念：由废物体、废物包装容器和回填材料组成的人工屏障和由岩石与土壤组成的天然屏障。实现这一隔离目标的关键技术有两个，即天然屏障的有效性及工程屏障的有效性。前者与场地的地质和力学稳定性及地下水有关，可通过选取有利场地、有利水文地质条件和有利围岩来实现；后者可通过完善的处置库设计和优良的工程屏障（选取有利的固化体、包装与回填材料）来实现。

2. 人类工程活动引起的环境岩土工程问题

随着社会经济的发展，城市人口激增和城市基础设施相对落后的矛盾日益加剧，我国大城市的工程建设进入了大发展时期。在城市中，特别是大中城市，人口众多，楼群密集，各类建筑、市政工程及地下结构的施工，如深基坑开挖、打桩、施工降水、强夯、注浆、各种施工方法的土性改良、回填以及隧道与地下洞室的掘进，都会对周围土体的稳定性造成重大影响。

大量工程事故发生的主要原因之一是对受施工扰动引起周围土体性质的改变和在施工中结构与土体介质的变形、失稳、破坏的发展过程认识不足。由于施工扰动的方式是千变万化、错综复杂的，所以施工扰动影响到周围土体工程性质的变化程度也不相同。以往人们很少系统地研究受施工扰动影响土体的工程性质及周围环境的改变，仅仅利用传统的土力学理论与方法，以天然状态的原状土为研究对象，进行有关物理力学特性的研究，并将其结果直接用于受施工扰动影响的土体强度、变形与稳定性问题，显然不符合由施工过程所引起的周围土体的应力状态改变、结构的变化及土体的变形、失稳与破坏的发展过程，从而造成许多岩土工程的失稳与损坏，给工程建设与周围环境带来很大危害。如今在确保工程自身安全的同时，如何顾及周围土体介质与构筑物的稳定，已经引起人们的重视。

第2章
城市固体废物的工程性质与污染形式

固体废物是指人类在生产和生活活动中丢弃的固体和泥状的物质，简称固废，包括从废水、废气分离出来的固体颗粒。凡人类一切活动过程产生的，且对所有者已不具有使用价值而被废弃的固态或半固态物质，统称为固体废物。

固体废物一词中的"废"有鲜明的时间和空间特征。从时间方面讲，它仅仅相对于科学技术和经济条件，随着科学技术的飞速发展，矿产资源的日趋枯竭，生物资源滞后于人类需求，昨天的废物势必又将成为明天的资源。从空间角度讲，废物仅仅相对于某一过程或某一方面没有使用价值，而并非在一切过程、一切方面都没有使用价值，某一过程的废物，往往是另一过程的原料。

固体废物问题是伴随人类文明的发展而发展的。人类最早遇到的固体废物问题是生活过程中产生的垃圾污染问题。不过，在过去，由于生产力水平低下，人口增长缓慢，生活垃圾的产生量不大，增长率不高，没有对人类环境构成像今天这样严重的污染和危害。随着生产力的迅速发展，人口向城市集中，消费水平不断提高，大量工业固体废物排入环境，生活垃圾的产量剧增，成为严重的环境问题。

固体废物的产生有其必然性，一方面是由于人们在索取和利用自然资源从事生产和生活活动时，限于实际需要和技术条件，总要将其中一部分作为废物丢弃；另一方面是由于各种产品本身有其使用寿命，超过了一定期限，就会成为废物。

根据生态环境部、商务部、国家发展改革委、海关总署发布《关于全面禁止进口废物有关事项的公告》（公告2020年第53号），自2021年1月1日起，我国将禁止以任何方式进口固体废物，禁止我国境外固体废物进境倾倒、堆放、处置。

2.1 固体废料的来源和分类

2.1.1 固体废物的来源

固体废物来自人类活动的许多环节，主要包括生产过程和生活过程的一些环节。表2-1列出了从各类发生源产生的主要固体废物。

从各类发生源产生的主要固体废物　　　　　　　　　　　　　　　　表2-1

发生之源	产生的主要固体废料
矿业	废石、尾矿、金属、废木、砖瓦和水泥、砂石等

9

续表

发生之源	产生的主要固体废料
冶金、金属结构、交通、机械等工业	金属、渣、砂石、模型、芯、陶瓷、涂料、管道、绝热和绝缘材料、黏结剂、污垢、废木、塑料、橡胶、纸、各种建筑材料、烟尘等
建筑材料工业	金属、水泥、黏土、陶瓷、石膏、石棉、砂、石、纸、纤维等
食品加工业	肉、谷物、蔬菜、硬壳果、水果、烟草等
橡胶、皮革、塑料等工业	橡胶、塑料、皮革、布、线、纤维、染料、金属等
石油化工工业	化学药剂、金属、塑料、橡胶、陶瓷、沥青、污泥油毡、石棉、涂料等
电器、仪器仪表等工业	金属、玻璃、木、橡胶、塑料、化学药剂、研磨料、陶瓷、绝缘材料等
纺织服装工业	布头、纤维、金属、橡胶、塑料等
造纸、木材、印刷等工业	刨花、锯末、碎木、化学药剂、金属填料、塑料等
居民生活	食物、垃圾、纸、木、布、庭院植物修剪物、金属、玻璃、塑料、陶瓷、燃料、灰渣、脏土碎砖瓦、废器具、粪便、杂品等
商业、机关	同上，另有管道、碎砌体、沥青等其他建筑材料，含有易爆、易燃、腐蚀性放射性废物以及废汽车、废电器、废器具等
市政维护、管理部门	脏土、碎砖瓦、树叶、死禽畜、金属、锅炉灰渣、污泥等
农业	秸秆、蔬菜、水果、果树枝条、糠秕、人和禽畜粪便、农药等
核工业和放射性医疗单位	金属、含放射性废渣、粉尘、污泥、器具和建筑材料等

注：引自《中国大百科全书》环境科学卷。

2.1.2　固体废物的分类

固体废物分类方法很多，按组成可分为有机废物和无机废物；按形态可分为固体废物（块状、粒状、粉状）、半固态废物（废机油等）和非常规固态废物（如废油桶、含废气态物质、污泥等）；按来源可分为工业固体废物、城市生活垃圾、农业固体废物、放射性废物、危险固体废物和非常规来源固体废物；按其危害状况可分为危险废物、有害废物和一般废物，但较多的是按来源分类。

1. 工业固体废物

工业固体废物是指工业生产过程和工业加工过程产生的废渣、粉尘、碎屑、污泥等。主要有下列几种：

（1）冶金固体废物

冶金固体废物主要是指各种金属冶炼过程排出的残渣，如高炉渣、钢渣、铁合金渣、铜渣、锌渣、铅渣、镍渣、铬渣、镉渣、汞渣、赤泥等。

（2）燃料灰渣

燃料灰渣是指煤炭开采、加工、利用过程排出的煤矸石、粉煤灰、烟道灰、页岩灰等。

（3）化学工业固体废物

化学工业固体废物是指化学工业生产过程产生的种类繁多的工业渣，如硫铁矿烧渣、煤造气炉渣、油造气炭黑、黄磷炉渣、磷泥、磷石膏、烧碱盐泥、纯碱盐泥、化学矿山尾矿渣、蒸馏釜残渣、废母液、废催化剂等。

（4）石油工业固体废物

石油工业固体废物是指炼油和油品精制过程排出的固体废物，如碱渣、酸渣以及炼厂污水处理过程排出的浮渣、含油污泥等。

（5）矿业固体废物

矿业固体废物主要包括废石和尾矿。废石是各种金属、非金属矿山开采过程中从主矿上剥离下来的各种围岩；尾矿是在选矿过程中提取精矿以后剩下的尾渣。

（6）粮食、食品工业固体废物

粮食、食品工业固体废物是指粮食、食品加工过程排弃的谷屑、下脚料和渣滓。

（7）其他

机械和木材加工工业生产的碎屑、边角下料、刨花，纺织、印染工业产生的泥渣、边料等。

2. 城市固体废物

城市固体废物是指居民生活、商业活动、市政建设与维护、机关办公室等过程产生的固体废物，一般分为以下几类：

（1）生活垃圾

城市是产生生活垃圾最为集中的地方，主要包括炊厨废物、废纸、织物、家用什具、玻璃陶瓷碎片、废电器制品、废塑料制品、煤灰渣、废交通工具等。

（2）城建渣土

城建渣土包括废砖瓦、碎石、渣土、混凝土碎块（板）等。

（3）商业固体废物

商业固体废物包括废纸，各种废旧的包装材料，丢弃的主、副食品等。

（4）粪便

工业先进国家城市居民产生的粪便，大都通过下水道输入污水处理场处理。我国情况不同，城市下水处理设施少，粪便需要收集、清运，是城市固体废物的重要组成部分。

3. 农业固体废物

农业固体废物是指农业生产、畜禽饲养、农副产品加工以及农村居民生活活动排出的废物，如植物秸秆、人和禽畜粪便等。

4. 放射性固体废物

放射性固体废物包括核燃料生产、加工，同位素应用，核电站、核研究机构、医疗单位、放射性废物处理设施产生的废物，如尾矿、污染的废旧设备仪器、防护用品、废树脂、水处理污泥以及蒸发残渣等。

5. 危险固体废物

危险固体废物泛指放射性固体废物以外，具有毒性、易燃性、反应性、腐蚀性、爆炸性、传染性，因而可能对人类的生活环境产生危害的废物。基于环境保护的需要，许多国家将这部分废物单独列出加以管理。1983 年，联合国环境规划署已经将有害废物污染控制问题列为全球重大的环境问题之一。这类固体废物的数量约占一般固体废物量的 1.5%～2.0%，其中大约一半为化学工业固体废物。

日本将固体废物分成两类：产业固体废物和一般固体废物。前者是指来自生产过程的固体废物，其中包括有害固体废物；后者是指来自生活过程的固体废物。

我国目前趋向将固体废物分为四类：城市生活垃圾、一般工业固体废物、有害固体废物、其他。其中，一般工业固体废物是指不具有毒性和有害性的工业固体废物。至于放射性固体废物，则自成体系，要进行专门管理。

2.2 城市固体废物的工程性质

城市固体废物（MSW）是指工业企业、商店和城市居民丢弃的工业垃圾、商业垃圾和生活垃圾。处理固体废物的主要方法有回收、焚烧和填埋，其中填埋是使用最广泛的方法。那些采取严格封闭措施，将废弃物与周围环境严密隔离的填埋场也称作现代卫生填埋场。图 2-1 是一个典型的卫生填埋场简图。

填埋场的设计和审批均需进行广泛的土工分析以验证填埋场各控制系统能否满足长期运行的要求。在进行土工分析时，正确选择所填埋废弃物的工程性质非常重要，但由于废弃物的组成成分极其复杂，且随时间、地点而变，因此，对其工程性质的准确确定就十分困难。表 2-2 列出了这些工程性质在填埋场工程设计项目中被使用的情况，显然废弃物的重度是其中使用率最高的参数。

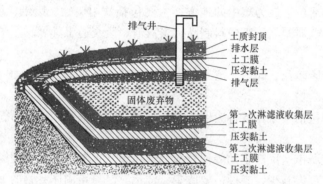

图 2-1 现代卫生填埋场简图（钱学德，郭志平，1995）

城市固体废物工程性质的使用   表 2-2

工程分析项目	重度	含水量	孔隙率	渗透性	持水率	抗剪强度	压缩性
衬垫设计	√						
淋滤液估算及回流计划	√	√	√	√	√		
淋滤液控制系统设计	√						
地基沉降	√						
填埋场沉降	√		√				√
地基稳定	√					√	
边坡稳定	√					√	
填埋重度	√		√				√

2.2.1 重度

城市固体废物的重度变化幅度很大，由于废弃物的原始成分本来就比较复杂，又受处置方式和环境条件的影响。其重度不仅与它的组成成分和含水量有关，而且随填埋场时间和所处深度而变，因此在确定重度时必须首先弄清楚某些条件，如：①废弃物的组成，包括每天覆土和含水情况；②对废弃物进行压实的方法和程度；③测定试样所处深度；④废弃物的填埋时间等。

城市固体废物的重度可在实地用大尺寸试样盒或试坑测定，或用勺钻取样在实验室测定，也可用 γ 射线在原位测井中测出，还可以测出废弃物各组成成分的重度，然后按其所占百分比求出整个废弃物的重度。表 2-3 给出城市固体废物重度的平均值，其大小为 3.1～13.2kN/m³，其变化范围之所以这么大是由于倒入的垃圾成分不同，每天覆土量不同以及含水量和压实程度不同等原因造成的。

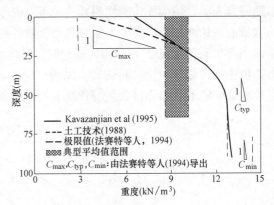

图 2-2　城市固体废物重度剖面图

由于后续废弃物的加载作用，先倾倒废弃物的重度会因体积压缩而增大，其附加压缩也随时间增长而加大。图 2-2 表示填埋场废弃物重度随填埋深度变化的规律，图 2-2 中虚线为在美国洛杉矶附近一填埋场根据开挖取样试验和用 γ 射线在钻孔中测定的，其变化范围从表层的 3.3kN/m³ 到 60m 深处为 12.8kN/m³。实线则是根据有关资料归纳的结果。废弃物重度的上、下极限值为 3.0kN/m³、14.4kN/m³。对于缺少当地资料的填埋场，在进行工程分析时，图 2-2 可供确定废弃物重度时作参考。现今大多数填埋场均对废弃物进行适度压实，其压实比通常为 2：1～3：1，经过压实后的城市固体废物，建议其平均重度取 9.4～11.8kN/m³。

城市固体废物的平均重度　　　　　　　　　　表 2-3

资料来源	废弃物填埋条件		重度(kN/m³)
索尔斯（1968）	卫生填埋场，压实程度不同		4.7～9.4
海军设施工程司令部（1983）	卫生填埋场 未粉碎	轻微压实	3.1
		中度压实	6.2
		紧密压实	9.4
	粉碎		8.6
阿德莱德北部废物管理局（1985）	城市垃圾 刚填埋时		6.7～7.6
	发生分解并发生沉降以后		8.98～10.9
兰德瓦和克拉克（1986）	垃圾和覆盖之比为 2：1～10：1		8.9～13.2
埃姆康（1989）	垃圾和覆盖土之比为 6：1		7.2

2.2.2　含水量

城市固体废物的含水量变化范围比较大，通常与下列因素有关：废弃物的组成成分、当地气候条件、填埋场运用方式（如是否每天覆土、覆土厚度等）、淋滤液收集和排放系统利用的有效程度、填埋场内生物分解过程中产生的水分数量以及从填埋场气体中脱出的水分数量等。

城市固体废物含水量随埋深的增大而呈现减小的趋势，这是由于随深度的增大和埋龄的增加，垃圾中自重和有机质降解产生的淋滤液由排水层排走，因而含水量降低，而浅层垃圾土受气候的影响大，所以含水量较大且不稳定，当然，在接近填埋场底部，可能会由于淋滤液淤积导致填埋体含水量的增大。填埋体的含水量远大于普通砂土及天然黏土。索尔斯研究表明，城市固体废物原始含水量一般为 10％～35％，含水量随填埋废弃物有机质含量的增加而增加，图 2-3 为加拿大全境各种垃圾试样的有机质含量与含水量之间的关系。当有机质含量在 25％～60％变化时，其含水量为 20％～155％，与之相比，国内的城市固体废物天然含水量普遍较高，说明在设计填埋场时，封顶系统的防渗作用需加强，并采取保证淋滤液收集和排放系统长期有效的措施。

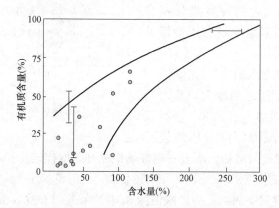

图 2-3 加拿大全境各种垃圾试样的有机质含量与含水量关系

2.2.3 孔隙率

孔隙率的定义为废弃物孔隙体积与总体积之比。根据城市固体废物的成分和压实程度，其孔隙率为 40％～52％，比一般压实黏土衬垫的孔隙率（40％左右）要高。表 2-4 给出城市固体废物某些工程性质的原始材料，注意其中含水量是以体积比表示的。

固体废弃物性质指标　　　　　　　　　　　　　　　　　　　　　表 2-4

资料来源	重度(kN/m³)	含水量(体积%)	孔隙率(%)	孔隙比
罗弗西等人(1973)	9.2	16	—	—
冯加罗利等人	9.9	5	—	—
威格等人(1979)	11.4	17	—	—
沃尔什等人(1979)	14.1	17	—	—
沃尔什等人(1981)	13.9	17	—	—
施罗德等人(1984)	—	—	52	1.08
欧维斯等人(1990)	6.3～14.1	10～20	40～50	0.67～1.0

2.2.4 渗透性

城市固体废物的水力参数对设计填埋场淋滤液收集系统和制定淋滤液回流计划都是十

分重要的。城市固体废物的渗透系数可以通过现场抽水试验、大尺寸试坑渗漏试验和实验室大直径试样的渗透试验求出。图2-4 给出加拿大四个填埋场试坑中测定的废弃物重度与渗透性的关系，图 2-4 中渗透系数是指渗流稳定以后，某些碎片将要填塞孔隙之前，水位下降中间阶段的值，其大小（$1 \times 10^{-3} \sim 4 \times 10^{-2}$ cm/s）与洁净的砂砾相当。钱学德博士曾使用美国密歇根州一个运行中的填埋场三年现场实测资料，推算出主要淋滤液收集系统中降水量和淋滤液产出体积之间随时间的变化关

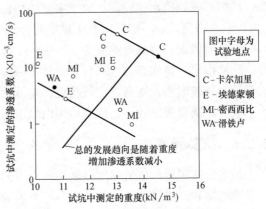

图 2-4　试坑渗漏试验测出的重度与渗透系数

系，废弃物的渗透系数可由渗流移动时间、水力梯度及废弃物层厚求出，其值约为 $9.2 \times 10^{-4} \sim 1.1 \times 10^{-3}$ cm/s。

表 2-5 综合城市固体废物渗透系数的试验资料，从中可看出，填埋场城市固体废物的平均渗透系数的数量级约为 10^{-3} cm/s。

城市固体废物渗透系数综合资料　　表 2-5

资料来源	重度(kN/m³)	渗透系数(cm/s)	测定方法
冯加罗利等人(1979)	1.1～4.1	$1 \times 10^{-3} \sim 2 \times 10^{-2}$	粉状垃圾，渗透仪测定
施罗德等人(1984)	—	2×10^{-4}	由各种资料综合
欧维斯等人(1990)	6.4(估计)	10^{-3} 量级	由现场试验资料估算
兰德瓦等人(1990)	10.0～14.4	$1 \times 10^{-3} \sim 4 \times 10^{-2}$	试坑
欧维斯等人(1990)	6.4	1×10^{-3}	抽水试验
欧维斯等人(1990)	9.4～14.1(估计)	1.5×10^{-4}	变水头现场试验
欧维斯等人(1990)	6.3～9.4(估计)	1.1×10^{-3}	试坑
钱学德(1994)	—	$9.2 \times 10^{-4} \sim 1.1 \times 10^{-3}$	由现场试验资料估算
浙江大学(1998)	8.2～13.8	$2 \times 10^{-4} \sim 4 \times 10^{-3}$	室内试验
张澄博(1998)	7.0(干重度)	9.21×10^{-3}	室内试验

2.2.5　持水率和凋蔫湿度

持水率是指经过长期重力排水后，土或废弃物体积中所保持的水分含量（体积比）。凋蔫湿度则是通过植物蒸发后废弃物体积中水分的最低含量。填埋场持水率反映出土体或废弃物保持水分的能力，其大小与土体或废弃物的性质有关。

废弃物的持水率对于填埋场淋滤液的形成十分重要，超过持水率的水分将作为淋滤液排出，同时它也是设计淋滤液回流程序的主要参数。城市固体废物持水率随外加压力的大小和废弃物分解程度而变，其值为 22.4%～55%（体积比）。若含有较多的有机物如纸

张、纺织品等则持水率较高。对于来源于居民区和商业区的未经压实的废弃物,其持水率为 50%～60%,而一般压实黏土衬垫的持水率为 33.6%。

城市固体废物的凋蔫湿度为 8.4%～17%(体积比),比压实黏土(约 29%)要小很多。顺便指出,持水率与饱和含水量是不一样的,如废弃物较疏松,其持水率要比饱和含水量低;若较紧密,则两者比较接近。与发达国家相比,我国固体废物的渗透性较大,持水率较大,凋蔫湿度较小,因为,国内城市固体废物的孔隙也较大,有机质含量较高。

2.2.6 抗剪强度

城市固体废物的抗剪强度也随法向应力的增加而增大,然而,由于城市固体废物含有大量有机物和纤维素,其剪切效应与泥炭更为接近。城市固体废物的强度可通过三个途径确定:①直接进行室内或现场试验;②根据稳定破坏面或荷载试验结果反算;③间接的原位试验。

室内试验包括重塑试样的直剪试验,由薄壁取样器或冲击式取样器取样做三轴试验,以及无侧限抗压和抗拉试验等。现场试验主要在大直剪仪中进行。美国缅因州中心填埋场在现场制作了 16 平方英尺的混凝土剪切盒,完成六组直剪试验,其法向应力是通过堆放大的混凝土块加上的。图 2-5 是现场大直剪试验的结果,由于废弃物具有粒状和纤维状的特征,试验结果和颗粒状土有些类似,其凝聚力 $c=0\sim23kPa$,内摩擦角 $\varphi=24°\sim41°$。

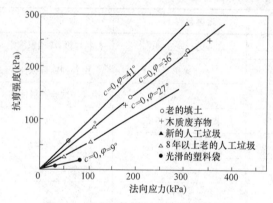

图 2-5 城市固体废料的抗剪强度包线

由破坏面或荷载试验结果反算强度参数的方法在很多文献中提到过。通常要使 c、φ 同时满足两个平衡方程,然后利用安全系数 $F_s=1$ 求出两个未知数。由于有些填埋场的边坡并未破坏,其 $F_s>1$,所以求出的强度偏于保守。

表 2-6、表 2-7 给出可用于城市固体废物强度验算的有关资料,这些资料大部分是根据工程实况反算和现场大直剪试验求得的。表 2-7 给出的摩擦角是假定 $c=5kPa$ 的条件下用简化 Bishop 法反算求出的。这四个填埋场的边坡已建成 15 年,并未产生过大的变形或有其他不稳定迹象,其安全系数估计可能大于 1.3,因此即使使用 $F_s=1.2$ 的结果也是偏于安全的。

可用于城市固体废物强度验算的资料　　　　表 2-6

资料来源	试验方法	结果	备注
冯世进(2005)	三轴试验	$c=15\sim28kPa$ $\varphi=14°\sim17°$	应变 10%,龄期 15 年
马查多(2002)	三轴试验	$c=22\sim30kPa$ $\varphi=16.5°\sim22°$	应变 10%,龄期 15 年
佩尔基(2001)	大型直剪试验	$c=5\sim28kPa$ $\varphi=16.8°\sim37°$	—
嘉士伯(1994)	单间试验	$c=7\sim28kPa$ $\varphi=26.5°\sim42°$	

续表

资料来源	试验方法	结果	备注
理查森等(1991)	现场大直剪试验	$c=10kPa$ $\varphi=18°\sim43°$	法向应力 14～38kPa,废弃物和覆盖的重度约为 15kN/m³
兰德瓦等(1990)	大型直剪试验	$c=16\sim23kPa$ $\varphi=24°\sim39°$	法向应力达到 480kPa,其中破碎垃圾强度较低未采用
帕戈托(1987)	由荷载板试验反算	$c=29kPa$ $\varphi=22°$	无废弃物类型及试验过程资料

已建填埋场边坡反算结果（$c=5kPa$）　　　　表 2-7

填埋场名称	平均边坡		最陡边坡		废弃物强度 $\varphi(°)$		
	高(m)	坡比	高(m)	坡比	$F_s=1.0$	$F_s=1.1$	$F_s=1.2$
洛佩兹峡谷	120	1：2.5	35	1：1.7	25	27	29
加利福尼亚州	75	1：2	20	1：1.6	28	30	34
纽约巴比伦	30	1：1.9	10	1：1.25	30	34	38
私人填土	40	1：2	10	1：1.2	30	34	37

图 2-6 综合表 2-6、表 2-7 的结果，并结合观察到已使用填埋场在废弃物中挖沟其直立壁面可达 6m 以上的事实，说明废弃物抗剪强度具有双线性性质，其摩尔一库伦强度包线可由两部分组成，当法向应力 $\sigma<30kPa$ 时，$c=24kPa$、$\varphi=0°$；而对较高的法向应力（$\sigma>30kPa$），则接近于 $c=0kPa$，$\varphi=33°$。

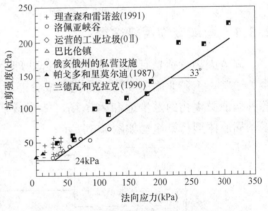

图 2-6　城市固体废物的抗剪强度包线

2.2.7 压缩性

城市固体废弃物的压缩变形在填埋后就会立即发生，并在相当长的时间内难以稳定。现阶段研究 MSW 的压缩性是为了分析填埋场在自身稳定过程中的沉降，它是压力和时间的函数，可采用传统的土体压缩理论分析。MSW 的压缩变形机理相当复杂，主要包括：物理压缩、错动、流变、物理化学变化和生化分解等，计算主压缩时常用的参数是主压缩指数。

在计算城市固体废物由竖直应力引起的主沉降时，常用的压缩性参数是主压缩指数 C_c 及修正主压缩指数 C_c'，它们分别由式（2-1）和式（2-2）定义：

$$C_c=\Delta e/\lg(\sigma_1/\sigma_0) \tag{2-1}$$

$$C_c'=\Delta H/H_0\lg(\sigma_1/\sigma_0)=C_c/(1+e_0) \tag{2-2}$$

式中　e_0——初始孔隙比；

H_0——废弃物初始厚度；

σ_0——初始竖直有效应力；

σ_1——最终竖直有效应力；

Δe、ΔH——受力后孔隙比和层厚的变化。

次压缩指数 C_a 及修正次压缩指数 C_a' 被用来计算主沉降结束以后的二次沉降，此时废弃物上作用的荷载不变，C_a 及 C_a' 用式（2-3）和式（2-4）定义：

$$C_a=\Delta e/\lg(t_2/t_1) \tag{2-3}$$

$$C_a'=\Delta H/H_0\lg(t_2/t_1)=C_a/(1+e_0) \tag{2-4}$$

其中 t_1 为次沉降开始时间，t_2 为结束时间，其余符号同前。C_a 及 C_a' 与废弃物的化学及生物成分有关，产生次压缩的最主要原因应是有机物分解引起的体积减小。

国外的经验值常取 $C_c'=0.17\sim0.36$，$C_a'=0.03\sim0.1$。国内垃圾土的次压缩性可能偏高。在分析沉降速率时应注意，C_a' 值不仅与填埋体的初始孔隙比 e_0 和初始填埋高度 H_0 有关，还与应力水平及正确选择起始时间 t_1 有关。由经验可知，填埋场的沉降大约可持续 10~20 年，可取 C_a' 值的适用年限为 20 年。

2.3 固体废物的污染形式

2.3.1 固体废物污染途径

固体废物特别是有害固体废物，若处理处置不当，就可能通过不同途径危害人体健康。通常，工矿业固体废物所含化学成分能形成化学物质型污染；人畜粪便和生活垃圾是各种病原微生物的滋生地和繁殖场，能形成病原体型污染。化学型污染途径如图 2-7 所示，病原体型污染途径如图 2-8 所示。

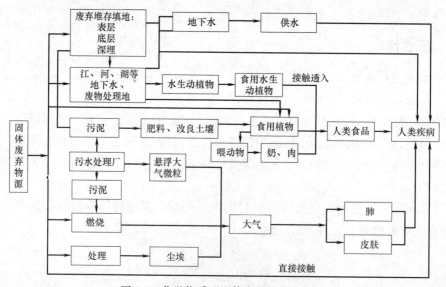

图 2-7　化学物质型固体废物致病的途径

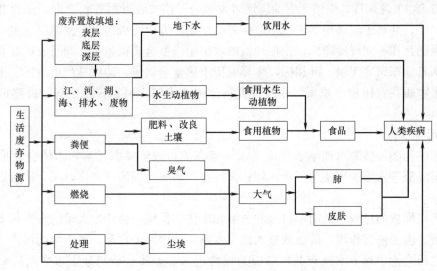

图 2-8　病原体型固体废物传播疾病的途径

2.3.2　固体废物污染形式

固体废物对环境的污染危害主要表现在以下几个方面：

1. 侵占土地

固体废物不加利用，需占地堆放，堆积量越大，占地越多。截至 2019 年，我国工业固体废物累计堆放量达 600 亿 t，占地 200 万多公顷。

2. 污染土壤

废物堆放，其中有害组分容易污染土壤。土壤是许多细菌、真菌等微生物聚居的场所。这些微生物与其周围环境构成一个生态系统，在大自然的物质循环担负着碳循环和氮循环的一部分重要任务。工业固体废物特别是有害固体废物，经过风化、雨雪淋溶、地表径流的侵蚀，产生有毒液体渗入土壤，能杀害土壤中的微生物，破坏土壤的腐解能力，导致草木不生。

土壤污染不仅对土壤功能产生破坏，更直接影响周边居民、社区生态环境，威胁群众的生命财产权益，甚至可能引发大规模群体性事件。近年来，随着城市化进程加快，城市土地资源短缺问题日益突出，为化解城市土地资源短缺问题，不少城市选择将在城市中心的老旧农药厂、肥料厂、化工厂、炼油厂等土地回收再利用。但是，工业"三废"处理未达国家标准便直接排放了，污染了工厂周边土壤。这些被污染的土地通过征收、拍卖再次进入市场，开发成为住宅小区、学校、医院、公园等，对人民群众的生活产生了极大的隐患。

2014 年发布的《全国土壤污染状况调查公报》显示，总的调查点位超标率为 16.1%，中度和重度污染点位分别为 1.5% 和 1.1%。耕地土壤的超标率高达 19.4%，面广、量大，危及农产品质量安全和生物生态安全。工矿业场地土壤污染问题突出，点位超标率达 36.3%，有色金属矿采选、有色金属冶炼、石油开采、石油加工、化工、焦化、电镀、制革、造纸、废物处置、电子废旧产品拆解等重点行业用地及周边土壤污染风险高，危及人居环境安全和生态系统健康。

2017 年 11 月 6 日，中国无毒地志愿者发布公开信"临近稻谷收割期，江西九江出现'镉大米'"，并对土壤和稻谷进行了取样并送检第三方检测机构。检测结果显示，该地稻谷重金属镉存在不同程度超标，正在种植的农田土壤重金属镉超标，同时农田灌溉水源以及候鸟栖息地东湖底泥镉、砷超标，废弃农田土壤重金属镉、砷更是严重超标。土壤污染造成有害物质在农作物中积累，并通过食物链进入人体，引发各种疾病，最终危害人体健康。

3. 污染水体

固体废物随天然降水和地表径流进入河流湖泊，或随风飘迁落入水体会使地面水污染；随淋滤液进入土壤则使地下水污染；直接排入河流、湖泊或海洋，又会造成更大的水体污染。

垃圾在堆放的过程中，由于自身的分解和水体的作用，会产生大量的含有很多污染物的淋滤液，由于渗透作用，淋滤液进入地下水系，从而污染水源，地下水的污染程度与堆放场的底板岩性、地下水位有关。底板为黏性透水性差或底板与地下水之间的距离较大时，对淋滤液的过滤作用比较明显，从而对地下水的影响也较少，污染较轻，否则底板的透水性较强或地下水埋藏较浅时，淋滤液到达地下水的距离较短，过滤作用不明显，对地下水的污染较严重。

国家环保部公布的数据显示，仅 2008 年我国发生的突发水污染事件就达 198 起，占 2008 年所有环境突发事件的 41.8%，平均每两三天就有一起水体污染事件爆发。1994 年"淮河水污染事件"，2005 年"松花江重大水污染事件"，2007 年"太湖水污染事件""2013 年上海黄浦江死猪事件"等在极大破坏自然环境的同时，更危及特定区域城乡居民的公共安全，环境污染升级为公共安全事件的趋势十分明显。

我国沿河流、湖泊建立的一部分企业，每年向附近水域排入大量灰渣，有的排污口外形成的灰滩已延伸到航道中心，灰渣在航道中大量淤积；有的湖泊由于排入大量灰渣造成水面面积缩小。

2010 年 4 月 20 日，英国石油公司在美国墨西哥湾租用的钻井平台"深水地平线"发生爆炸，导致大量石油泄漏，酿成一场经济和环境惨剧。路易斯安那州州长 2010 年 5 月 26 日表示，该州超过 160km 的海岸线受到泄漏原油的污染，污染范围超过密西西比州和亚拉巴马州海岸线的总长。墨西哥湾沿岸生态环境正在遭遇"灭顶之灾"，相关专家指出，污染可能导致墨西哥湾沿岸超过 1609km 的湿地和海滩被毁，渔业受损，脆弱的物种灭绝。

生活垃圾未经无害化处理任意堆放，也已经造成许多城市地下水污染。垃圾在堆置或填埋工程中，产生大量酸性、碱性、有毒物质，生活排放出来的垃圾含汞、铅、镉等废水，渗透到地表水或地下水造成水体黑臭，地下水浅层不能使用，水质恶化，全国 60% 的河流存在的氨氮、挥发酚、高锰酸盐污染，氟化物严重超标，水体丧失自净功能，影响水生物繁殖和水资源利用。长春市双阳生活垃圾填埋场 2005 年进行了扩建工程，由于采取简易填埋方式，填埋坑底未采取防渗措施，导致垃圾渗沥液对下游水体造成不同程度的污染。2013 年双阳垃圾场自筹资金在场区内东侧新建填埋场二区，2019 年 3～5 月对场区渗滤液处理进口浓度进行检测，其中耗氧量浓度为 14.40mg/L，据此说明长春市双阳区生活区生活垃圾填埋场对地下水环境已造成不同程度污染。

4. 污染大气

一些有机固体废物，在适宜的温度和湿度下被微生物分解，能释放出有害气体；以细粒状存在的废渣和垃圾，在大风吹动下会随风飘逸，扩散到很远的地方；固体废物在运输和处理过程中也能产生有害气体和粉尘。

采用焚烧法处理固体废物，已成为有些国家大气污染的主要污染源之一。据报道，美国固体废物焚烧炉，约有 2/3 由于缺乏空气净化装置而污染大气，有的露天焚烧炉排出的粉尘在接近地面处的浓度可达到 $0.56g/m^3$。

我国的部分企业，采用焚烧法处理塑料时排出 Cl_2、HCl 和大量粉尘，也造成严重的大气污染。至于一些工业和民用锅炉，由于收尘效率不高造成的大气污染更是屡见不鲜。

5. 影响环境卫生

我国生活垃圾、粪便的清运能力不高，无害化处理率低，很大一部分垃圾堆存在城市的一些死角，严重影响环境卫生，对人们的健康构成潜在的威胁。

第3章
城市固体废物的处置方法与利用

3.1 概述

20世纪60年代以前，世界各国对环境保护的意识还比较薄弱，对固体废物的处置可以说是无控排放、堆存、倾倒或随意置于土地或水体内。随着环境保护意识的增强，环境法律法规的完善，向水体倾倒、露天堆弃等无控处置已被严格禁止，所以现在所说的处置是指安全处置。

《中华人民共和国固体废物污染环境防治法》（2020修订）赋予处置的含义是：处置，是指将固体废物焚烧和用其他改变固体废物的物理、化学、生物特性的方法，达到减少已产生的固体废物数量、缩小固体废物体积、减少或者消除其危险成分的活动，或者将固体废物最终置于符合环境保护规定要求的填埋场的活动。

固体废物处置的总目标是确保废物中的有毒有害物质，无论是现在和将来都不致对人类及环境造成不可接受的危害。基本方法是通过多重屏障（如天然屏障、人工屏障）实现有害物质与生物圈的有效隔离。

天然屏障指的是：①处置场所所处的地质构造和周围的地质环境；②沿着从处置场所经过地质环境到达生物圈的各种可能对于有害物质的阻滞作用的途径。

人工屏障指的是：①使固体废物转化为具有低浸出性和适当机械强度的稳定的物理化学形态；②废物容器；③处置场所内各种辅助性工程屏障。

从固体废物最终处置的发展历史可归纳为两大途径，即海洋处置和陆地处置。海洋处置是工业发达国家早期采用的途径，特别是对有毒有害废物，至今仍有一些国家采用。由于海洋保护法的制定，以及国际科学界对海洋处置有很大争议，其使用范围已逐步缩小。

陆地处置是基于土地对固体废物进行处置的一种方法。根据废物的种类及其处置的地层位置（地上、地表、地下和深地层），陆地处置可分为土地耕作、工程库或贮留池贮存、土地填埋（卫生土地填埋和安全土地填埋）、浅地层埋藏以及深井灌注处置等几种，本章重点介绍卫生填埋处置、安全土地填埋处置和深井灌注处置三种方法。

处置的基本要求是废物的体积应尽量小，废物本身无较大的危害性，处置场地适宜，设施结构合理，封场后要定期对场地进行维护及监测。

3.2　卫生土地填埋

3.2.1　概述

卫生土地填埋始于20世纪60年代，随后逐步在工业发达国家得到推广应用，并在实际应用过程中不断发展完善。其主要发展体现在：

（1）填埋场的选址和场地的水文地质勘测，已经初步形成填埋场场地要求的标准规范；

（2）填埋场的场地基础处理和针对不同本地条件采用的基础设施的设计和配备已日趋完善；

（3）有关填埋场淋洗液成分、产量及其他基础研究取得较大进展，淋洗液的收集处理已纳入工程程序；

（4）有关填埋废物气体的产量、成分、形成条件等研究已比较系统化，而填埋气体的输导和利用也正由试验研究阶段向实用阶段转化；

（5）填埋场的场地利用和绿化等已纳入城市总体规划中。

总之，卫生土地填埋方法日益科学化，已成为发达国家广泛采用的处置方法。

卫生土地填埋是处置垃圾而不会对公众健康及环境造成危害的一种方法。通常是每天把运到土地填埋场的废物在限定的区域内铺散成40~75cm的薄层，然后压实以减少废物的体积，并在每天操作之后用一层厚15~30cm的土壤覆盖、压实，废物层和土壤覆盖层共同构成一个单元，即填筑单元。具有同样高度的一系列相互衔接的填筑单元构成一个升层。完成的卫生土地填埋场是由一个或多个升层组成的。当土地填埋场达到最终的设计高度之后，再在该填埋层之上覆盖一层90~120cm的土壤，压实后就得到一个由多个升层组成的完整的卫生土地填埋场。卫生土地填埋场剖面示意图如图3-1所示。

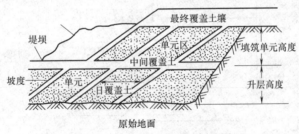

图3-1　卫生土地填埋场剖面图

卫生土地填埋主要分为厌氧填埋、好氧填埋和准好氧填埋三种。好氧填埋实际上类似于高温堆肥，其主要优点是能够减少填埋过程中由于垃圾降解所产生的水分，进而可以减少由于淋洗液积聚过多所造成的地下水污染；其次是好氧填埋分解的速度快，并且能够产生高温。据资料统计，在相同时间内，由于分解速度的不同，好氧填埋比厌氧填埋在体积上缩小近50%，这样就有效地提高了填埋场的使用寿命。另外，好氧填埋的最高分解温度可达60℃以上，如果供氧条件较好，温度还会更高，这对消灭大肠杆菌等致病微生物是十分有利的。而对于厌氧填埋，据美国有效研究表明，其最高温度是27℃，因此，可

23

以说好氧填埋在减少污染、提高场地使用寿命方面优于厌氧填埋。但由于好氧填埋结构比较复杂，而且配备了供氧设备，增加了施工难度，造价相应提高，因此大面积推广使用有一定的难度。

准好氧填埋在优缺点方面与好氧填埋类似，单就填埋成本而言，它低于好氧填埋，高于厌氧填埋。日本比较热心研究好氧填埋，其原因是日本的土地资源紧张，意在借助好氧填埋，加快废物降解速度，节约用地。

目前，世界上已经建成或正在建的大型卫生土地填埋场，广泛应用的是厌氧填埋，它的优点是结构简单，操作方便，施工费用低，同时还可回收甲烷气体。

当前，卫生土地填埋已从过去的依靠土壤本身过滤扩散型结构发展为密封型结构。所谓密封型结构，就是在填埋场的底部和四周设置人工衬里，使垃圾与周围环境完全屏蔽隔离，防止地下水的渗入和淋洗液的释出，进而有效地防止了地下水的污染。

防止淋洗液的渗漏、降解气体的释出控制、臭味和病原菌的消除、场地的开发和利用是卫生土地填埋场地选择、设计、建造、操作和封场过程应主要考虑的几个问题。

3.2.2　卫生土地填埋场设计规划程序

卫生土地填埋场的设计规划程序如图3-2所示，主要包括场地的选择、环境影响评价、场地的设计、场地的建造与施工、填埋操作、封场场地的维护及监测等。

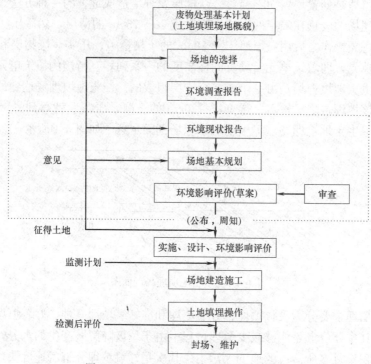

图3-2　卫生土地填埋场的设计规划程序

3.2.3　卫生土地填埋方法

卫生土地填埋方法主要有面积法、沟槽法、斜坡法三种类型。

1. 面积法

在不适合开挖沟槽来放置固体废物的地段可采用面积法。该法是把废物直接铺撒在天然的土地表面上，压实后用薄层土壤覆盖，然后再压实。填埋操作一般是通过事先修筑一条土堤开始的，倚着土堤把废物铺成薄层，然后加以压实。废物铺撒的长度视场地情况和操作规模有所不同。压实废物的宽度根据地段条件取 2.5～6m，与覆盖材料一起构成基础单元。面积法最好是在采石场、露天矿、峡谷、盆地或其他类型的洼地采用。该法适于处置大量的固体废物。图 3-3 为面积法填埋废物示意图。

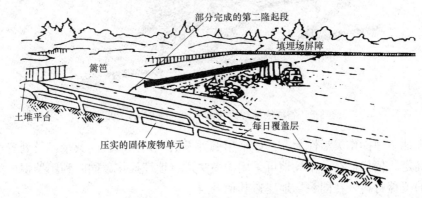

图 3-3 面积法填埋废物示意图（缪林昌，2005）

2. 沟槽法

有充分厚度的覆盖材料供取用且地下水位较低、降雨量小、蒸发量大、透水性差的地区，是采用沟槽法填埋固体废物的理想场地。该法是把废物铺撒在预先挖掘的沟壑内，然后压实，把挖出的土作为覆盖材料铺撒在废物之上并压实，即构成基础的填筑单元结构。通常沟的长度为 30～120m，深 1～2m，宽 4.5～7.5m。图 3-4 为典型的沟壑法填埋废物示意图。

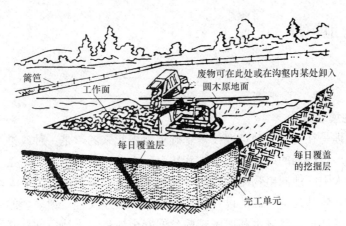

图 3-4 沟壑法填埋废物示意图（缪林昌，2005）

3. 斜坡法

这种方法主要是利用山坡地带的地形，其特点是占地少，填埋量大，只需少量的挖掘工作，覆盖土不需外运。该法是把废物直接铺撒在斜坡上，压实后用工作面前直接得到的土壤加以覆盖，然后再压实。图 3-5 为斜坡法填埋废物示意图。

图 3-5　斜坡法填埋废物示意图（缪林昌，2005）

卫生土地填埋操作灵活性大，具体采用哪种方法可根据垃圾的数量以及处置场地的自然特点来确定。例如，在一个场地可采用沟壑法进行填埋操作，同时利用挖掘出的土壤作为平面法的覆盖材料，在同一场地建造其他升层。

此外，在国外已发展起来一种预压紧固体废物的填埋方法。方法是先将固体废物压实然后按填埋方法进行填埋。这种填埋法不需每日用土壤覆盖，在分级多层的填埋作业中，较下一层可在其上卸满经过压实的废物而脱离裸露状态，在达到最后的填埋高度后再铺上土壤覆盖层。这种作业可以不考虑气味和碎片的吹扬问题，据报道，这种填埋方法的最终密度要比未经处理的大 35%。

卫生土地填埋法工艺简单，操作方便，处置量大，费用较低，它既消纳处置了垃圾，又可根据城市地形地貌特点将填埋场开发利用。

3.3　安全土地填埋

3.3.1　概述

1. 安全土地填埋概念

安全土地填埋是在卫生土地填埋技术基础上发展起来的，是一种改进了的卫生土地填埋。只是安全土地填埋场的结构与安全措施比卫生土地填埋场更为严格是使经过适当处理后的有害废物最大限度地同生物圈隔离的一种土地填埋处置方法。关于安全土地填埋目前尚无统一定义，一般都是按下面的设计和操作标准来描述安全土地填埋的。

（1）其地址要选在远离城市和居民较稀少的安全地带，土地填埋场必须设置人造或天然衬里，下层土壤或土壤同衬里相结合部渗透率小于 10^{-8} cm/s；（2）填埋场最底层应位于地下水位之上；（3）要采取适当的措施控制和引出地表水；（4）要配备严格的浸出液收集、处理及监测系统；（5）设置完善的气体排放和监测系统；（6）要记录所处置废物的来源、性质及数量，把不相容的废物分开处置。若此类废物在处置前进行稳态化预处理，填埋后更为安全。图 3-6 就是典型的安全土地填埋场结构示意图。

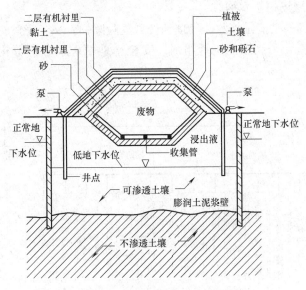

图 3-6　安全土地填埋场示意图

2. 适用于安全土地填埋的废物种类

如果处置前对废物进行稳态化预处理，则安全土地填埋几乎可以处置一切有害和无害废物。但由于危险废物的来源广、种类繁多、危害特性复杂，为了保护环境，还必须根据有关法律及标准对安全土地填埋场所处置的废物种类加以限制。安全土地填埋场不应处置易燃性废物、反应性废物、挥发性废物和大多数液体、半固体及污泥；安全土地填埋也不应处置互不相容的废物，以免混合以后发生爆炸，产生或释放出有毒、有害气体或烟雾。

预处理的方法很多，其中有脱水、固化等。也有人曾提出，安全土地填埋场最好是接收经固化处理后的废物。

3. 安全土地填埋场地设计原则及注意问题

为了防止安全土地填埋释放出的有害污染物对环境的危害，安全土地填埋场地的设计、建造及操作必须符合有关标准。安全土地填埋场地的规划设计原则如下：

（1）处置系统是一种辅助性设施，不应妨碍正常的生产；

（2）处置场的容量应足够大，至少能容纳一个工厂产生的全部废物，并应考虑到将来场地的发展和利用；

（3）要有容量波动和平衡措施，以适应生产和工艺变化所造成的废物性质和数量的变化；

（4）处置系统能满足全天候操作要求；

（5）处置场地所在地区的地质条件，环境适宜，可长期使用；

（6）处置系统符合所有现行法律和制度上的结构合理规定，以及有害废物土地填埋处置标准。

安全土地填埋场地设计时应注意的主要问题是：废物处置前的预处理；由天然或人造衬里或浸出液收集及监测设施所构成的地下水保护系统，场地及其周围地表水的控制

27

环境岩土工程学

管理。

4. 安全土地填埋场的基本构成

安全土地填埋场的功能是接收、处理和处置危险废物。一个完整的土地填埋场地主要由填埋场、辅助设施和未利用的空地组成。安全土地填埋场各部分构成示意图如图 3-7 所示。

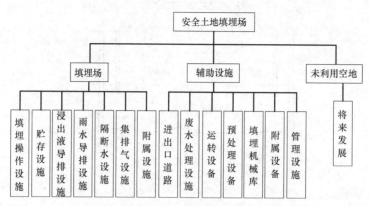

图 3-7 安全土地填埋场设施构成示意图

关于安全土地填埋场的设计规划程序、场地的选择及环境影响评价要求和卫生土地填埋大体相同。

3.3.2 填埋方案

根据场地的地形、水文、地质等条件以及填埋的特点，土地填埋方案主要分为以下三种：

1. 人造托盘式

人造托盘式填埋场地建造于表层土壤较厚的平原地区，具有天然黏土衬里或内衬人造有机合成材料，衬里垂直地镶嵌在天然的不透水地层上，形成托盘状壳体结构。图 3-8 是典型的人造托盘式土地填埋示意图。

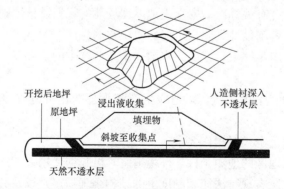

图 3-8 人造托盘式安全土地填埋示意图（缪林昌，2005）

2. 天然洼地式

天然洼地式填埋场地是利用天然的地形条件，如天然峡谷、采石场坑、露天矿坑、山

28

谷、凹地等构成盆地状容器的三个边，在其中处置固体废物。由于该法充分利用天然地形，因而挖掘工程量少，且贮存容量大。但填埋场地的准备工作较复杂，地表水和地下水的控制也很困难，主要的预防措施是使地表水绕过填埋场地和把地下水引走。图 3-9 是天然洼地式安全土地填埋示意图。

3. 斜坡式

斜坡式安全土地填埋场方案同卫生土地填埋中的斜坡法相似。场地依山建造，山坡为容器结构的一个边。图 3-10 是典型的斜坡式安全土地填埋示意图。

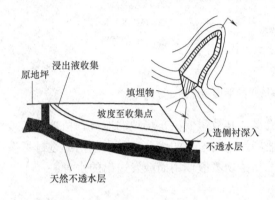

图 3-9 天然洼地式安全土地填埋示意图
(缪林昌，2005)

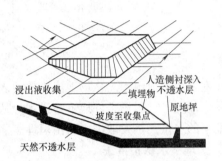

图 3-10 斜坡式安全土地填埋示意图
(缪林昌，2005)

3.3.3 填埋场地面积的确定

填埋场地面积的确定是安全土地填埋设计规划的一部分，它不但是初步设计的需要，而且也是场地将来进一步开发的需要。填埋所需实际占地面积按照式（3-2）计算：

每年填埋的废物体积可按式（3-1）计算：

$$V=365\frac{W}{D}+C \tag{3-1}$$

式中 V——年填埋的固废体积，m^3；

W——固体废物填埋率，kg/d；

D——填埋后废物的压实密度，kg/m^3；

C——覆土体积，m^3。

已知填埋高度为 H，则每年所需土地面积为：

$$A=V/H（m^2） \tag{3-2}$$

3.3.4 地下水保护系统

1. 浸出液的来源和产生量

安全土地填埋场浸出液的来源与卫生土地填埋场浸出液来源略有不同。对于卫生土地填埋，在填埋过程中垃圾分解产生一定量的水；而对于安全土地填埋，浸出液主要来自废物本身含水、地下水、降水及地表径流，而且通常废物本身含水很少，特别是在处置前进行脱水或稳态化预处理后，废物本身含水是可以忽略的；如果场地的选址合理，填埋场底部远在地下水位之上，同时设置防渗衬垫，则地下水渗入问题也可忽略，因此，浸出液的主要来源是降水和地表径流水。

浸出液的产生量可根据填埋场水的收支平衡关系来确定。图 3-11 就是土地填埋场水的平衡示意图。由图 3-11 可以看出，作为输入的流入水，有降雨、地表径流流入水、地下涌出水及废物含水；作为输出的流出水有地表径流流出水、蒸发散失水、地下渗出水和淋洗液。

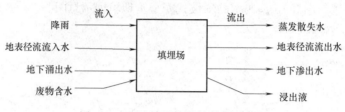

图 3-11　土地填埋场水的平衡示意图

地表径流流出水为从场地流出的地表径流水，其数量取决于场地的地势、植被、植被面积、坡度等。封场条件地下渗出水为从填埋场渗入到地下的水分，其中包括通过衬里渗入地下的水量。蒸发散失水为由填埋表面蒸发和植物蒸散作用而散发逸出的水分。

2. 地下水保护系统

保护地下水可以从两个方面实现：一方面是在选择场地时，应按照场地选择标准合理选址；另一方面是从设计、施工方案以及填埋方法上来实现，如采用防渗的衬里，建立浸出液收集监测处理系统等。

（1）衬里材料的选择

适用于作土地填埋场的衬里材料主要分为两大类：一类是无机材料；一类是有机材料，有时也把两类材料结合起来使用。常用的无机材料有黏土、水泥等；常用的有机材料有沥青、橡胶、聚乙烯、聚氯乙烯等；常用的混合衬里材料有水泥沥青混凝土、混合土（粉质黏土和疏浚土）等。衬里材料的选择和许多因素有关，如待处理废物的性质、场地的水文地质条件、场地的级别、场地的运营期限、材料的来源以及建造费用等。无论选择哪种衬里材料，预先都必须做与废物相容性试验、渗透性试验、抗压强度试验及密度试验等。

（2）衬里系统的设计原则

衬里系统是地下水保护系统的重要组成部分，除具有防止浸出液泄漏外，还具有包容废物、收集浸出液、监测浸出液的作用，因此必须精心设计。衬里系统设计原则如下：

1）衬里和其他结构材料必须满足有关标准；

2）设置天然黏土衬里时，衬里的厚度至少为 1.5m；

3）设置双层复合衬里时，主衬里和备用衬里必须选择不同的材料；

4）衬里系统必须设置收集浸出液的积水坑，积水坑的容量至少能容纳三个月的浸出液量，且不小于 $4m^3$；

5）衬里应具有适当的坡度，以使浸出液凭借重力即可沿坡度流入积水坑；

6）衬里之上应设置保护层，保护层可选用适当厚度的可渗透性砾石，也可选用高密度聚乙烯网和无纺布，保证浸出液迅速流入积水坑；

7）在可渗透保护层内也可设置多孔浸出液收集管，使浸出液通过收集管汇集到积水坑中；

8）积水坑设有浸出液监测装置；

9）设置浸出液排出系统，定期抽出浸出液并处理，以减少衬里的水力压力；

10）设置备用抽水系统，以便当泵或立管损坏时抽出浸出液。

3. 衬里系统结构

衬里系统的结构主要有3种：①无浸出液收集系统的天然衬里系统；②具有浸出液收集系统的单衬里系统；③具有浸出液收集系统的双衬里系统。

（1）无浸出液收集系统的天然衬里系统

天然衬里系统只有在场地的土壤、水文地质条件均满足土地填埋场选择标准，并且自然蒸发量要超过降水量50cm的情况下才能使用。对于天然衬里系统，一旦浸出液大量增加无法抽出，将会污染地下水，因此目前已很少采用此种方法。

（2）具有浸出液收集系统的单衬垫系统

具有浸出液收集系统的单衬垫系统是由上、下两部分组成的，下部为低渗透性的黏土衬里或人造有机合成衬里；上部为具有浸出液收集系统的，由30cm可渗透性砾石或砂质土壤构成的沥滤系统。衬里系统的底部具有适当坡度倾斜的积水坑，浸出液可以沿衬里坡度汇集到积水坑，以便监测和抽出。图3-12为具有浸出液收集系统的单衬里系统示意图。

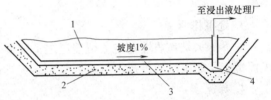

图3-12　具有浸出液收集系统的单衬里系统示意图
1—填埋物；2—黏土衬垫；3—浸出液收集系统；4—积水坑

（3）具有浸出液收集系统的双衬里系统

具有浸出液收集系统的双衬里系统是由主、辅两重衬里构成的，主衬里为人工合成有机衬里（如高密度聚乙烯），辅助衬里为人工合成有机薄膜和黏土构成的复合衬里。主衬里的浸出液收集系统为砂或砾石层，内铺多孔液收集管及排水管；上部铺有无纺布的过滤层，在侧面及顶边的过滤层上还铺有一层保护土壤。浸出液通过集排水管汇集到积水坑中，定期由泵送到废水处理厂处理。辅助里垫上部也有浸出液收集管及排水管。图3-13为具有浸出液收集系统的双衬里结构示意图。

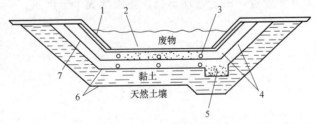

图3-13　具有浸出液收集系统的双衬里结构示意图
1—土壤保护层；2—地滤层；3—排水管；4—浸出液收集系统；
5—积水坑；6—辅助衬里；7—主衬里

双衬里系统的优点是防渗效果好；缺点是费用较贵，系统的工艺较复杂，衬里一旦破坏，维修也比较困难。

3.3.5 地表径流水的控制

地表径流水的控制是防止地下水污染的又一条途径。其目的是把可能进入场地的水引走，防止场地排水进入填埋区内，以及接收来自填埋区的排水。通常采用的方法有导流渠、地表稳态化、地下排水和导流坝四种。

1. 导流渠

导流渠一般是环绕整个场地挖掘，这样使地表径流水汇集到导流渠中，并从土地填埋场下坡方向的天然水道排走。导流渠的尺寸、构造形式及结构材料要根据场地的特点来确定。

2. 地表稳态化

地表稳态化是指土地填埋操作达到预定的升层高度之后在填埋的废物之上覆盖一层较细的土壤，并用机械压实，其作用是可减少天然降水渗入，控制地表径流方向和速度，进而减少土地填埋场表面覆盖层的冲刷侵蚀。地表稳态化土壤的选择和施工要结合封场统一考虑。

3. 地下排水

地下排水是在填埋物之上覆盖层之下铺设一层排水层或一系列多孔管，使已经渗透过表面覆盖层的雨水通过排水层进入收集系统排走。

4. 导流坝

导流坝是在场地四周修建堤坝，以拦截地表径流，并把其从场地引出流入排水口。导流堤坝一般用黏土修筑，用机械压实。

安全土地填埋由于其工艺简单、成本较低、适用于处置多种类型的废物而被世界许多国家所采用。虽然目前对土地填埋能否作为固体废物的永久处置方法尚有争议，但在目前乃至将来，至少在新的可行处置方法研制出来之前，安全土地填埋仍是较好的有害废物处置方法。

目前，我国对固体废物的处置方式主要有三类：第一类是对极毒的废物，如铍渣和放射性废物，建造混凝土贮存库贮存；第二类是以赤泥为代表的对浸出液加以适当处理的露天堆积处置；第三类是任意倾倒、填埋，甚至直接倒入江、河、海的处置方式。目前，大部分废物采用第三类方法处置，由于管理不当，污染状况十分严重。

3.4 深井灌注

3.4.1 概述

深井灌注处置是将固体废物液体化，用强制措施注入地下，与饮用水和矿脉层隔开。目前，美国每年大约有 3×10^4 t 流体废物采用深井灌注方法处置，其中 11% 为危险废物。

3.4.2 深井灌注的程序

深井灌注的程序主要包括废物的预处理、场地选择、井的钻探与施工、环境监测等几个阶段。

1. 预处理

废物在灌注前应进行预处理，防止灌注后堵塞岩层孔隙，减少处置容量。废物中一些组分与岩层中的流体发生化学反应生成沉淀，最后可能会堵塞岩层。例如，难溶的碱土金属碳酸盐、硫酸盐及氢氧化物沉淀，难溶的重金属碳酸盐，氢氧化物沉淀以及氧化还原反应产生的沉淀等。一般采用化学处理或固液分离的预处理方法，将上述组分去除或中和。防止沉淀的另一种方法是先向井中注入缓冲剂，把废液和岩层液体隔离开来，如一定浓度的盐水等。深井灌注操作是在控制的压力下以恒速进行，灌注速率一般为 $0.3\sim 4\mathrm{m}^3/\mathrm{min}$。

2. 场地选择

选择适宜的废物处置地层是深井灌注处置的重要环节，适用于这种方法处置的地层必须满足下述条件：

(1) 处置区必须位于地下饮用水源之下。

(2) 有不透水岩层把注入废物的地层隔开，使废物不致流到有用的地下水源和矿藏中。

(3) 有足够的容量，面积较大，厚度适宜，孔隙率高。

(4) 有足够的渗透性，且压力低，能以理想的速率和压力接受废液。

(5) 地层结构及其原来含有的流体与注入的废物相融，或者花少量的费用就可以把废物处理到相融的程度。

地质资料比较充分的条件下，可根据附近的钻井记录估计可能的适宜地层位置。为了确定不透水层的位置、地下水水位以及废弃物的目的区域深度，一般需要钻勘探井，对注水层和封存水取样分析，同时进行注入试验，以选择理想的注入压力和注入速率，并根据井底的温度和压力进行废物与地层岩石本身的相融性试验。

适于深井灌注处置的地层一般是石灰岩或砂岩，不透水的地层可以是土、页岩、泥灰岩、结晶石灰岩、粉砂岩和不透水的砂岩以及石膏等。

3. 井的钻探与施工

深井灌注处置井的钻探与施工类似于石油、天然气井的钻探和建井技术，但深井灌注处置井的结构要比石油井复杂而严密。深井灌注处置井的套管要多一层，外套管的下端必须处在饮用水基面之下，并且在紧靠外套管表面足够深的地段内灌上水泥。渗入到处置区内的保护套管，在靠表面处也要灌上水泥，防止淡水层受到污染。图 3-14 是位于石灰岩或白云岩层的处置区的深井剖面图。在钻探过程中，还要采集岩芯样品，经过分析，进一步确定处置区对废物的容纳能力。

凡与废物接触的器材，如管线、阀门、水泵、贮液罐、过滤器、填料、套管等，都应根据其与废物的相融性来选择。井内灌注管道与保护套管之间的环形空间须采用杀菌剂和缓蚀剂进入可渗透性的岩层中，对某些工业废物来说，深井灌注处置不失为对环境影响最小的切实可行的方法。

深井灌注处置系统要求有适宜的地层条件。适宜的地层主要有石灰岩层、白云岩层和砂岩层。在石灰岩或白云岩层处置废物，容纳废液的主要依据是岩层具有空穴型孔隙，以及断裂层和裂缝。对于在砂岩层处置，废液的容纳主要依靠存在于穿过密实砂床的内部相连的间隙。深井灌注处置系统还要求废物与建筑材料、岩层间的液体以及岩层本身具有相融性。

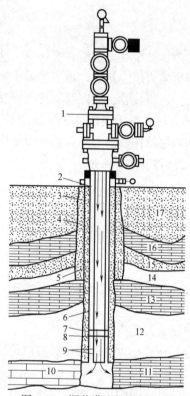

图 3-14　深井灌注处置剖面图
1—井盖；2—充满生物杀伤剂和缓蚀液的
环形通道；3—表面孔；4、7—水泥；5—表
面套管；6—保护套管；8—注入通道；
9—密封环；10—保护套管安装深度；
11—石灰石或白云岩处置区；12、14—油
页岩；13、16—石灰石；15—可饮用水砂；
17—砾石饮用水

深井灌注处置方法已有 40 多年的发展历史，是对环境影响较小、适用范围较广的一种外置方法。但也有人持不同意见，认为这种方法缺乏远见，担心深井一旦泄漏，将导致蓄水层的污染。

4. 环境监测

深井灌注系统需配置有连续记录监测装置，以记录灌注压力和速率。在深井灌注管道和保护套管处设置有压力监测器，以检验管道和套管是否发生泄漏，如出现故障，应立即停止操作。

在测定环境中进行间断性和连续性监测，主要监测环境中的有害物质含量，并对含量和环境影响过程进行分析，进而对环境质量水平给予确定。从环境监测角度上来看，促进绿色经济发展，也是科学发展观要求，能够使环境得到保护，解决环境相关问题。进行前期环境监测主要工作流程是：首先，进行背景相关调查，之后在现场进行采样，对相关数据进行收集；其次，通过对数据分析，能够对污染物分布情况和污染物含量及时了解，并对布点进一步优化，实时监测。

对于环境监测工作来说，不仅要监测普通污染环境因子，与此同时，还要监测生态环境。现阶段，我国不仅进行微观监测，也进行了宏观监测，而且在环境评估工作上，从以往的生态治理评价转变为生态风险平整，这不仅对环境污染情况能够进行早期预警，而且对生态环境和生态质量情况能够更好掌握，进而不断提高生态保护质量。

3.4.3　操作与监测

深井灌注处置操作可分为地上预处理和地下灌注两步。预处理主要是在地面设施进行，目的是为了防止处理区岩层堵塞，减少处置容量或损坏设备。在某些条件下，废物的组分会与岩层中的流体起反应，形成沉淀，最终可能会堵塞岩层。例如：难溶的碱土金属碳酸盐、硫酸盐及氢氧化物沉淀，难溶的重金属碳酸盐、氢氧化物沉淀以及氧化还原反应产生的沉淀等。通常采用的预处理方法是化学处理或液固分离的方法，使上述组分除去或中和。

防止沉淀的另一种方法是向井里注入缓冲剂，把废液和岩层液体隔离开来。

地下灌注是在有控制的压力下，以恒定的速率向处置区灌注，灌注速率一般为 $0.3\sim 4m^3/min$。通过深井灌注系统配备的连续记录监测装置监测：（1）灌注压力和环隙压力以检验管道或套管是否发生泄漏；（2）灌入废液的体积、流速和特性；（3）灌注区和限制区以上的地下水特性；（4）如出现故障，应立即停止操作。

深井灌注处置的费用与生物处理的费用相近。

3.5 固体废物的利用

3.5.1 概述

所谓固体废物，相对于自然资源来讲，它属于"二次资源"或"再生资源"范畴。通过采取管理措施或工艺技术等，从固体废物中分离、回收有用物质进行新的加工，开发新的产品，即综合利用。当今世界，由于固体废物对环境造成危害而发生的公害案，推动了工业发达国家致力于固体废物资源的开发和利用。

自然资源中有些属于不可更新的，一经用于生产或生活，即从生态圈中永久消失。像各种非金属或金属矿物那样，它们并非取之不尽，用之不竭，而是具有枯竭的必然性。最近几年来，能源危机的出现，增强了人们对固体废物资源化利用的认识，工业发达国家需求更为迫切。

固体废物利用有很多优点：①环境效益高。固体废物资源化可以从环境中去除某些潜在的有毒性废物，减少废物堆置场地和废物贮放量。②生产成本低。如用废铝炼铝，其生产成本仅为铝土矿炼铝的 4%，用废铜炼铜可比矿石炼铜节省冶炼费 90%。③生产效率高。例如用铁矿石炼 1t 钢需 8 个工时，而用废钢炼 1t 电炉钢只需 2、3 个工时。④能耗低。例如用废钢炼钢比用铁矿石炼钢可节约能耗 74%。因此，各国都积极开展固体废物的综合利用。

固体废物利用应当遵循以下原则：①技术可行性原则；②经济合理原则；③符合国家相应产品的质量标准原则；④就地处理利用原则。

固体废物利用的途径：①生产建筑材料；②回收能源；③提取各种金属；④生产农肥；⑤取代某种工业原料。

3.5.2 粉煤灰的利用

1. 概述

（1）粉煤灰的来源

我国燃煤电厂采用粉煤喷烧方式，即将煤磨成粒度在 $100\mu m$ 以下的煤粉，用预热空气喷入炉膛悬浮燃烧，产生高温烟气，经收尘装置捕集得到粉煤灰，或称飞灰。捕集的粉煤灰可以采用干法外排，也可以采用湿法外排。为不使飞灰扬散，一般多用湿法排出，即用高压水力冲排输送。

少量煤粉粒子在炉膛内燃烧时，由于相互碰撞会粘结成块，沉积于炉底成为炉渣，称为底灰。底灰一般占总灰渣量的 15%，飞灰约占灰渣量的 85%。

（2）粉煤灰的组成

1）粉煤灰的化学组成

粉煤灰的化学成分与黏土相似，主要包括 SiO_2、Al_2O_3，其余为少量 Fe_3O_4、CaO、MgO 及 SO_3 等。由于煤的灰量变化范围较大，各地的粉煤灰的化学成分也不尽相同。因此，构成粉煤灰的具体化学成分含量，也因煤的产地、燃烧方式和程度等不同而有所不同，我国一般低钙粉煤灰的化学成分见表 3-1。

35

我国一般低钙粉煤灰的化学成分 表 3-1

成分	SiO_2	Al_2O_3	Fe_3O_4	CaO	MgO	SO_3	Na_2O+K_2O	烧失量
含量/%	40～60	17～35	2～15	1～10	0.5～2	0.1～2	0.5～4	1～2.6

粉煤灰的化学成分被认为是评价粉煤灰质量高低的重要技术参数。常根据粉煤灰中 CaO 含量的高低，将其分为高钙灰和低钙灰。一般 CaO 含量在 20% 以上为高钙灰，其质量优于低钙灰。粉煤灰的烧失量可以反映锅炉燃烧状况，烧失量越高，粉煤灰质量越差。

我国燃煤电厂基本上是燃用烟煤，粉煤灰中 CaO 含量偏低，属低钙，但 Al_2O_3 含量一般比较高，烧失量也较高。此外，我国有少数电厂为脱硫而喷烧石灰石、白云石，灰中 CaO 含量在 30% 以上。

2）粉煤灰的矿物组成

粉煤灰的矿物组成主要有无定形相和结晶相两大类。无定形相主要为玻璃体，约占粉煤灰总量的 50%～80%，此外未燃尽的碳粒也属于无定形相。结晶相主要有莫来石、方镁石、硫酸盐矿物、石膏、金红石、方解石等。莫来石多分布于空心微珠的壳壁上，以单颗粒存在，呈针状体或气粘状多晶集气体。石英多为白色，有的呈单体小石英碎屑，也有的附在碳粒和煤矸石上呈集合体。这些结晶相往往被玻璃包裹，因此，粉煤灰中单体存在的结晶极为少见，单独以粉煤灰中提纯结晶相将极为困难。

（3）粉煤灰的性质

粉煤质的物理化学性质取决于煤的种类、煤粒的细度、燃烧方式和温度、粉煤灰的收集和排灰方法。

1）物理性质

粉煤灰是灰色或灰白色的粉状物，含水量大的粉煤灰呈灰黑色。它是一种具有较大内表面积的多孔结构，多粒玻璃状，其主要物理性质见表 3-2。

粉煤灰的物理性质 表 3-2

项目	密度 ($g \cdot cm^{-3}$)	堆积密度 ($g \cdot cm^{-3}$)	密实度 ($g \cdot cm^{-3}$)	比表面积 ($cm^2 \cdot g^{-1}$)		原在标准稠度(%)	需水量 (%)	抗压强度比(%)
				氧吸附法	透气法			
范围	1.9～2.9	531～1261	25.6～47.0	800～195000	1180～6535	27.3～66.7	89～130	37～85
均值	2.1	780	36.5	34000	3300	18.0	180	66

2）粉煤灰的化学性质

粉煤灰是一种火山灰质混合材料，它本身略有或没有水硬胶凝性能，但当以粉状及有水存在时，能在常温，特别是在水热处理（蒸汽养护）条件下，与氢氧化钙或其他碱土金属氢氧化物发生化学反应，生成具有水硬胶凝性能的化合物，成为一种增加强度和耐久性的材料。

粉煤灰上述的化学性质，又称为粉煤灰的活性。粉煤灰的活性与它的化学组成、物相组成和结构特征有着密切的关系。显然，SiO_2 和 Al_2O_3 含量高，粉煤灰的活性越好，粉煤灰中 CaO 含量对活性是有利的。一般粉煤灰中 SiO_2 和 Al_2O_3 含量越高，粒度成分越细，活性越高，同时，CaO 含量越高，粉煤灰自硬性越好。

2. 粉煤灰水泥

我国从 20 世纪 50 年代开始用粉煤灰生产水泥，在 1979 年第一次将粉煤灰水泥列为水泥五大品种之一。粉煤灰水泥也叫粉煤灰硅酸盐水泥，其定义为：凡由硅酸盐水泥熟料和粉煤灰，加入适量石膏磨细制成的水硬胶凝材料，称为粉煤灰水泥。用粉煤灰生产水泥，主要是用作水泥的混合掺料，由于掺灰量的不同，掺配成的水泥具有不同的名称和性能。主要包括用粉煤灰生产的"普通硅酸盐水泥""矿渣硅酸盐水泥"和"粉煤灰硅酸盐水泥"。

(1) 用粉煤灰生产的"普通硅酸盐水泥"，是以硅酸盐水泥熟料为主，掺入不大于15％的粉煤灰磨制而成的，其性能与用等量的其他混合料掺配成的"普通硅酸盐水泥"无大差异，统称普通硅酸盐水泥。此种水泥生产技术成熟，质量较好，是较为畅销的水泥品种。

(2) 用粉煤灰生产的"矿渣硅酸盐水泥"，是用硅酸盐水泥熟料与高炉水淬渣按一定配比掺配磨制而成。其中，高炉水淬渣的掺配率可高达50％以上。在配制这种水泥时，可以掺入不大于15％的粉煤灰，以代替部分高炉水淬渣，成品性能与原矿渣水泥没有差异，仍称矿渣硅酸盐水泥，也是畅销的水泥品种。

(3) 用粉煤灰生产的"粉煤灰硅酸盐水泥"。是以水泥熟料为主，加入20％～40％的粉煤灰和少量石膏磨制而成，其中也允许加入一定量的高炉水淬渣，但混合材料（粉煤灰和水淬渣）的掺入量不得超过50％。水泥标号有32.5、32.5R、42.5、42.5R、52.5、52.5R六个。

3. 粉煤灰混凝土

混凝土是以硅酸盐水泥为胶结料，砂、石等为集料，加水拌合而成的构筑材料。粉煤灰混凝土是用粉煤灰取代部分水泥拌合而成的混凝土。实践证明，在配制粉煤灰混凝土混合料时，掺入一定量和一定质量的粉煤灰，可适度改善混凝土性能，节约水泥，提高混凝土制品质量和工程质量，降低制品生产成本和工程造价。

我国在大型水利工程的大坝混凝土中掺用粉煤灰，已成为综合利用粉煤灰的一条重要途径，根据实践提出了使用粉煤灰作掺合料的质量标准。

粉煤灰混凝土具有以下优点：

(1) 减少水化热

水泥与水反应为放热反应，在大体积的混凝土中，水化析出热量可使温度升高达30～50℃，因此会产生体积膨胀，引起混凝土裂纹。在大体积的混凝土构筑中，为了降低水化热，需要采用分段浇筑的方法，并选用水化热低、收缩性小的水泥，或采用冰覆盖冷却。使用水化热低的粉煤灰，则可以大大降低水化热。

(2) 改善和易性

混凝土的和易性是指混凝土拌合物在拌合、运输、浇筑、振捣等过程中保证质地均匀、各组分不离析并适于施工工艺要求的综合性能。粉煤灰中的光滑颗粒均匀地分散在水泥、砂、石之间，能有效地减少吸水性和内摩擦。由于粉煤灰密度较小，加入后使混凝土中胶凝物质含量增加，浆骨比随之增大，因而流动性好，有利于泵送，且便于施工，富有延伸性，既不收缩又无细裂纹，加工面光洁美观。

(3) 提高强度

粉煤灰混凝土早期强度低，但可以通过磨细使早期强度提高。粉煤灰混凝土后期强度高，在半年或半年以上的工期不论任何养护条件下，含30％粉煤灰的混凝土强度都比普通混凝土高。

（4）提高抗渗性

粉煤灰混凝土在自然环境中，具有良好的抵抗水的渗透、侵蚀能力。从我国水利工程掺用粉煤灰的多年实践看，未发现过渗水现象，但抗冻性能差，在寒冷地区施工，可加入少量外加剂加以改善。

（5）节约水泥

按 25％掺用量加粉煤灰，每立方米胶凝材料可以节省水泥 40kg 左右，相应地降低了工程造价。

3.5.3 炉渣的利用

1. 概述

利用工业固体废物生产建筑材料是解决建材资源短缺的一条有效途径，这对保护环境和加速经济建设具有十分重要的意义。工业废渣作建筑材料是综合利用工业废渣数量最大、种类最多、历史较久的领域。其中，利用较多的有高炉渣、钢渣、粉煤灰、煤矸石和其他废渣等。生产品种包括水泥、集料、砖、玻璃、铸石、石棉和陶瓷等。我国对冶金工业和煤炭工业所产生的固体废物研究较多，如高炉渣的应用已有几十年的历史，在生产建筑材料方面取得了一定的成就，积累了宝贵的经验。

2. 高炉渣的利用

高炉渣是冶炼生铁时从高炉中排出的一种废渣，是由脉石、灰分、助溶剂和其他不能进入生铁中的杂质所组成的易熔混合物。其排出率与矿石品位和冶炼方法有关。根据我国目前生产水平，每生产 1t 生铁平均产生大约 0.7t 的高炉渣，工业发达国家的渣铁比比较低，一般为 0.27～0.3。由于近代选矿和冶炼技术的提高，我国渣铁比已经大大下降。

（1）高炉渣的组成

高炉渣中主要的化学成分是 CaO、MgO、SiO_2、Al_2O_3，它们约占高炉渣总重的 95％。此外，有些矿渣还含有微量 TiO_2、V_2O_5、Na_2O、BaO、P_2O_5、Cr_2O_3 等。几种高炉矿渣的化学成分见表 3-3。

我国矿渣化学成分　　　　　　表 3-3

矿渣种类	化学成分								
	CaO	SiO_2	Al_2O_3	MgO	MnO	FeO	S	TiO_2	V_2O_3
普通矿渣	31～50	31～44	6～18	1～16	0.05～2.6	0.2～1.5	0.2～2		
锰铁矿渣	28～47	22～35	7～22	1～9	3～24	0.2～1.7	0.17～2	6～31	0.06～1
钒钛矿渣	20～31	19～32	13～17	7～9	0.3～1.2	0.2～1.9	0.2～0.9		

高炉渣中的各种氧化物成分以各种形式的硅酸盐矿物形式存在。碱性高炉渣中最常见的矿物油黄长石、硅酸二钙、橄榄石、硅钙石、硅灰石和尖晶石。酸性高炉渣由于其冷却的速度不同，形成的矿物也不一样。当快速冷却时全部凝结成玻璃体；在缓慢冷却时往往出现结晶的矿物相，如黄长石、假硅灰石、辉石和斜长石等。

根据高炉渣的化学成分和矿物组成，高炉渣属于硅酸盐材料范畴，适于加工制作水泥碎石、集料等建筑材料。

（2）高炉渣处理利用

高炉渣的处理加工方法一般分为急冷处理、慢冷处理和半急冷却处理三种。在利用高炉矿渣之前，需要进行加工处理。其用途不同，加工处理的方法也不相同。我国通常是把高炉渣加工成水淬渣、矿渣碎石、膨胀矿渣和膨胀矿渣珠等形式加以利用。

1）矿渣碎石的利用

矿渣碎石的用途很广，用量也很大，在我国可代替天然石料用于混凝土集料、道路工程、铁路道砟和地基工程等。

配制矿渣碎石混凝土。矿渣碎石混凝土是利用矿渣碎石作为集料配制的混凝土。矿渣碎石混凝土具有与普通混凝土相近的物理力学性能，而且还有良好的保温、隔热、耐热、抗渗和耐久性能。一般用矿渣碎石配制的混凝土与天然集料配制的混凝土强度相同时，其混凝土密度减轻 20%。

矿渣碎石在道路工程中的应用。矿渣碎石具有缓慢的水硬性，对光线的漫射性能好，摩擦系数大，非常适宜于修筑道路。用矿渣碎石作基料铺成的沥青路面既明亮，防滑性能又好，还具有良好的耐磨性能，制动距离缩短。矿渣碎石还比普通碎石具有更高的耐热性能，更适用于喷气式飞机的跑道上。

矿渣碎石在铁路道砟上的应用。矿渣碎石可用来铺设铁路道砟，并可适当吸收列车行走时产生的振动和噪声。矿渣道砟在我国钢铁企业专业铁路线上已得到广泛应用。鞍钢每年新建和大修铁路各 30～40km，几乎全部采用矿渣道砟。矿渣道砟在国家一级铁路干线上的试用也已初见成效。

矿渣碎石在地基工程中的应用。矿渣碎石的强度与天然岩石的强度大致相同，其块体强度一般都超过 50MPa，因此矿渣碎石的颗粒强度完全能够满足地基的要求。矿渣碎石用于处理软弱地基在我国已有几十年的历史，一些大型设备的混凝土，如高炉基础、轧钢机基础、桩基础等，都可用矿渣碎石作集料。

2）膨胀矿渣及膨珠的用途

膨胀矿渣主要是用作混凝土轻集料，也用作防火隔热材料，用膨胀矿渣制成的轻质混凝土，不仅可以用于建筑物的围护结构，而且可以用于承重结构。

膨珠可以用于轻混凝土制品及结构，如用于制作砌块、楼板、预制墙板及其他轻质混凝土制品。由于膨珠内空隙封闭，吸水少，混凝土干燥时产生的收缩就很小，这是膨胀页岩或天然浮石等轻集料所不及的。

生产膨胀矿渣和膨珠与生产黏土陶粒、粉煤灰陶粒等相比较，具有工艺简单、不用燃料、成本低廉等优点。

3）高炉渣的其他应用

高炉渣还可以用来生产一些用量不大，而产品价值高，又有特殊性能的高炉渣产品，如矿渣棉及其制品、热铸矿渣、矿渣铸石及微晶玻璃、硅钙渣肥等。其中微晶玻璃是近几十年发展起来的一种用途广泛的新型无机材料。矿渣微晶玻璃的主要原料是 62%～78% 的高炉渣、22%～38% 的硅石或其他非铁冶金渣等。矿渣微晶玻璃产品，比高碳钢硬，比铝轻，其机械性能比普通玻璃好，耐磨性不亚于铸石，热稳定性好，电绝缘性能与高频瓷接近。矿渣微晶玻璃广泛用于冶金、化工、煤炭、机械等工业部门的各种容器设备的防腐层或金属表面的耐磨层以及制造溜槽、管材等，使用效果良好。

3. 钢渣的利用

钢渣是炼钢过程中排出的废渣。炼钢的基本原理与炼铁相反，是利用空气或氧气去氧化生铁中的碳、硅、锰、磷等元素，并在高温下与石灰石起反应，形成熔渣。

（1）钢渣的组成

钢渣是由钙、铁、硅、镁、锰、磷等氧化物所组成，其中钙、铁、硅氧化物占绝大部分。各种成分的含量根据炉型钢种不同而异，有时相差较大。以氧化钙为例，一般平炉熔化时的前期渣中含量达 20% 左右，精炼和出钢时的渣中含量达 40% 以上；转炉渣中的含量常在 50% 左右；电炉氧化渣中约含 30%～40%，电炉还原渣中则含 50% 以上。各种钢渣化学成分见表 3-4。

各种钢渣化学成分（%） 表 3-4

种类	CaO	FeO	Fe_2O_3	SiO_2	MgO	Al_2O_3	MnO	P_2O_5
特炉钢渣	45～55	5～20	5～10	8～10	5～12	0.6～1	1.5～2.5	2～3
平炉初期	20～30	27～31	4～5	9～34	5～8	1～2	2～3	6～11
平炉精炼	35～40	8～14	—	16～18	9～12	7～8	0.5～1	0.5～1.5
平炉后期	40～45	8～18	2～18	10～25	5～15	3～10	1～5	0.2～1
电炉氧化	30～40	19～22		15～17	12～14	3～4	4～5	0.2～0.4
电炉还原	55～65	0.5～1	—	11～20	8～13	10～18		

钢渣的主要矿物组成为硅酸三钙（$3CaO \cdot SiO_2$）、硅酸二钙（$2CaO \cdot SiO_2$）、钙镁橄榄石（$CaO \cdot MgO \cdot SiO_2$）、钙镁蔷薇辉石（$3CaO \cdot MgO \cdot 2SiO_2$）、铁酸二钙（$2CaO \cdot Fe_2O_3$）、RO（R 代表镁、铁、锰，RO 为 MgO、FeO、MnO 形成的固溶体）、游离石灰（fCaO）等。钢渣的矿物组成主要决定于其化学成分，特别与其碱度有关。炼钢过程中需不断加入石灰，随着石灰加入量增加，渣的矿物组成随之变化。炼钢初期，渣的主要成分为钙镁橄榄石，其中的镁可被铁和锰所代替。当碱度提高时，橄榄石吸收氧化钙变成蔷薇辉石，同时放出 RO 相。再进一步增加石灰含量，则生成硅酸二钙和硅酸三钙。

（2）钢渣的性质

碱度。钢渣碱度是指其中的 CaO 与 SiO_2、P_2O_5 含量比，即 $R = CaO/(SiO_2 + P_2O_5)$。根据碱度的高低，可将钢渣分为：低碱度渣（$R=1.3～1.8$）、中碱度渣（$R=1.8～2.5$）和高碱度渣（$R>2.5$）。

活性。$3CaO \cdot SiO_2$、$2CaO \cdot SiO_2$ 等为活性矿物，具有水硬胶凝性。当钢渣碱度大于 1.8 时，便含有 60%～80% 的 $2CaO \cdot SiO_2$ 和 $3CaO \cdot SiO_2$，并且随碱度增大，$3CaO \cdot SiO_2$ 也增多，当碱度达到 2.5 时，钢渣的主要矿物质为 $3CaO \cdot SiO_2$。

耐磨性。钢渣的耐磨程度与其矿物组成和结构有关。若以标准砂的耐磨指数作为 1，则高炉渣为 1.04，钢渣为 1.43。钢渣比高炉渣还耐磨，因而钢渣宜作路面材料。

稳定性。钢渣含游离氧化钙（fCaO）、MgO、$3CaO \cdot SiO_2$、$2CaO \cdot SiO_2$ 等，这些组分在一定条件下都具有不稳定性，只有 fCaO、MgO 基本消解完后才会稳定。

（3）钢渣的利用

筑路材料。钢渣具有容重大、呈块状、表面粗糙、稳定性好、不滑移、强度高、耐磨、耐蚀、耐久性好、与沥青粘结牢固等特点，特别宜作道路材料。钢渣用作筑路材料，既适用于路基用，又适用于路面用。做路基时，道路渗水、排水性能好，而且材料用量大，对于保证道路质量和处理钢渣有重要意义。做沥青混凝土路面集料时，既耐磨，又防滑，是公路建筑中有价值的材料。做铁路道砟，还具有导电性小，不会干扰铁路系统的电信工作，路床不长杂草，干净而稳定，不易被雨水、洪水冲刷，不会发生滑移等特点。

钢渣代替碎石存在体积膨胀这一技术问题，国外一般是洒水堆放半年后才能使用，以防钢渣体积膨胀，破裂粉化。我国用钢渣作工程材料的基本要求是：钢渣需陈化，粉化率不能高于 5%，要有合适级配，最大块直径不能超过 300mm，最好与适量粉煤灰、炉渣或黏土混合使用，严禁将钢渣碎石作混凝土集料使用。

生产水泥。由于钢渣中含有和水泥相类似的硅酸三钙、硅酸二钙及铁铝酸盐等活性矿物质，具有水硬胶凝性，因此可成为生产无熟料或少熟料水泥的原料，也可作为水泥掺和料。现在生产的钢渣水泥品种有：无熟料钢渣矿渣水泥、少熟料钢渣矿渣水泥、钢渣沸石水泥、钢渣矿渣硅酸盐水泥、钢渣矿渣高温型石膏白水泥和钢渣硅酸盐水泥等。

上述水泥适用于蒸汽养护，具有后期强度高、耐用腐蚀、微膨胀、耐磨性能好、水化热低等特点，并且还具有生产简便、投资少、设备少、节省能源和成本低等优点。其缺点是早期强度低、性能不稳定。

3.5.4 煤矸石的利用

1. 概述

（1）煤矸石的来源与种类

煤矸石是在煤形成过程中与煤伴生或共生的含碳量较低、比煤坚硬的黑灰色岩石。它包括煤矿巷道掘进过程中从顶板、底板及夹层里采出的矸石，采掘过程中从顶板、底板及夹层里采出的矸石以及洗煤过程挑出的洗矸石。一般每采 1t 原煤排出矸石 0.2t 左右。

随着煤层地质年代、地区、成矿条件、开采条件的不同，煤矸石的矿物成分、化学成分各不相同，其组分复杂，但主要属于沉积岩。根据所含矿物组分可分为碳质页岩、泥质页岩和砂质页岩；根据其来源可分为掘进矿石、开采矿石和洗选矸。煤矸石堆放过程，由于其中的可燃组分缓慢氧化、自燃，故又有自燃矸石与未燃矸石之分。

（2）煤矸石的组成

1）自燃煤矸石的化学成分和矿物组成

煤矸石经过自燃，可燃物大大减少，而 SiO_2 和 Al_2O_3 含量相对增加，与火山灰相比，化学成分相似。

对于自燃煤矸石来说，由于矸石种类和自燃温度等方面的差异，燃烧后的矿物组成也不相同。如果自燃温度比较高，燃烧比较充分，矿物中便不再有高岭石、水云母存在，而主要是一些性质稳定的晶体：石英、赤铁矿、莫来石等。但一般自燃温度都偏低，部分矸石燃烧不完全，矿物中还残存有高岭石、水云母，并有少量赤铁矿。不过，作为主要矿物成分的高岭石、水云母，一大部分由于失去结晶水而晶格破坏，形成玻璃体类物质。

2）未燃煤矸石的化学成分和矿物组成

煤矸石的化学成分随成煤地质年代、环境、地壳运动状况和开采加工方式不同而有较大的波动范围。但同一矿区的同一煤层，煤矸石的化学成分一般相对稳定。我国部分煤矿所排矸石（未燃）的化学成分测定表明，各种矸石化学成分本质上有相似处，即 SiO_2、

Al_2O_3 和 Fe_2O_3 含量都比较高，特别是前两者含量很高。分析表明，未燃煤矸石具有硬质黏土类矿物和水云母类矿物的组成。此外，未燃煤矸石中还含少量石英碎屑、黄铁矿、碳酸钙、长石、铁白云母、金红石等。

（3）煤矸石的基本性质

1）煤矸石的工程特性

颗粒组成。煤矸石的粒度分布的级配一般较差，大粒径的矸石块占有相当高的比例，存在以下级配缺陷：①粗大颗粒含量过高而细小颗粒含量过低，粒径大于 5mm 的颗粒含量普遍在 60％以上，而粒径小于 0.1mm 的颗粒累积含量大都在 5％以下，粒度分布极为不均匀；②不同程度存在某些粒组分布不连续的问题，其中 0.5～2mm 范围的粒组分布不连续比较明显。

膨胀性及崩解性。由于煤矸石多为碎石状、角砾状，粒径小于 0.5mm 的颗粒一般在 10％以下，所以它发生粒间膨胀的可能性较小，而内部膨胀则是煤矸石膨胀性研究的关键所在。煤矸石自然组成比较复杂，一般以泥岩、炭质页岩为主，也包括砂岩、玄武岩、花岗岩、凝灰岩等。泥岩、炭质页岩雨水软化，发生崩解；其他几种煤矸石由成因和成分决定了其不具备发生第二种膨胀的可能性。通过对炭质页岩、泥岩煤矸石粉样、岩块的自由膨胀率、无荷膨胀率、膨胀力试验，得到炭质页岩、泥岩煤矸石属弱膨胀性的结论。两种煤矸石在水中浸泡 30d，崩解量达到 30％以上，有较强崩解性。

压缩性。压密固结程度对煤矸石工程性质的稳定性有直接影响，煤矸石的水稳性可通过充分的压密得到改善。所以，煤矸石工程利用压密程度要求相对较高，不但要求结构性的压实，而且对防渗防风化也有一定要求。粒度成分是影响煤矸石压密性的重要因素，根据现场模拟压密试验结果，煤矸石压密程度与粒度分布特点密切相关。

渗透性。煤矸石的渗透性与压密程度有关，充分的压密能大大减小煤矸石的渗透性，干相对密度大于 2 时，其渗透系数接近黏土渗透系数。在煤矸石中添加一定比例的细颗粒含量有助于矸石压密性的改善与渗透性的降低。

剪切强度。根据模拟现场的直剪试验条件和不同含水条件，对煤矸石进行了室内模拟直剪试验，在相同含水量条件下，煤矸石的内摩擦角随密实程度的增大而增大，而黏聚力基本不变。

水稳性。根据粒度分布特点，煤矸石属于一种碎石类土，但在工程性质的稳定性上，煤矸石和一般的碎石类土相比要差，存在水稳性较差的特点，主要反映在其强度条件和变形对于含水量的变化有较强的敏感性。

2）煤矸石的活性

用沸腾炉燃烧煤矸石，大约剩下 80％的灰渣，称为煤矸石烧渣。当燃烧温度控制在 750 ± 50℃时，煤矸石中含水高岭石矿物分解成无水偏高岭土（$Al_2O_3 \cdot 2SiO_2$）及部分可溶性氧化硅（SiO_2）和氧化铝（Al_2O_3）而产生活性：

$$Al_2O_3 \cdot 2SiO_2 \cdot 2H_2O \xrightarrow{750 \pm 50℃} Al_2O_3 \cdot 2SiO_2 + 2H_2O$$

在燃烧过程中，煤矸石也自行生成一些活性矿物，如硅酸一钙（$CaO \cdot SiO_2$）、硅酸二钙（$2CaO \cdot SiO_2$）。这些活性成分经磨细、加水、搅拌、反应后，生成多种水泥结晶物质，如水化硅酸钙、水化铝酸钙、水化铝硅酸钙、水化硫铝酸钙，这些水化结晶矿物都能促进材料的凝结硬化，产生强度，特别是在蒸汽养护条件下，这种反应更为迅速，可用这种烧渣生产建筑材料。

活性是评价煤矸石烧渣质量的标准，煤矸石烧渣的活性与其燃烧温度有关，燃烧温度在750℃以下，烧渣活性较好，但在此温度下，燃烧所需时间长，为了缩短燃烧时间，一般均控制在750～900℃。表3-5是煤矸石在不同温度下燃烧所得烧渣的活性分析。

不同温度下燃烧煤矸石多的烧渣的活性分析　　　　　表 3-5

编号	燃烧温度(℃)	石膏吸收值[mg/20g(渣)]	石灰吸收值[mg/g(渣)]
1	750	200	29.6
2	800	97	24.7
3	850	120	27.29
4	900	179	20.14
5	950	111	17.00

在750±50℃下燃烧煤矸石，结果烧渣中 γ 型 Al_2O_3 含量高，这种 Al_2O_3 具有很强的活性，含量越高，活性越好，含量低则表明燃烧温度过高，有一部分 Al_2O_3 转变成 α 型，化学稳定性提高。

2. 煤矸石生产水泥

煤矸石中 SiO_2、Al_2O_3 和 Fe_2O_3 的总量一般在 80% 以上，它是一种天然黏土质原料，可以代替黏土配料烧制普通硅酸盐水泥、特种水泥、少熟料水泥和无熟料水泥等。

（1）生产普通硅酸盐水泥

水泥熟料是由石灰质原料、黏土质原料及其他辅助原料按一定比例配比磨制成质量合格的生料，经过煅烧得到以硅酸盐为主要成分的人工矿物。由于煤矸石成分和黏土成分相似，煤矸石可以作为生产水泥的原料。

生产煤矸石普通硅酸盐水泥的主要原料是石灰石、煤矸石、铁粉混合磨成生料，与煤混拌均匀加水制成生料球，在 1400～1450℃ 的温度下得到以硅酸三钙为主要成分的熟料，然后将烧成的熟料与石膏一起磨细制成。利用煤矸石生产普通硅酸盐水泥的熟料的参考配方为：石灰石 69%～82%、煤矸石 13%～15%、铁粉 3%～5%、煤 13% 左右、水 16%～18%。

利用煤矸石配料时，主要应根据煤矸石 Al_2O_3 含量的高低以及石灰质等原料的质量品位来选择合理的配料方案。为便于使用，一般将煤矸石按 Al_2O_3 含量多少分为低铝（约 20%）、中铝（约 30%）和高铝（约 40%）三类。

低铝煤矸石可以代替黏土生产普通水泥，在配料上和黏土配料几乎相同，但应注意对煤矸石进行预均化处理。所谓预均化是指对煤矸石在采掘、运输、储存过程中，采取适当的措施进行处理，使其成分在一定范围内波动，以满足生产工艺要求。较适用的措施有尽量定点供应、采用平铺竖取方法和采用多库储存进行机械倒库均化措施。用煤矸石代替黏土物料易烧性好，化学反应完全，烧成温度低，可取得增产、节煤、质量好的技术经济效果。

用中铝和高铝煤矸石生产普通水泥时，由于熟料中 Al_2O_3 含量高，形成的铝酸三钙矿物就多，因而会导致水泥快速凝结和质量下降。这可通过配料提高水泥熟料中硅酸三钙矿物含量的方法加以解决。此外，为改善水泥生料的烧结性能往往还加入一定量的铁粉和矿化剂。

（2）生产特种水泥

利用煤矸石含 Al_2O_3 高的特点，应用中、高铝煤矸石代替黏土和部分矾土，可以为水泥熟料提供足够的 Al_2O_3，生产出具有不同凝结时间、快硬、早强的特种水泥以及普通水泥的早强掺合料和膨胀剂。其成分特点可分为含有硫酸铝酸钙、氟铝酸钙或者两者兼有，以及含有较多铝酸盐矿物（C_3A、$C_{12}A_7$）的硅酸盐水泥熟料。

（3）生产少熟料水泥

少熟料水泥也称为煤矸石砌筑水泥，是近年才列入国家标准的水泥新品种。其生产方法一般是用 67% 的符合质量要求的自燃煤矸石，30% 的水泥熟料和 3% 的石膏为原料不需煅烧，直接磨制而成。

（4）生产无熟料水泥

煤矸石无熟料水泥是以自燃煤矸石或经 800℃ 左右温度煅烧的煤矸石为主要原料，加入适量的石灰、石膏或少量硅酸盐水泥熟料或高炉水渣共同混合磨细而成。

其原料参考配比为：煤矸石 60%～80%、生石灰 15%～25%、石膏 3%～8%。若加入高炉水渣，各种原料的参考配比为：煤矸石 30%～34%、高炉水渣 25%～35%、生石灰 20%～30%、无水石膏 10%～13%。这种水泥不需生料磨细和熟料煅烧，而是直接将活性材料和激发剂按比例配合、混合磨细。

煤矸石无熟料水泥的抗压强度为 30～40MPa，这种水泥的水化热较低，适宜作各种建筑砌块、大型板材及其预制构件的胶凝材料。

第**4**章

填埋场的设计与计算

4.1 概述

随着我国城市化进程的发展，城市固体废弃物的产生量显著增加。根据生态环境部发布的《2019 年全国大、中城市固体废物污染环境防治年报》，2018 年全国 200 个大、中城市一般工业固体废物产量 15.5 亿 t，工业危险废弃物产量 4643.0 万 t，医疗废物产生量 81.7 万 t，生活垃圾产生量 21147.3 万 t。对于我国及国外发达国家，卫生填埋是城市固体废弃物处置的主要方式，其中在中国和美国分别占终端总处置量的 88% 和 80%。

卫生填埋场是指填埋场采取防渗、雨污分流、压实、覆盖等工程措施，并对渗沥液、填埋气体及臭味等进行控制的生活垃圾处理方法。卫生填埋场的结构一般包括固体废物、衬垫系统、渗沥液收集和导排系统、填埋气收集和控制系统以及顶部覆盖系统，如图 4-1 所示。

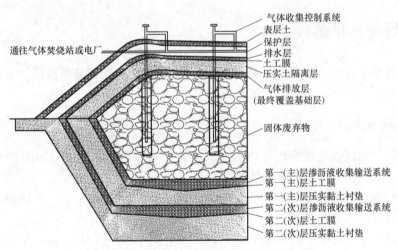

图 4-1 现代卫生填埋场剖面示意图（钱学德等）

一个现代卫生填埋场工程的建设包括选址、设计、施工、验收和作业管理等阶段，其中合适的场址选择是最主要的环节。场址的选择要满足现行国家标准《生活垃圾卫生填埋处理技术规范》GB 50869 和《生活垃圾填埋场污染控制标准》GB 16889 中对填埋场的选址的要求。

在现代卫生填埋场的填埋过程中，不同填埋单元间的相互联系和填埋次序在填埋场设计中十分重要，根据这些单元的不同组合关系和其几何外形，填埋场一般可分为四种类型（图 4-2）：

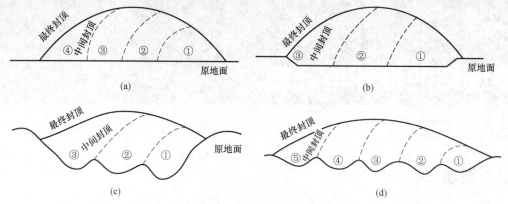

图 4-2　填埋场四种类型
（a）平地堆填；（b）地面上和地面下堆填；（c）谷地堆填；（d）挖沟堆填

（1）平地堆填。填埋过程只有很小的开挖或不开挖，通常适用于比较平坦且地下水位较高的地区。

（2）地面上和地面下堆填。填埋场由同时开挖的大单元双向布置组成，一旦两个相邻单元填满，它们之间的面积也被填埋了，通常适用于比较平坦但地下水位较低的地区。

（3）谷地堆填。堆填的地区位于天然坡度之间，可能包括少许地下开挖。

（4）挖沟堆填。与地面上和地面下堆填类似，但其填埋单元是狭窄的和平行的，通常仅用于比较小的废物沟。

4.2　填埋场场址选择

填埋场场址应符合有关占地与岩土技术设计的要求，并为民众所接受，应在全面调查与分析的基础上，选择符合要求的候选场址。

4.2.1　资料收集

填埋场选址时需收集搜索区域内的有关资料，如地形图、土壤分布图、土地使用规划、运输方案以及废弃物的种类和数量等。

（1）地形图。区域地形图应指明地势高低、天然地表水排水方式、溪流和湿地等，从而在选址时避开排水带和湿地。

（2）区域土壤分布图。如农业用地、工业用地等，对于填埋场主要用于确定农业土壤分布图。

（3）区域土地使用规划。根据规划可区分不同分区土地使用范围，可以限制将农田或林地作为填埋场址，还能指明在特定区域内，地点较远但能满足分区标准的可能地点。

（4）区域交通图。应标明区域内公路、铁路、机场的位置，可用来确定开发填埋场所需的运输线路。根据地层分布情况，若拟建填埋场衬垫所需的黏土需从区域外运输，可根据交通图计算运输距离。同时，还必须仔细研究通向候选场址道路的允许轴载，提出对路况的改选意见。

（5）用水规划图。用水规划图通常在候选场址确定后，调查所在区域的供水情况时使用。规划中应指明主要和次要的饮用水供水路线，填埋场应与所有饮用水源保持安全距离（400m 以上），其最小距离应由主管部门认定。

（6）洪水淹没区范围图。用来确定百年一遇洪水的淹没范围，对于危险品填埋场，需考虑 500 年一遇的洪水。同时，填埋场应避开主要河流的洪水淹没区。

（7）区域工程地质与水文地质情况。根据工程地质水文地质条件，确定区域土层的地质特征，识别主要的砂类土或黏土类土的范围。

（8）废弃物类型。确定填埋场所要处理废弃物是否为危险品，若废弃物为非危险品，要区分城市垃圾和工业垃圾，前者通常为各种垃圾的高度混合，后者通常为单一的或两、三种带有明显特点的垃圾混合物。针对不同类型的废弃物，填埋场设计方法有所不同。

（9）废弃物数量。工业垃圾（危险品和非危险品）的数量可根据过去积累的记录计算得出。对于新场址，可根据同类工业垃圾的产出率推算得出。城市生活垃圾的产生量可按照 0.9～1.8kg/人/d 估算，重度按照 650～815kg/m³ 计算；对工业垃圾的重度，可由试验室试验确定。

（10）填埋场容积。填埋场容积等于废弃物总体积加上每天覆盖、中间覆盖及最终覆盖土的体积。对大多数城市废弃物填埋场，每天需用土覆盖，覆土与废弃物体积之比约为 1：4～1：5。

此外，还要对场址夏季主导风向、当地工程建设经验、区域供电、土石料条件等进行调查，以保证填埋场正常建设与运营。

4.2.2　场址选择标准

根据《生活垃圾卫生填埋场处理技术规范》GB 50869，填埋场不应设在下列地区：

（1）地下水集中供水水源地及补给区，水源保护区；

（2）洪泛区和泄洪道；

（3）填埋库区与敞开式渗沥液处理区边界距居民居住区或人畜供水点的卫生防护距离在 500m 以内的地区；

（4）填埋库区与渗沥液处理区边界距河流和湖泊 50m 以内的地区；

（5）填埋库区与渗沥液处理区边界距民用机场 3km 以内的地区；

（6）尚未开采的地下蕴矿区；

（7）珍贵动植物保护区和国家、地方自然保护区；

（8）公园，风景游览区，文物古迹区，考古学、历史学及生物学研究考察区；

（9）军事要地、军工基地和国家保密地区。

同时，填埋场选址应符合现行国家标准《生活垃圾填埋场污染控制标准》GB 16889和相关标准的规定，并应符合下列要求：

（1）符合当地城市总体规划、区域环境规划及城市环境卫生专业规划等专业规划要求；

（2）与当地的大气防护、水土资源保护、大自然保护及生态平衡要求相一致；

（3）库容应保证填埋场使用年限在 10 年以上，特殊情况下不应低于 8 年；

（4）交通方便，运距合理；

（5）人口密度、土地利用价值及征地费用均较低；

（6）位于地下水贫乏地区、环境保护目标区域的地下水流向下游地区及夏季主导风向下风向；

（7）选址应由建设项目所在地的建设、规划、环保、环卫、国土资源、水利、卫生监督等有关部门和专业设计单位的有关专业技术人员参加。

对预先场址方案进行技术、经济、社会及环境比较后，确定拟选场地，并对拟定场址进行地下测量、选址勘察和初步工艺方案设计，完成选址报告或可行性研究报告，通过审查后确定场地。

4.3 防渗衬垫系统的设计

固体废弃物填埋时，由于降水过滤和固体废弃物产生的液体称为填埋场渗沥液。现代卫生填埋场衬垫系统是填埋场最重要的组成部分之一，包括底部和周边所设的防污屏障，是阻隔渗沥液向周围环境传播的最重要防线。衬垫系统将渗沥液封存在填埋场中，通过渗沥液导排系统进行有效排出，在防止渗沥液对周围土体及地下水造成污染的同时，也防止地下水渗入填埋场内，导致渗沥液水位壅高造成事故。

4.3.1 防渗衬垫系统的基本要求

填埋场衬垫系统是由渗沥液防渗屏障所选用的各种材料组成的体系，其使用寿命应大于填埋场使用期限和封场后的稳定期限。

早期的填埋场衬垫系统为单层衬垫，主要由压实黏土或土工膜组成。随着填埋场技术的发展，由压实黏土和土工膜共同组成的复合衬垫系统得到了快速发展，并与排水层功能互补、协同工作。衬垫系统发展的大概历程为：1982年以前采用单层压实黏土衬垫系统；1982年采用高密度聚乙烯（HDPE）土工膜替代了压实黏土层，形成单层土工膜衬垫系统；1983年发展为由双层复合土工排水网与双层HDPE土工膜组成的双层土工膜衬垫系统；1984年，又采用了由复合土工排水网与HDPE土工膜组成的单层复合衬垫系统；1987年后发展为双层复合衬垫系统，如图4-3所示。

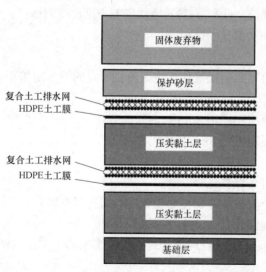

图4-3 双层复合衬垫系统结构示意图（钱学德等）

目前，美国广泛应用于城市生活垃圾填埋场的双层复合衬垫系统由主、次两层渗沥液排水层组成。双层复合衬垫系统由下至上分别为：0.6m厚的次压实黏土层（或者是相当于0.6m厚次压实黏土层效果的土工黏土衬垫），其上是HDPE土工膜与复合土工排水层，然后是 0.6m 厚的主压实黏土层（或者是相当于 0.6m 厚主压实黏土层效果的土工黏土衬垫），最上面是 HDPE 土工膜与复合土工排水层。整个系统上面是 0.6m 厚的砂砾保护层。渗沥液收集系统由土工网和土工织物组成，土工网主要起排水作用，土工织物为反滤层。如果是 HDPE 土工膜，厚度至少为 1.5mm，如果是其他聚合物膜，厚度至少需要 0.75mm，基底和压实黏土衬垫的渗透系数必须小于 1.0×10^{-7} cm/s。

同时，我国住房和城乡建设部、原环境保护部和国家质量监督检验检疫总局分别发布了《生活垃圾卫生填埋处理技术规范》GB 50869 和《生活垃圾填埋场污染控制标准》GB 16889，对生活垃圾填埋场的防渗系统都提出了明确规定。

4.3.2 衬垫系统设计原则

防渗衬垫系统是防止渗沥液下渗，污染地下水或土壤的重要结构之一，其设计原则与安全土地填埋系统中的衬垫系统设计原则相同，详见本书 3.4.3 节。

4.3.3 压实黏土衬垫系统设计

黏土是填埋场和废弃堆积物最常用的衬垫材料，也可用来覆盖新的废物处理单元和封闭老的废弃物处理点。根据《生活垃圾卫生填埋场岩土工程技术规范》CJJ 176，当压实黏土防渗层用于填埋场底部防渗系统时，要求饱和渗透系数小于或等于 1.0×10^{-7} cm/s。国外对压实黏土衬垫透水性要求是小于或等于某一指定值，如对于包含有危险品（有毒）垃圾、工业垃圾和城市固体废弃物的黏土衬垫或覆盖，其透水率通常应小于或等于 1×10^{-7} cm/s。可见，国内外对黏土衬垫渗透系数要求一致。

黏土的物理性质受其含水率的影响，作为填埋场衬垫层主要组成部分，必须满足一定的压实标准以保护地下水不被渗沥液污染。压实黏土层所用土料要满足一定要求：土颗粒粒径小于 0.075mm 的土粒干重占土粒总干重的 25% 以上；粒径大于 5mm 的土粒干重不宜超过土粒总干重的 20%；塑性指数在 15～30 范围内。

对于压实衬垫层，其填筑厚度至少 60cm 且其渗透系数小于 1×10^{-7} cm/s。为满足这个要求，压实黏土衬垫的设计和施工应采取以下步骤：①选择合适的土料；②确定并满足含水量—干密度标准；③压碎土块；④进行恰当的压实；⑤消除压实层界面；⑥保持保水湿润。在压实黏土防渗层施工时要严格控制含水率和干密度，要满足抗剪强度和渗透系数要求。根据《生活垃圾卫生填埋场岩土工程技术规范》CJJ 176，在确定选用土料时，首先需分别进行修正普氏击实试验、标准普氏击实试验和折减普氏击实试验，在含水率和干密度图中连接三种击实试验曲线顶点，确定最佳击实峰值曲线。按照我国《土工试验方法标准》GB/T 50123 测试最佳击实峰值曲线湿边击实试样的渗透系数，按图 4-4 要求绘制含水率—干密度关系图，确定所有满足饱和渗透系数要求的区域。对该区域试样按照《土工试验方法标准》GB/T 50123 进行无侧限抗压强度试验，根据图 4-5 确定满足饱和渗透系数和抗剪强度的含水率—干密度的控制指标。

压实黏土层填筑施工应主要采用无振动的羊足碾分层压实，施工前通过碾压试验确定碾压参数，包括含水率、压实遍数、速度等。松土厚度宜为 200～300mm，压实后的填土层厚度不应超过 150mm；在后续层施工前，应将前一压实层表面拉毛，拉毛深度宜为

25mm，可计入下一层松土厚度。

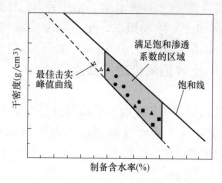

图 4-4　满足渗透系数设计标准的区域

注：1. 实心符号表示满足饱和渗透系数的试样；

2 空心符号表示不满足饱和渗透系数的试样；

3. 浅色阴影表示满足饱和渗透系数的区域。

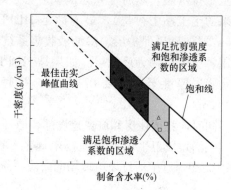

图 4-5　同时满足渗透系数和抗
剪强度设计标准的控制区域

注：1. 实心符号表示满足抗剪强度的试样；

2. 空心符号表示不满足抗剪强度的试样；

3. 浅色阴影表示满足饱和渗透系数的区域；

4. 深色阴影表示同时满足饱和渗透系数和抗剪强度的区域。

黏土的渗透系数受多种因素影响，除压实功能、压实含水量、最大干重度影响外，土块大小对压实黏土的渗透性有较大影响。衬垫的防渗入性能还受到压实层界面处理方法和衬垫因失水而干裂等因素的影响。

4.3.4　填埋场复合衬垫系统设计

根据《生活垃圾卫生填埋处理技术规范》GB 50869 中的规定，防渗系统应根据填埋场工程地质和水文地质条件进行选择。对于防渗层设计应符合下列要求：能有效地阻止渗沥液透过，以保护地下水不受污染；具有相应的物理力学性能、抗化学腐蚀能力和抗老化能力；防渗层应覆盖垃圾填埋场场底和四周边坡，形成完整的、有效的防水屏障。

当天然基础层饱和渗透系数小于 1.0×10^{-7} cm/s，且场底和周围四壁衬垫厚度不小于 2m 时，可采用天然黏土类衬垫结构；当天然黏土基础层经过人工改性压实后可渗透系数小于 1.0×10^{-7} cm/s 时，可采用改性压实黏土类衬垫作为防渗结构；人工合成衬垫防渗系统应采用复合衬垫结构，位于地下水贫乏地区的防渗系统可采用单层衬垫防渗结构，在特殊地质和环境要求的地区，应采用双层防渗衬垫结构。

单层防渗结构从上至下为：渗沥液收集导排系统、防渗层（含防渗材料及保护材料）、基础层、地下水收集导排系统。根据防渗层的不同，可分为四种不同结构，包括 HDPE 膜＋压实土壤防渗结构、HDPE 膜＋土工合成材料（GCL）＋压实土壤复合防渗结构、压实土壤防渗结构、HDPE 膜单层防渗结构，如图 4-6 所示，根据实际需要选择。

双层防渗结构与单层防渗结构相比增加了一层 HDPE 防渗层，其分布层次从上至下为渗沥液收集导排系统、主防渗层（含防渗材料及保护材料）、渗漏检测层、次防渗层（含防渗材料及保护材料）、基础层、地下水收集导排系统。双层防渗结构应按图 4-7 设计。

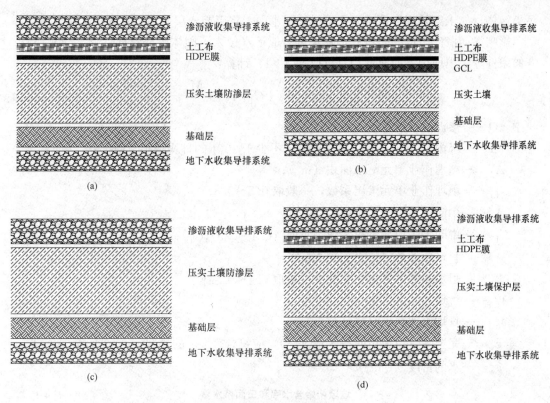

图 4-6　单层防渗结构

（a）HDPE 膜＋压实土壤复合防渗结构示意图；（b）HDPE 膜＋GCL 复合防渗结构示意图；
（c）压实土壤单层防渗结构示意图；（d）HDPE 膜单层防渗结构示意图

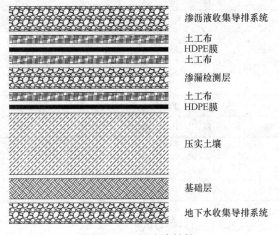

图 4-7　双层防渗结构

4.4　渗沥液收集与排放系统的设计

填埋场渗沥液是指水或其他液体与废弃物作用产生的一种液体，通常是由经过填埋场的降水渗流和对固体废物自重挤压作用产生的。它是包含一定数量溶解物质或悬浮物质的污染液体，如未经处理直接排入土层或地下水中，将引起土层和地下水的严重污染。

影响渗沥液产出量的因素有：降水量、地下水侵入、固体废弃物的性质、封顶设计、气候条件等。填埋场渗沥液日均总量按式（4-1）计算：

$$Q=\frac{I}{1000}\times(C_{L1}A_1+C_{L2}A_2+C_{L3}A_3)+\frac{M_d\times(W_c-F_c)}{\rho_w} \tag{4-1}$$

式中　Q——渗沥液日均总量（m^3/d）；

I——降雨量（mm/d），应采用最近不少于 20 年的日均降雨量数据；

A_1——填埋作业单元汇水面积（m^2）；

C_{L1}——填埋作业单元渗出系数，一般取 0.5～0.8；

A_2——中间覆盖单元汇水面积（m^2）；

C_{L2}——中间覆盖单元渗出系数，宜取（0.4～0.6）C_{L1}；

A_3——封场覆盖单元汇水面积（m^2）；

C_{L3}——封场覆盖单元渗出系数，一般取 0.1～0.2；

W_c——垃圾初始含水率（％）；

M_d——日均填埋规模（t/d）；

F_c——完全降解垃圾田间持水量（％），应符合表 4-1 的规定；

ρ_w——水的密度（t/m^3）。

垃圾初始含水率和田间持水量　　　　　　　　　　　　　　表 4-1

无机物含量<30％时取值						
所在地年降雨量（mm）	初始含水率（％）					田间持水量（％）
	春	夏	秋	冬	全年	
≥800	45～60	55～65	45～60	40～55	50～60	30～45
400～800	35～50	50～65	35～50	30～45	40～55	30～45
<400	20～35	35～50	20～35	15～30	20～40	30～45
无机物含量≥30％时取值						
所在地年降雨量（mm）	初始含水率（％）					田间持水量（％）
	春	夏	秋	冬	全年	
≥800	35～50	45～60	35～50	30～45	40～55	30～45
400～800	20～35	35～50	20～35	15～30	20～40	30～45
<400	15～25	25～40	15～25	15～30	15～30	30～45

注：1. 垃圾无机物含量高或经中转脱水时，初始含水率取低值；
　　2. 垃圾降解程度高或埋深大时，田间持水量取低值。

设计和建立渗沥液收集和排放系统的目的是将填埋场内产生的渗沥液收集起来，并通过污水管或积水池输送至污水处理站进行处理。渗沥液收集系统由导流层、盲沟、竖向收集井、集液井（收集坑）、泵房、调节池及渗沥液水位监测井等部分组成。

4.4.1 渗沥液导流层

根据《生活垃圾卫生填埋处理技术规范》GB 50869，导流层的设置应满足以下规定：

（1）导流层宜采用卵（砾）石或碎石铺设，厚度不宜小于300mm，粒径宜为20～60mm，由下至上粒径逐渐减小。

（2）导流层与垃圾层之间应铺设反滤层，反滤层宜采用单位面积质量200g/m² 以上的土工滤网。

（3）导流层内应设置导排盲沟和渗沥液收集导排管网。

（4）导流层应保证渗沥液通畅导排，降低防渗层上的渗沥液水头。

（5）导流层下可增设土工复合排水网，强化渗沥液导流。

（6）边坡导流层宜采用土工复合排水网铺设。

4.4.2 盲沟

填埋场场底应设置适宜的排水单元，其中渗沥液导排盲沟可设置为"直线形"或"树杈形"（图4-8和图4-9），有条件时宜采用"直线形"。排水单元内最大水平排水距离应小于允许最大水平排水距离 L。

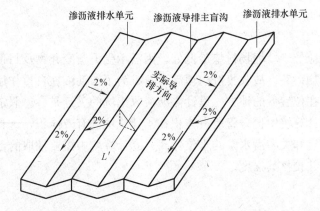

图4-8 库底"直线型"排水单元最大水平排水距离 L' 示意图

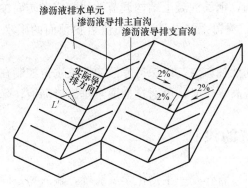

图4-9 库底"树杈形"排水单元最大水平排水距离 L' 示意图

盲沟的设置要满足以下规定：

（1）盲沟宜采用砾石、卵石或碎石（$CaCO_3$ 含量不应大于10%）铺设，石料的渗透系数不应小于 1.0×10^{-3} cm/s。主盲沟石料厚度不宜小于40cm，粒径从上到下依次为20～30mm、30～40mm、40～60mm。

（2）盲沟内应设置高密度聚乙烯（HDPE）收集管，管径应根据所收集面积的渗沥液最大日流量、设计坡度等条件计算，HDPE收集干管外径大于或等于315mm，支管外径大于200mm。

（3）HDPE收集管的开孔率应保证环刚度要求，HDPE收集管的布置宜呈直线。Ⅲ类以上填埋场HDPE收集管宜设置高压水射流疏通、端头井等反冲洗措施。

（4）主盲沟坡度应保证渗沥液能快速通过渗沥液HDPE干管进入调节池，纵、横向坡度不宜小于2%。

（5）盲沟断面形式可采用菱形断面或梯形断面，断面尺寸应根据渗沥液汇流面积、HDPE管管径及数量确定。

（6）中间覆盖层的盲沟应与竖向收集井相连接，其坡度应能保证渗沥液快速进入收集井。

导气井可兼作渗沥液竖向收集井，形成立体导排系统收集垃圾堆体产生的渗沥液，竖向收集井间距宜通过计算确定。

4.4.3 收集坑

渗沥液收集坑应位于填埋场衬垫最低处，因需承受上覆废弃物及封顶物重量以及承受填埋场封闭后的附加荷载，故收集坑内填满砾石。为了渗沥液在自重作用下可汇集至收集坑内，收集坑设置在位置低的地方。设计渗沥液收集坑的关键是：①假定坑的尺寸；②计算坑的总体积；③计算坑中提升管所占体积；④计算坑的有效体积，这和所填砾石的孔隙率有关；⑤确定开启和关闭潜水泵的水位标高；⑥计算坑中需要抽取的蓄水体积；⑦计算提升管上应钻的孔并校核其强度。

4.4.4 调节池

调节池设计容量不应小于三个月的渗沥液处理量，可采用HDPE土工膜防渗结构，也可采用钢筋混凝土结构，钢筋混凝土结构调节池池壁应做防腐蚀处理。另外，防渗池宜设置HDPE膜覆盖系统，覆盖系统设计应考虑覆盖膜顶面的雨水导排、膜下的沼气导排及池底污泥的处理。

另外，还要设置渗沥液抽取泵，以保持库区渗沥液水位控制在渗沥液导流层内。根据渗沥液监测情况，当出现高水位时，可通过抽取泵排出渗沥液，降低水位。

4.5 气体收集系统的设计

固体废弃物填埋场可以看作是一生物化学反应堆，输入物是固体废弃物和水，输出物则主要是填埋废气和渗沥液。固体废弃物中的有机组分填埋过程中经好氧与厌氧发酵产生大量气体，其主要成分为甲烷和二氧化碳，同时还含有氮气、氨气、硫化物等微量气体。这些填埋气产生后，会在自身浓度和填埋场内外压力差共同作用下逐渐进入大气层中，如不加以收集控制，会对环境造成严重危害。

填埋场气体控制系统用来防止废气进入大气，或向周围土体扩散回收的填埋废气可以用来产生能量或有控制地焚烧以避免其有害成分释放到空气中去。截至 2008 年，我国仅有 33 个填埋气回收项目，收集率仅为 25%～40%，远低于欧美发达国家 60%～80% 的填埋气收集率。根据《中国城市垃圾填埋气体收集国家行动方案》，在 2015 年中国将建设 300 个填埋气体回收项目。

4.5.1　产气速率的影响因素

填埋场气体产出能力取决于很多因素，包括废弃物的含水量、成分、pH 值以及有效营养成分等。只有当填埋场废弃物中有机质被分解成可溶于水的物质，才会被甲烷菌分解成甲烷。如果填埋场内含水量较少，生成的气体将很少。同时，由于填埋场中水分的运移，也使得营养素、微生物等发生运移，从而加快产气速率。当含水率低于废弃物的持水率时，含水率的提高对产气速率的影响不大。

pH 值也是影响填埋场产气量的因素。微生物中甲烷菌的生长环境为中性或微碱性，最佳产气 pH 值宜在 6.6～7.4 之间。当填埋场内部环境过酸或过碱时，填埋场的产气会受到抑制。因此，填埋场的 pH 值宜控制在 6～8 之间。

填埋场中微生物的生长代谢需要足够的营养素，包括碳、氧、氢、氮、磷及一些微量营养素，通常废弃物的物质组成都能满足要求。我国大多数地区的城市生活废弃物所含有机物以食品垃圾为主，所含的淀粉、糖、蛋白质、脂肪等含量高，碳氮比约为 20∶1，比国外废弃物碳氮比的典型值 49∶1 低得多，因此，我国废弃物的产气速率会比国外快得多，达到产气高峰的时间也相对较短。

另外，在有些填埋场内，填埋气的产出量与季节温度变化有关，如埋藏较浅的填埋场，气体产出率在寒冷季节大大降低。同一填埋场不同位置的气体产出率也会有很大变化，因为废弃物的类型分布往往是不均匀的。气体产出量虽因废弃物中有机物含量不同有所不同，但主要与有机物中可能分解的有机碳成正比。填埋场单位质量垃圾的填埋气体最大产气量（L_0）可采用式（4-2）估算：

$$L_0 = 1867C_0\varphi \tag{4-2}$$

式中　C_0——垃圾中有机碳含量（%），可以通过取样测定，没有条件测定的参照表 4-2 和表 4-3 中各垃圾成分有机碳含量推荐值测算；

　　　φ——有机碳降解率。

湿基状态下生活垃圾中可降解有机碳含量参考值　　　表 4-2

垃圾成分	可降解有机碳含量(重量%)
纸类	25.94
竹木	28.29
织物	30.2
厨余	7.23
灰土(含有无法检出的有机物)	3.71

干基状态下生活垃圾中可降解有机碳含量参考值　　　　表 4-3

垃圾成分	可降解有机碳含量（重量%）
纸类	38.78
竹木	42.93
织物	47.63
厨余	32.41
灰土（含有无法检出的有机物）	5.03

在填埋场运营和关闭之后，需要对填埋气进行控制。目前主要有被动型和主动型两种方法对填埋气进行收集。

4.5.2　被动气体收集系统

被动气体收集系统让气体通过排气管直接排出而不使用机械手段，如气泵或水泵等，

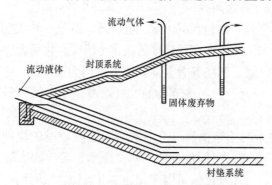

图 4-10　被动气体收集系统（钱学德等）

如图 4-10 所示。该系统在填埋场内部或外部均可使用。填埋场周边的沟槽和管路，作为被动收集系统阻止气体通过土体向侧向流动并直接将其排入大气。如果地下水位较浅，沟槽可以挖至地下水位深度，然后回填透水的石渣或埋设多孔管作为被动系统的隔墙，根据周围土的种类，需要在沟槽外侧设置实体的透水性很小的隔墙，以增进沟槽内被动排气量。如果周围是砂性土，其透水性和沟槽填土相似，则需在沟槽外侧铺一层柔性薄膜，以阻止气体流动，让气体经排气口排出。被动气体收集系统的优点是费用较低，而且维护保养也较简单。

4.5.3　主动气体收集系统

若被动气体收集系统不能有效地处理填埋场气体，就必须采用主动气体收集系统，利用动力形成真空或产生负压，强迫气体从填埋场中排出。绝大多数主动气体收集系统均利用负压形成真空，使填埋废气通过抽气井、排气槽或排气层排出。主动气体收集系统构造的主要部分有抽气井、集气管、冷凝水脱离和水泵站、真空源、气体处理站（回收或焚烧）以及监测设备等。对于填埋场内水位过高区域宜采用排水、导气双功能井，并宜配置排水系统。

若使用主动气体收集系统收集填埋场废弃，则必须对废气进行处理。废气处理通常包括燃烧造成有机化合物热破坏或者对废气进行清理加工和回收。主动导排设施应设置填埋气体燃烧火炬，能满足填埋气体产量变化、气体利用设施负荷变化、甲烷浓度变化等情况下的填埋气体稳定燃烧。另外，在较大的填埋场，经过脱水和去除 CO 等清理后的气体可以用来烧锅炉或用于内燃机发电进行充分利用。

4.6 填埋场封顶系统设计

对于填埋作业至堆体设计终场标高的区域或不再受纳垃圾而停止使用的区域,合适的封闭是必不可少的。填埋场封顶的主要目的包括阻止水流入渗、控制地表水径流、减少水土流失、防止直接接触废弃物和控制气体散发气味、预防病毒的散播和其他危害。根据现行国家标准《生活垃圾卫生填埋场封场技术规范》GB 51220,填埋场封场覆盖系统包括(自下往上)垃圾堆体、排气层、防渗层、排水层和绿化土层,各层应具有排气、防渗、排水、绿化等功能。

4.6.1 排气层

排气层的设置是为了排除垃圾堆体中易腐烂废物分解或有机化合物挥发产生的气体。排气层应结合工程实际和场地条件进行设置,可由碎石等颗粒材料或导气性较好的土工网状材料组成。碎石等颗粒要符合相应规定:①应耐酸性气体腐蚀,碳酸钙含量小于或等于10%;②填埋场顶部铺设厚度不宜小于300mm,粒径宜为20~40mm;碎石上面应铺设大于或等于300g/m² 的土工滤网;当采用土工网状材料时,材料厚度宜大于或等于5mm,网状材料上下应铺设土工滤网,防止颗粒物进入排气层。

4.6.2 防渗层

防渗层是填埋场覆盖系统的关键层。防渗层可以通过直接阻挡水分和间接提高上覆土层的排水或储水能力来最大限度地防止地表水的渗入。临时储存的水最终会以地表径流、蒸发、内部排水的形式消散。此外,防渗层还能阻止填埋场产生的气体溢出至大气中。

美国规范要求,填埋场防渗层压实黏土衬垫的厚度不应小于450mm,其渗透系数应不大于 1.0×10^{-5} cm/s。根据我国规范,填埋场防渗层可由人工防渗材料或天然黏土层组成。采用高密度聚乙烯或线性低密度聚乙烯土工膜时,厚度应为1~1.5mm,渗透系数应小于 1×10^{-12} cm/s;土工膜上下应采用压实黏土作为保护层,厚度不小于300mm。如采用天然黏土层作为主防渗层时,压实黏土层厚度不宜小于300mm,分层压实,顶部压实度不宜小于90%,渗透系数小于 1×10^{-7} cm/s。

4.6.3 排水层

排水层应选用导水性能好的碎石作为排水层,其厚度不宜小于300mm,渗透系数应大于 1×10^{-3} m/s,碎石层上部宜铺设土工滤网,规格为200g/m²;对于边坡排水层,宜采用复合土工排水网,厚度大于或等于5mm。

4.6.4 绿化土层

绿化土层应采用自然土加表层营养土,营养植被层的土质材料应利于植被生长,厚度应根据植物的根系深浅确定,厚度不宜小于500mm,其中营养土厚度不应小于150mm。绿化土层应分层压实,压实度大于或等于80%,渗透系数应大于 1.0×10^{-4} cm/s。

根据现行国家标准《生活垃圾卫生填埋处理技术规范》GB 50869,填埋场复合封场覆盖系统由下至上依次为排气层、防渗层、排水层和植被层，如图 4-11 所示。

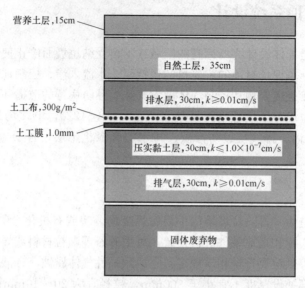

图 4-11　填埋场复合封场覆盖系统

　　根据现行国家标准《生活垃圾卫生填埋场封场技术规范》GB 51220 规定，封场覆盖系统必须进行滑动稳定性分析，典型无渗压流和极限覆盖土层饱和情况下的安全系数设计中应采取工程措施，防止因不均匀沉降造成防渗结构的破坏。封场防渗层应与场底防渗层紧密连接，填埋气体的收集导排管道穿过覆盖系统防渗层处应进行密封处理。

4.7　填埋场边坡稳定分析

　　近年来，对填埋场设计、施工、填埋、封闭后的监测及对新填埋场的维护，关注点在保护周边地下水和大气不被严重污染。但从 20 世纪 80 年代以来，美国、巴西、中国等国家发生了多起填埋场稳定性破坏事故，给周边环境带来灾难性的后果。因此，稳定问题仍是填埋场设计、施工、填埋和封闭过程中的关键问题之一。

　　填埋场边坡失稳和滑移，会造成填埋场防渗衬垫系统破坏，引起填埋场中渗沥液泄漏，污染周围地下水，给周边环境和居民造成难以挽回的损失。钱学德对历年出现的填埋场事故进行了详尽的统计与分析，如：1988 年，位于美国凯特曼山的一个填埋场沿背坡和底部土工合成材料衬垫界面发生整体滑动，约 49 万 m³ 危险废弃物侧向位移达到 10.7m；1996 年，美国俄亥俄州辛辛那提发生了历史上最大的固体废弃物填埋体的滑坡，约 120 万 m³ 的填埋体发生了失稳滑动；1997 年，南非一座垃圾填埋场进行侧向扩容，在连续降雨 48 h 后，约 30 万 m³ 的填埋体沿侧向新老垃圾的界面和底部土工布与土工膜界面发生滑移破坏；2000 年 7 月，菲律宾马尼拉附近奎松市一座大型垃圾填埋场失稳滑塌，造成 270 余人死亡；2002 年 6 月重庆歌乐山垃圾填埋场因边坡失稳发生滑塌，40 万 m³ 垃圾填埋体滑下，吞没山坳碎石厂一栋三层宿舍楼，造成 10 人死亡；2008 年，中国南方城市的一个大型填埋场连续强降雨期间，垃圾坝前堆体边坡发生失稳事故；2011 年 5 月山西太原某填埋场发生填埋体失稳事故，滑坡体约 2 万 m³，引起 2 人死亡；2011 年重庆黔江填埋场中填埋体失稳，造成 7 人死亡。多起事故的发生为填埋场的运营、扩容和保持稳定提供了深刻教训，但如果过分强调填埋体的稳定，就会导致坡度过缓而减少填埋场的容量以及服务年限，从而降低其经济效益，所以，填埋场的稳定是填埋场系统设计和分析的一个重要问题。

4.7.1　填埋场边坡破坏类型

固体废弃物填埋场可能发生的破坏模式大致分为以下几种：

（1）边坡及衬垫底部土体发生整体滑动破坏（图 4-12a）。该类型的破坏可能发生在开挖或铺设衬垫系统尚未填埋时，图中仅表示地基产生圆弧滑动破坏的情况，但由于填埋场软弱层及裂缝所导致的楔体或块体破坏也不能忽视。可采用常规勘察手段和边坡稳定性分析方法来评价该形式的破坏。

（2）衬垫系统从锚沟中脱出向下滑动（图 4-12b）。该类型破坏通常发生在衬垫系统铺设时。衬垫与坡面之间摩擦及衬垫各组成部分之间的摩擦力能阻止衬垫在坡面上的滑移，同时由于最底一层衬垫与掘坑壁摩擦及锚沟的锚固作用也可阻止衬垫的滑动。可采用各种摩擦阻力与由衬垫系统自重产生的下滑力之比所得安全系数来评价。

（3）沿固体废弃物内部破坏（图 4-12c）。当填埋场填到某一极限高度时，就可能产生破坏。填埋的极限高度与坡角和废弃物自身强度有关。可采用常规的边坡稳定分析方法进

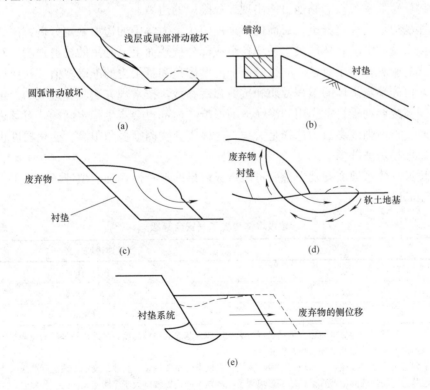

图 4-12　填埋系统中可能破坏的几种类型

（a）边坡及坡底破坏；（b）衬垫系统从锚沟拔出；（c）废弃物内部破坏；
（d）破坏穿过废弃物、衬垫和地基；（e）沿衬垫系统滑动破坏

行分析，但如何合理选取固体废弃物的重度和强度参数需进一步研究。

（4）穿过废弃物和地基发生破坏（图 4-12d）。该类型破坏沿着固体废弃物、衬垫及场地地基发生破坏，易发生在地基土强度较小的地层上。

（5）沿衬垫系统破坏（图 4-12 e）。沿复合衬垫系统内部强度较小的接触面形成一滑动单元，该类型破坏受接触面的抗剪强度、废弃物自重和填埋几何形状等因素控制。根据钱学德和科尔纳等学者对国际上近年来发生的 15 起大型垃圾填埋场失稳破坏实例的调查和研究，发现 11 个是垃圾体沿衬垫系统的平移破坏，仅 4 个是垃圾体内部的圆弧滑动破坏，且所有含土工衬垫的填埋场的破坏形式都是衬垫系统的平移破坏。该类型的破坏最受关注，因为衬垫破坏后，填埋场的渗沥液会进入周围土体及地下水，造成周边环境污染。

（6）填埋场沉降过大。过大的沉降严格意义上不算是稳定破坏，但由于废弃物的压缩、腐蚀、分解产生过大沉降，地基自身的沉降可导致渗沥液及气体收集监测系统发生破裂，填埋场沉降过大，会使斜坡上的衬垫产生较大张力，导致破坏。另外，不均匀沉降会造成裂缝的覆盖层和衬垫畸变，如果水通过裂缝进入填埋场，会降低其稳定性。

4.7.2 填埋场稳定性分析方法

根据《生活垃圾卫生填埋场岩土工程技术规范》CJJ 176，应对填埋场施工、运行期间及封场后的下列边坡类型进行稳定性验算：①地基及填埋库区边坡；②垃圾坝；③垃圾堆体；④封场覆盖系统；⑤其他可能出现失稳隐患的边坡。

对填埋场边坡的稳定分析，目前仍多采用传统土力学中的边坡稳定分析方法。沿衬垫系统和覆盖系统的滑动破坏取决于系统各组成部分接触面上可利用的抗剪强度，对于这两种破坏形式的验算，在于对各不同接触面上的摩擦角和凝聚力的准确取值。衬垫后土体的破坏验算，可先确定土体的工程性质和抗剪强度参数，按常规方法验算边坡的稳定性。填埋场内的固体废弃物受自重作用和渗沥液的影响，内部也会产生稳定问题，对其进行边坡稳定分析时，抗剪强度参数的选择是关键，固体废弃物内摩擦角很高，变化幅度也较大。

（1）填埋场边坡分类

按照垃圾堆体边坡高度及失稳后可能造成后果的严重性，确定填埋场边坡工程的安全等级（表 4-4）。

垃圾堆体边坡工程安全等级 表 4-4

安全等级	堆体边坡坡高(m)
一级	$H \geqslant 60$
二级	$30 \leqslant H < 60$
三级	$H < 30$

注：1. 山谷形填埋场的垃圾堆体边坡坡高是以垃圾坝底部为基准的边坡高度，平原形填埋场的垃圾堆体边坡坡高是指以原始地面为基准的边坡高度；

2. 下列情况安全等级应提高一级：垃圾堆体失稳将使下游重要城镇、企业或交通干线遭受严重灾害；填埋场地基为软弱土或其他特殊土；山谷形填埋场库区顺坡向边坡坡度大于 10°。

（2）垃圾的抗剪强度指标

垃圾的抗剪强度指标应采用现场试验、室内直剪试验、室内三轴试验、工程类比或反演分析等方法确定。试样通过现场钻孔取样或人工配制；直剪试验的试样平面尺寸不小于

30cm×30cm，三轴试验的试样直径不宜小于 8cm；根据边坡实际受力确定试验所施加的应力范围。

无试验条件时，一级垃圾堆体边坡的垃圾抗剪强度指标可同时采用工程类比、反演分析等方法综合确定，二级和三级垃圾堆体边坡的垃圾抗剪强度指标可按工程类比等方法确定。

垃圾抗剪强度采用有效黏聚力和有效内摩擦角表示，见式（4-3）：

$$\tau_f = c' + (\sigma - u)\tan\varphi' \tag{4-3}$$

式中　τ_f——垃圾的抗剪强度（kPa）；

　　　σ——法向总应力（kPa）；

　　　u——孔隙水压力（kPa）；

　　　c'——垃圾的有效黏聚力（kPa）；

　　　φ'——垃圾的有效内摩擦角（°）。

（3）土工材料界面抗剪强度

土工材料界面的抗剪强度指标应采用大尺寸界面（大于或等于 30cm×30cm）直剪试验或斜坡试验及工程类比等方法确定。一级垃圾堆体边坡的土工材料界面抗剪强度指标宜采用试验方法确定，二级和三级垃圾堆体边坡的土工材料界面抗剪强度指标可按工程类比确定。

土工材料界面的抗剪强度指标应包括峰值抗剪强度指标及残余抗剪强度指标，采用不同的方法计算。

峰值抗剪强度按式（4-4）计算：

$$\tau_p = c'_p + (\sigma - u)\tan\varphi'_p \tag{4-4}$$

式中　τ_p——土工材料界面的峰值抗剪强度（kPa）；

　　　c'_p——土工材料界面的峰值抗剪强度对应的有效黏聚力（kPa）；

　　　φ'_p——土工材料界面的峰值强度对应的有效内摩擦角（°）。

残余抗剪强度按式（4-5）计算：

$$\tau_r = c'_r + (\sigma - u)\tan\varphi'_r \tag{4-5}$$

式中　τ_r——土工材料界面的残余抗剪强度（kPa）；

　　　c'_r——土工材料界面的残余抗剪强度对应的有效黏聚力（kPa）；

　　　φ'_r——土工材料界面的残余强度对应的有效内摩擦角（°）。

边坡稳定分析时，土工材料界面强度指标宜选取最小峰值强度界面对应的强度指标，对库区基底坡度大于 10°的区域采用残余强度指标，库区基底坡度小于 10°的区域采用峰值强度指标。

4.7.3　填埋场边坡稳定验算

根据《生活垃圾卫生填埋场岩土工程技术规范》CJJ 176，填埋场库区垃圾堆体必须进行边坡稳定验算，验算内容包括：每填高 20m 后垃圾堆体边坡和封场后垃圾堆体边坡的稳定性；通过垃圾堆体内部的滑动破坏、通过垃圾堆体内部与下卧地基的滑动破坏、部分或全部沿土工材料界面的滑动破坏等不同破坏模式；稳定性验算采用摩根斯坦—普赖斯法，边坡稳定系数满足表 4-5 规定；对每填高 20m 后垃圾堆体边坡和封场后垃圾堆体边坡的警戒水位，其所对应的边坡稳定最小安全系数按表 4-5 中非正常运用条件Ⅰ取值。

垃圾堆体边坡抗滑稳定最小安全系数

表 4-5

运用条件	安全等级		
	一级	二级	三级
正常运用条件	1.35	1.30	1.25
非正常运用条件Ⅰ	1.30	1.25	1.20
非正常运用条件Ⅱ	1.15	1.10	1.05

注：1. 正常运用条件为填埋场工程投入运行后，经常发生或长时间持续的情况，包括填埋场填埋过程、填埋场封场后、填埋场渗沥液水位处于正常水位；

2. 非正常运用条件Ⅰ为遭遇强降雨等引起渗沥液水位显著上升；

3. 非正常运用条件Ⅱ为正常运用条件下遭遇地震。

不同边坡稳定计算方法根据边坡类型确定。填埋场地基边坡稳定性计算方法应满足《水利水电工程边坡设计规范》SL 386 要求，对封顶系统边坡稳定性分析可采用无限边坡稳定分析法或双楔体法，以无限边坡稳定分析法为例进行说明。

填埋场封顶系统通常是相对较薄的土层，当封顶系统位于边坡位置时，由于重力作用，均有向下滑动的趋势。下列计算适用下排水层与土工膜之间存在的潜在破坏面，其滑动方向与坡面平行。

（1）土工膜上无渗透水的情况

边坡部位覆盖层的稳定分析，可以按整个边坡计算其向量力，包括坡脚的抗力在内，可以简化按无限边坡进行分析。对下坡面覆盖比较长的情况，坡脚抗力通常仅占整个土坡阻力的 5%，此时可按无限边坡分析。若无限边坡分析求出的安全系数小于期望值，也可用包括坡脚抗力在内的整体分析方法进行校核，并重新计算安全系数。

（2）砂砾排水层，土工膜上有渗透水流的情况

图 4-13 为土工膜上渗流方向与边坡平行的、部分饱和边坡的一般几何形态。对于砂砾排水层，当土工膜上存在渗流时，封顶系统的稳定安全系数按式（4-6）计算：

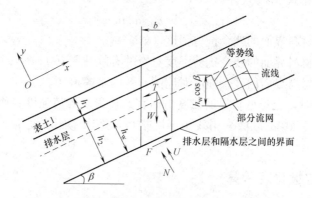

图 4-13 渗流与封顶边坡平行的无限边坡稳定分析

$$F_s = \frac{\dfrac{c}{\cos\beta} + [\gamma_1 h_1 + \gamma_2(h_2 - h_w) + (\gamma_{2sat} - \gamma_w)h_w]\tan\delta}{[\gamma_1 h_1 + \gamma_2(h_2 - h_w) + \gamma_{2sat}h_w]\tan\beta} \tag{4-6}$$

对于无黏性土 $c=0$，式（4-6）转化为式（4-7）：

$$F_s = \frac{[\gamma_1 h_1 + \gamma_2 (h_2 - h_w) + (\gamma_{2sat} - \gamma_w) h_w] \tan\delta}{[\gamma_1 h_1 + \gamma_2 (h_2 - h_w) + \gamma_{2sat} h_w] \tan\beta} \tag{4-7}$$

式中　W——有代表性的覆盖层条块总重量（kN/m）；

$\quad\quad U$——孔隙水扬压力（kN/m）；

$\quad\quad N$——有效法向力（kN/m）；

$\quad\quad T$——滑动力（kN/m）；

$\quad\quad F$——抗滑力（kN/m）；

$\quad\quad c$——覆盖层条块底部单位面积有效黏聚力（kPa）；

$\quad\quad h_1$——表层土厚度（m）；

$\quad\quad h_2$——排水层厚度（m）；

$\quad\quad h_w$——排水层中垂于土坡的渗透水深（m）；

$\quad\quad b$——所取代表性覆盖层条块宽度（m）；

$\quad\quad \gamma_1$——表土的饱和重度（kN/m^3）；

$\quad\quad \gamma_2$——排水层的湿重度（kN/m^3）；

$\quad\quad \gamma_{2sat}$——排水层的饱和重度（kN/m^3）；

$\quad\quad \gamma_w$——水重度（9.8kN/m^3）；

$\quad\quad \delta$——排水层和土工膜之间的有效摩擦角；

$\quad\quad \beta$——覆盖层的坡角。

（3）安全系数的选择

对于边坡的长期静力稳定分析，通常认为最小安全系数为 1.5 是比较合适的。但美国环保局建议最小安全系数可取 1.25～1.5，其大小安全取决于所取抗剪强度参数的正确程度；我国相关规范中安全系数取值见表 4-5。在选择封顶系统的最小稳定安全系数时，需考虑下列因素：①由于土工复合材料试验的相对历史比较短，所提供的材料特性其可信程度可能比较低；②在估计材料特性时，常常已经包括有一定的安全度在内；③通常取最不利的条件来进行分析，但其发生的时段可能很短。

4.8　填埋场沉降计算

卫生填埋场内有机质的分解不仅增加了废弃物的孔隙体积，同时也降低了废弃物的压缩强度，因此，填埋场的沉降量随有机质的分解而增大。填埋场封顶后，由于沉降原因，填埋场后期再利用受到很大的限制。填埋场内填埋的废弃物极度不均匀，封顶后的填埋场常出现不均匀沉降。如果不均匀沉降过大，则会影响填埋场衬垫系统、渗沥液导排系统、地下水导排设施等服役性能。例如，封底的覆土层由于不均匀沉降出现坑洼，降水后形成水洼；由于不均匀沉降，使渗沥液积在排水层，增加了填埋场内部的渗沥液水头；不均匀沉降使填埋场下部的衬垫系统受到过大的拉力而破坏，因此，计算填埋场的沉降具有重要意义。

4.8.1　填埋场沉降产生的原因

卫生填埋场废弃物的沉降常常在堆加填埋荷载后就立即发生，并且在很长一段时期内持续发展。垃圾沉降的机理相当复杂，垃圾填埋所表现出来的极度非均质性和大孔隙程度甚至不亚于土体。垃圾沉降的主要机理如下：

（1）压缩：包括废弃料的畸变、弯曲、破碎和重定向，与有机质土的固结相似。压缩由填埋场填料自重及其所受荷载引起，在填埋期、主固结期、次固结（次压缩）期内都有可能发生。

（2）错动：垃圾填埋中的细颗粒向大的孔隙或洞穴中的运动。错动通常难以与其他机理区别开来。

（3）物理化学变化：废弃料因腐蚀、氧化和燃烧作用引起的质变及体积减小。

（4）生化分解：垃圾因发酵、腐烂及好氧和厌氧作用引起的质量减小。

影响填埋场废弃物沉降的因素包括：废弃物的初始孔隙率、废弃物的成分、填埋场的厚度、应力大小、应力变化以及填埋场周围的环境。一般而言，废弃物的初始孔隙率越大，废弃物就越容易被压缩，填埋场的沉降越大，因此，降低废弃物的初始孔隙率可减少填埋场的总沉降量。当废弃物填埋到填埋场之后，废弃物中的有机质开始分解，产生大量的二氧化碳（CO_2）、甲烷（CH_4）和水（H_2O），被分解的有机质所占空间会转化成填埋场的沉降和孔隙。由此可见，废弃物中的有机质越多，填埋场的沉降也就越大。填埋场厚度越大，填埋场的沉降率越大。填埋场的主沉降和二次沉降会随着应力的增加而减小。环境条件对填埋场沉降的影响主要表现在对废弃物分解的影响。在潮湿的环境中，废弃物的分解比较快，填埋场的二次沉降量也会相应增加。

4.8.2 填埋场沉降量的计算

填埋场堆体压缩量包括主压缩量和次压缩量，垃圾堆体压缩量计算见式（4-8）：

$$S = \sum_{i=1}^{n} (S_{pi} + S_{si}) \tag{4-8}$$

式中 S——垃圾堆体压缩量（m）；

     n——垃圾分层总数，分层厚度宜为 2～5m，堆体内浸润面应作为分层界面；

     S_{pi}——第 i 层垃圾的主压缩量（m）；

     S_{si}——第 i 层垃圾的次压缩量（m）。

1. 主压缩量计算

垃圾主压缩量按式（4-9）计算：

$$S_{pi} = H_i \frac{C_c}{1+e_0} \log\left(\frac{\sigma_i}{\sigma_0}\right) \tag{4-9}$$

式中 H_i——第 i 层垃圾填埋时的初始厚度（m）；

     σ_0——垃圾前期固结应力（kPa），无试验数据时取 30kPa；

     σ_i——第 i 层垃圾所受上覆有效应力（kPa）；

     C_c——垃圾主压缩指数，宜通过室内大尺寸新鲜垃圾压缩试验确定，无试验数据时采用式（4-10）计算。

$$C_c = \frac{e_0 - e_1}{\log(1000/\sigma_0)} \tag{4-10}$$

式中 e_1——在 1000kPa 压力下垃圾孔隙比，宜为 0.8～1.2，有机质含量高的垃圾取高值；

e_0——初始孔隙比，按式（4-11）计算。

$$e_0 = \frac{d_s \gamma_w}{(1-W_c)\gamma_0} - 1 \qquad (4-11)$$

式中　W_c——垃圾初始含水率（%）；

　　　d_s——垃圾平均颗粒比重，可采用垃圾各组分颗粒比重按重量加权平均计算或虹吸筒法现场取样测定，无试验数据时，可取 1.3～2.2，有机质含量高、降解程度低的垃圾取低值；

　　　γ_w——水重度（kN/m^3）。

2. 次压缩量计算

垃圾次压缩量应采用应力—降解压缩模型或 Sowers 次压缩模型计算。填埋场库区设施的不均匀沉降验算时，宜采用应力—降解压缩模型。

采用应力—降解压缩模型时，垃圾次压缩量按式（4-12）计算：

$$S_{si} = H_i \varepsilon_{dc}(\sigma_i)(1-e^{-ct_i}) \qquad (4-12)$$

当 $\sigma_i \leqslant \sigma_0$ 时，

$$\varepsilon_{dc}(\sigma_i) = \varepsilon_{dc}(\sigma_0) \qquad (4-13)$$

当 $\sigma_i > \sigma_0$ 时，

$$\varepsilon_{dc}(\sigma_i) = \varepsilon_{dc}(\sigma_0) - \frac{C_c - C_{c\infty}}{1+e_0}\log\left(\frac{\sigma_i}{\sigma_0}\right) \qquad (4-14)$$

式中　$\varepsilon_{dc}(\sigma_i)$——上覆应力 σ_i 长期作用下垃圾降解压缩应变与蠕变应变之和；

　　　$\varepsilon_{dc}(\sigma_0)$——前期固结应力 σ_0 长期作用下垃圾降解压缩应变与蠕变应变之和，宜采用室内压缩试验测定，无试验数据时宜取 20%～30%，有机质含量高的垃圾取高值；

　　　$C_{c\infty}$——完全降解垃圾的主压缩指数，宜采用室内压缩试验确定，无试验数据时，$C_{c\infty}/(1+e_0)$ 宜取 0.15；

　　　c——降解压缩速率（1/月），宜取 0.005/月～0.015/月，有机质含量高的垃圾及适宜降解环境取高值；

　　　t_i——第 i 层垃圾的填埋龄期（月）。

采用 Sowers 次压缩模型时，垃圾次压缩模量按式（4-15）计算：

$$S_{si} = H_i \frac{C_\alpha}{1+e_0}\log(t_i/t_0) \qquad (4-15)$$

式中　C_α——垃圾次压缩指数，无试验数据时修正次压缩指数 $C_\alpha/(1+e_0)$ 可取：新鲜垃圾 0.04～0.08，已填埋垃圾 0.02～0.05，有机质含量高的垃圾取高值；

　　　t_0——垃圾主压缩完成时间（月），宜为 1 个月。

垃圾堆体沉降按式（4-16）计算：

$$\Delta S = S_2 - S_1 \qquad (4-16)$$

式中　ΔS——垃圾堆体沉降（m）；

　　　S_2——计算时刻下卧垃圾总压缩量（m），按式（4-8）计算；

　　　S_1——填埋至该点时下卧垃圾总压缩量（m），按式（4-8）计算。

3. 填埋场库区设施不均匀沉降验算

应进行不均匀沉降验算部位包括：①可压缩地基上填埋场底部渗沥液导排系统和防渗系统；②垃圾堆体内部的水平集气井、渗沥液导排系统和中间衬垫系统；③封场覆盖系统。在不均匀沉降验算时，应选定沿库区设施布置的若干条沉降线进行验算。沉降线布置时要考虑以下位置：①填埋场底部高程及表面高程剧烈变化的位置；②填埋场基层下存在回填土、污泥库等特殊区域；③两个相邻填埋分区交界线附近。沉降点间距不超过 20m，宜均匀布置，总数大于或等于 5 个，视场地复杂情况增加点位。

沉降后两相邻沉降点间的最终坡度按式（4-17）计算：

$$\tan\alpha_{\mathrm{Fn}l} = \frac{X \cdot \tan\alpha_{\mathrm{Int}} - \Delta S'}{X} \tag{4-17}$$

式中　$\alpha_{\mathrm{Fn}l}$——沉降后两个相邻沉降点之间的最终坡度（°）；

　　　α_{Int}——两个相邻沉降点之间的初始坡度（°）；

　　　X——两个相邻沉降点之间的水平距离（m）；

　　　$\Delta S'$——两个相邻沉降点之间的沉降差（m）。

沉降后两相邻沉降点之间的拉伸应变按式（4-18）计算：

$$\varepsilon = \frac{L_{\mathrm{Fn}l} - L_{\mathrm{Int}}}{L_{\mathrm{Int}}} \cdot 100\% \tag{4-18}$$

$$L_{\mathrm{Int}} = (X^2 + X^2 \cdot \tan^2\alpha_{\mathrm{Int}})^{1/2} \tag{4-19}$$

$$L_{\mathrm{Fn}l} = [X^2 + (X \cdot \tan\alpha_{\mathrm{Int}} - \Delta S')^2]^{1/2} \tag{4-20}$$

式中　ε——沉降后两个相邻沉降点之间的拉伸应变（%）；

　　　L_{Int}——两相邻沉降点间的初始距离（m）；

　　　$L_{\mathrm{Fn}l}$——沉降后两相邻沉降点间的最终距离（m）。

填埋场库区设施初始坡度和沉降完成后的最终坡度需满足下列规定：①底部渗沥液导排管的初始坡度不宜小于 2%，沉降完成后的最终坡度不宜小于 1%；②地下水导排设施及垃圾堆体内渗沥液导排管的最终坡度不宜小于 1%；③封场覆盖系统的最终坡度不宜小于 2%。

第 5 章
地下水与环境岩土工程

5.1 地下水位与环境岩土工程的关系

5.1.1 环境对地下水位的影响

1. 温室效应引起的水位上升

21 世纪以来,温室效应引起众多专家学者的关注。温室效应使得地球南北极冰川融化(图 5-1),海平面升高,沿海部分地区被海水淹没,而且会造成全球局部气候异常,降雨历时长,暴雨、海啸频发,给人们的生产、生活带来重大影响。

图 5-1 南极洲冰山融化

地表降水增多,加上海平面的上升,将导致地下水位升高。这种环境状态对工程的影响有必要进行分析和评估。这类研究也将有利于工程的长期安全。

2. 人类活动引起的地下水位的降低

第二次世界大战以后,随着世界经济和人口的发展,缺水变成了一个严重的环境问题。这主要是由于一方面水资源的污染;另一方面由于地下水不合理开采。一些城市地区地下水开采的时间、地层与地点过于集中,导致地下水抽取量大于补给量,使得区域内地下水出现漏斗区。

除了不合理开采,一些工程活动也会引起地下水位降低,如:矿山开挖、河流的人为改道、大型深基坑降水施工、河道上游筑坝截流等。

5.1.2 地下水位变化引起的岩土工程问题

1. 地下水位上升引起的工程环境问题

地下水分为潜水和承压水，其上升受多种因素影响，主要包括地质、水文、气象等因素。潜水受水文、气象因素影响显著，承压水受地质、水文因素影响显著。地下水上升对工程的影响主要表现在以下几个方面：

（1）地下水位上升时，会使土体的抗剪强度降低，会影响地基的承载力。如地基为砂土地层，在强震的作用下有发生液化的可能，地基土体液化，会瞬时丧失承载力，建筑会发生倾倒或者沉降等危害；如果地下水在砂土或者粉土地基中运动时，会发生流沙、管涌、基坑侧壁变形等病害。

（2）地下水上升可能诱发滑坡灾害现象。河岸边坡、路基边坡地带，地下水位上升，会使土体抗剪强度下降，同时产生的动水压力，会使边坡岩土体发生表层坍塌、深层滑移等不良地质现象。

（3）地下水位上升会诱发膨胀土发生变形。膨胀土地区潜水多为上层滞水，无统一地下水位，季节变化大时会直接影响膨胀土中水分的多少。因此，一旦地下水位出现季节性上升引起岩土体含水量变大，会导致膨胀土发生膨胀变形。

2. 地下水位下降引起的岩土工程问题

地下水位降低分为自然原因和人为原因。人为原因造成的地下水位降低速度快，反应明显。地下水位降低一方面会造成水自然减少，加重对水资源的污染程度；另一方面，堆积持力层中地下水位降低会增加土体的有效应力，使附加荷载增加。增加地基的沉降量，有可能会造成不均匀沉降，产生地裂隙，对已有工程产生较大的影响。

5.2 砂土液化

5.2.1 砂土液化机理

松散的砂土具有受到震动时变得更为紧实的趋势，使饱和砂土的孔隙全部被水充填。因这种趋于紧密的作用将导致孔隙水压力的骤然上升，而在地震过程的短暂时间内，骤然上升的孔隙水压力来不及消散，这就使原来由砂粒通过其接触点所传递的压力（有效压力）减小，当有效压力完全消失时，砂层会完全丧失抗剪强度和承载能力，变成像液体一样的状态，即通常所说的砂土液化现象。

5.2.2 现场判定液化的标志

判定现场某一地点的砂土已经发生液化的主要依据是：

（1）地面喷水冒砂（图 5-2 和图 5-3），同时上部建筑物发生巨大的沉陷或明显的倾斜，某些埋藏于土中的构筑物上浮，地面有明显变形。

（2）海边、河边等稍微倾斜的部位发生大规模的滑移，这种滑移具有"流动"的特征，滑动距离由数米至数十米；或者在上述地段虽无流动性质的滑坡，但有明显的侧向移动的迹象，并在岸坡后面产生沿岸大裂缝或者是大量纵横交错的裂缝。

图 5-2　液化过程喷水

图 5-3　地面冒砂

（3）震后通过取土样发现，原来有明显层理的土，震后层理紊乱，同一地点的相邻触探曲线不相重合，差异变得非常显著。

5.2.3　宏观液化与微观液化

宏观液化是宏观震害的一种。现场有明显标志，如喷水冒砂、地面变形等。微观液化是根据一个土样在室内动力试验中表现出来的液化现象，或通过计算土体中某一点上土单元体的应力而定义的临界状态。它不考虑在天然土层中是否会产生宏观液化。

5.2.4　液化与液化势

尽管用室内动力试验可以对液化予以明确的定义，但实际抗震经验和震害资料都是按现场有无喷水冒砂或其他宏观标志为准的。液化势指的是地基是否会发生液化，特别是宏观液化的一种趋势性估计。

5.2.5　砂土液化判别

砂土液化判别有两步：砂土初判；液化复判。液化复判以标贯复判法为主，表 5-1 将《建筑抗震设计规范》GB 50011、《水利水电工程地质勘察规范》GB 50487、《公路工程抗震规范》JTG B02 本规范的砂土液化判别方法放在一起进行讲解，方便对比。

不同规范的砂土液化判别方法　　　　　　　　　　　　　　　表 5-1

规范	液化初判	液化复判
《建筑抗震设计规范》 GB 50011	1. 地质年代； 2. 粉土黏粒含量； 3. 上覆非液化土层厚度 d_u 和地下水位深度 d_w	标贯复判法： $N_{cr}=N_0\beta[\ln(0.6d_s+1.5)-0.1d_w]\sqrt{3/\rho_c}$ N 采用标贯击数实测值
《水利水电工程 地质勘察规范》 GB 50487	1. 地质年代； 2. 土的粒径小于 5mm 的含量； 3. 黏粒含量； 4. 地下水位； 5. 剪切波速（根据土层深度计算）	1. 标贯复判法： $N_{cr}=N_0[0.9+0.1(d_s-d_w)]\sqrt{3/\rho_c}$ $N=N'\left(\dfrac{d_s+0.9d_w+0.7}{d_s'+0.9d_w'+0.7}\right)$ 2. 相对密度复判法； 3. 相对含水率或液性指数复判法

续表

规范	液化初判	液化复判
《公路工程抗震规范》 JTG B02	1. 地质年代； 2. 粉土黏粒含量； 3. 上覆非液化土层厚度 d_u 和地下水位深度 d_w	标贯复判法： 1. 地面下 15m 范围内 $$N_{cr}=N_0[0.9+0.1(d_s-d_w)]\sqrt{3/\rho_c}$$ 2. 地面下 15～20m 范围内 $$N_{cr}=N_0[2.4-0.1d_w]\sqrt{3/\rho_c}$$

下面以《建筑抗震设计规范》为例判别砂土液化。

1. 液化初判

饱和的砂土或粉土（不含黄土），当符合下列条件之一时可初步判别为不液化或可不考虑液化影响：

（1）地质年代为第四纪晚更新世（Q_3）或其以前时，7、8 度时可判为不液化。

（2）粉土的黏粒（粒径小于 0.005mm 的颗粒）含量百分率，7 度、8 度和 9 度分别不小于 10、13 和 16 时，可判为不液化土（注：用于液化判别的黏粒含量是采用六偏磷酸钠作分散剂测定，采用其他方法时应按有关规定换算）。

（3）浅埋天然地基的建筑，当上覆非液化土层厚度和地下水位深度符合下列式（5-1）～式（5-3）条件之一时，可不考虑液化影响：

$$d_u>d_0+d_b-2 \tag{5-1}$$

$$d_w>d_0+d_b-3 \tag{5-2}$$

$$d_u+d_w>1.5d_0+2d_b-4.5 \tag{5-3}$$

式中 d_w——地下水位深度（m）宜按设计基准期内年平均最高水位采用，也可按近期内年最高水位采用；

d_u——上覆非液化土层厚度（m），计算时宜将淤泥和淤泥质土层扣除；

d_b——基础埋置深度（m），不超过 2m 时应采用 2m；

d_0——液化土特征深度（m），可按表 5-2 采用。

液化土特征深度（m） 表 5-2

饱和类土	7 度	8 度	9 度
粉土	6	7	8
砂土	7	8	9

注：（1）上述三个公式只要满足条件之一即可判为不液化；

（2）d_w 取近期年最高水位，而非勘察期间水位；

（3）d_u 宜扣除淤泥、淤泥质土层；

（4）d_b 小于 2m 应取 2m；

（5）只有水位以下的饱和砂、粉土会发生液化，黏性土不会发生液化；

（6）粉土初判才需要考虑黏粒含量，砂土不考虑。

2. 液化复判

当饱和砂土、粉土的初步判别认为需进一步进行液化判别时，应采用标准贯入试验判别法判别地面下 20m 范围内土的液化，但《建筑抗震设计规范》GB 50011 第 4.2.1 条规定，可不进行天然地基及基础的抗震承载力验算的各类建筑，可只判别地面下 15m 范围内土的液化。

液化判别计算见式（5-4）：

$$N_{cr} = N_0\beta\left[\ln(0.6d_s + 1.5) - 0.1d_w\right]\sqrt{3/\rho_c} \tag{5-4}$$

$N > N_{cr}$ 判别为不液化；$N < N_{cr}$ 判别为液化。

式中　　N——标准贯入锤击数实测值（未经杆长修正）；

　　N_{cr}——液化判别标准贯入锤击数临界值；

　　N_0——液化判别标准贯入锤击数基准值，可按表 5-3 采用；

　　d_s——饱和土标准贯入点深度；

　　d_w——地下水位深度（m）；

　　ρ_c——黏粒含量百分率，当小于 3% 或为砂土时，应采用 3%；

　　β——调整系数，设计地震第一组取 0.80，第二组取 0.95，第三组取 1.05。

液化判别标准贯入锤击数基准值 N_0 　　　　　　　表 5-3

地震烈度	7 度		8 度		9 度
设计基本地震加速度(g)	0.1	0.15	0.2	0.3	0.4
液化判别标准贯入锤击数基准值	7	10	12	16	19

3. 液化指数计算及液化等级划分

液化等级划分的步骤分 3 步：判别各标贯点是否液化；计算液化指数；查表 5-4 划分液化等级。

液化等级与液化指数的对应关系　　　　　　　　表 5-4

液化等级	轻微	中等	严重
液化指数	$0 < I_{le} \leqslant 6$	$6 < I_{le} \leqslant 18$	$I_{le} > 18$

对存在液化砂土层、粉土层的地基，应探明各液化土层的深度和厚度，按式（5-5）计算每一个钻孔的液化指数：

$$I_{le} = \sum_{i=1}^n \left[1 + \frac{N_i}{N_{cri}}\right] d_i w_i \tag{5-5}$$

式中　　I_{le}——液化指数；

　　n——在判别深度范围内每一个钻孔标准贯入试验点的总数；

N_i、N_{cri}——分别为 i 点标准贯入锤击数的实测值和临界值，当实测值大于临界值时，应取临界值，当只需要判别 15m 范围以内的液化时，15m 以下的实测值可按临界值采用；

　　d_i——i 点所代表的土层厚度（m），可采用与标准贯入试验点相邻的上、下两标准贯入试验点深度差的一半，但上界不高于地下水位深度，下界不深于液化深度；

　　w_i——i 土层单位土层厚度的层位影响权函数值（单位为 m^{-1}），当该层中点深度不大于 5m 时，应采用 10，等于 20m 时应采用零值，5～20m 时应按线性内插法取值见式（5-6）：

$$w_i = \begin{cases} \dfrac{2}{3}(20-d_s) & 5<d_s\leqslant20 \\ 10 & 0<d_s\leqslant5 \end{cases} \qquad (5\text{-}6)$$

d_s——第 i 土层中点的深度。

注：（1）理解的 d_i 意义为标贯所代表土层的厚度，一般取上下标贯点深度差的一半，但是要特别注意土层的分界位置和水位的影响；d_s 的意义为标贯代表土层中点的深度，而不是标贯深度；（2）液化等级判别按钻孔进行，当判别深度内钻孔标贯点数较多时，液化指数计算量大。

4. 打桩后标贯锤击数的修正

打入式预制桩及其他挤土桩，当平均桩距为 2.5～4 倍桩径且桩数不少于 5×5 时，可计入打桩对土的加密作用及桩身对液化土变形限制的有利影响。当打桩后桩间土的标准贯入锤击数达到不液化的要求时，单桩承载力可不折减，但对柱尖持力层作强度校核时，柱群外侧的应力扩散角应取为零。打柱后桩间土的标准贯入锤击数宜由试验确定，也可按式 (5-7) 计算：

$$N_1 = N_P + 100\rho(1-e^{-0.3N_P}) \qquad (5\text{-}7)$$

式中　N_1——打柱后的标准贯入锤击数；

　　　ρ——打入式预制桩的面积置换率；

　　　N_P——打桩前的标准贯入锤击数。

【例 5-1】　某场地抗震设防烈度为 8 度，设计地震分组为第一组，根据表 5-5 土层分布和标准贯入试验击数，试判定土层的液化等级。

土层分布和标准贯入试验击数

表 5-5

土层分布	土性	标贯深度(m)	标贯击数(次)
−1.0m −2.1m	粉土	−1.4	2
−3.5m	黏土		
−8.0m	细沙	−4.0	15
		−5.0	8
		−6.0	16
		−7.0	12
	黏土		

【解】　（1）计算土层的标贯击数临界值 N_{cr}

场地抗震设防烈度为 8 度，设计地震分组为第一组，标贯击数基准值 $N_0=10$，砂土的黏粒含量百分率 $\rho_c=3\%$，计算 N_{cr}。

−1.4m 处：$N_{cr}=10\times[0.9+0.1\times(1.4-1.0)]=9.4$

−4.0m 处：$N_{cr}=10\times[0.9+0.1\times(4-1.0)]=12$

−5.0m 处：$N_{cr}=10\times[0.9+0.1\times(5-1.0)]=13$

−6.0m 处：$N_{cr}=10\times[0.9+0.1\times(6-1.0)]=14$

−7.0m 处：$N_{cr}=10\times[0.9+0.1\times(7-1.0)]=15$

其中，−4.0m 处和 −6.0m 处，$N=15>N_{cr}=12$，$N=16>N_{cr}=14$，该两处不液

化，其余各处 $N<N_{cr}$，会产生液化。

（2）计算产生液化的三处（-1.4m，-5.0m 和 -7.0m）中点深度

-1.4m 处：$d_1=2.1-1.0=1.1m$（水位 -1.0m）

中点深度：$Z_1=1.0+\dfrac{1.1}{2}=1.55m$

-5.0m 处：$d_3=5.5-4.5=1.0m$

中点深度：$Z_3=4.5+\dfrac{1.0}{2}=5.0m$

-7.0m 处：$d_5=8.0-6.5=1.5m$

中点深度：$Z_5=6.5+\dfrac{1.5}{2}=7.25m$

（3）计算各中点深度 Z_i 所对应的权函数 W_i

W_i 为 i 层土单位土层厚度的层位影响权函数值（单位为 m^{-1}），若判别深度为15m，当该层中点深度不大于5m时采用10，等于15m时采用零值，5~15m按线性内插法取值。

所以，$Z_1=1.55m$，$W_1=10m^{-1}$；$Z_3=5.0m$，$W_3=10m^{-1}$；$Z_5=7.25m$，$W_5=7+(1-0.25)=7.75m^{-1}$（$Z_i=5m$，$W_i=10m^{-1}$；$Z_i=1.55m$，$W_i=0$，插入计算）。

（4）计算液化指数 I_{le}

$$
\begin{aligned}
I_{le} &= \sum_{i=1}^{n}\left(1-\frac{N_i}{N_{cri}}\right)d_iW_i \\
&= \left(1-\frac{2}{9.4}\right)\times1.1\times10+0+\left(1-\frac{12}{11}\right)\times1.5\times7.75 \\
&= 8.86+0+3.85+0+2.33=14.84
\end{aligned}
$$

（5）划分液化等级

查《建筑抗震设计规范》GB 50011—2010 表 4.3.5，在深度 15m 以内，$5<I_{le}\leqslant15$ 为中等液化等级。该场地属于中等液化等级。

【例 5-2】 某 7 层住宅楼基础为天然地基，基础埋深 2m，抗震设防烈度为 7 度，设计基本地震加速度值 $0.1g$，设计地震分组为第一组，地下水位深度 1.0m，地层条件见表 5-6，试计算场地液化指数。

地层条件　　　　　　　　　　　　　　　表 5-6

成因年代	土层序号	土名	层底深度(m)	剪切波速(m/s)	标贯点深度(m)	标准贯入锤击数 N(次)	黏粒含量 ρ_c(%)
Q_4	1	粉质黏土	1.5	90	1.0	2	16
	2	黏质粉土	3.0	140	2.5	4	12
	3	粉砂	6.0	160	4	5	2.0
					5.5	7	1.5
Q_3	4	细砂	11.0	350	7.0	12	0.5
					8.5	10	1.0
					10.0	15	2.0
		岩层		750			

【解】 第 2 层土的 $\rho_c > 10\%$，第 4 层土为 Q_3，均属于不液化层。

第 3 层粉砂：

$d_s = 4m$，$N_0 = 6$，$d_w = 1m$，$N_{cr} = 7.2 > N = 5$，液化。

$d_s = 5.5m$，$N_0 = 6$，$d_w = 1m$，$N_{cr} = 8.1 > N = 7$，液化。

土层厚度：$d_1 = 1.75m$，$d_2 = 1.25m$

权函数：$W_1 = 10m^{-1}$，$W_2 = 9.625m^{-1}$

液化指数：

$$I_{le} = \sum_{i=1}^{n} \left(1 - \frac{N_i}{N_{cri}} \right) d_i W_i$$

$$= \left(1 - \frac{5}{7.2} \right) \times 1.75 \times 10 + \left(1 - \frac{7}{8.1} \right) \times 1.25 \times 9.625 = 6.99$$

5.2.6 软弱黏性土层的震陷判别和震陷量计算

1. 震陷判别

地基中软弱黏性土层的震陷判别，可采用下列方法：饱和粉质黏土震陷的危害性和抗震陷措施应根据沉降和横向变形大小等因素综合研究确定，8 度（0.30g）和 9 度时，当塑性指数小于 15 且符合式（5-8）和式（5-9）规定的饱和粉质黏土时，可判为震陷性软土。

$$W_s \geqslant 0.9 W_L \tag{5-8}$$

$$I_L \geqslant 0.75 \tag{5-9}$$

式中　W_s——天然含水量；

　　　W_L——液限含水量，采用液、塑限联合测定法测定；

　　　I_L——液性指数。

2. 震陷量计算

当液化土层较平坦且均匀时，宜按表 5-7 选用地基抗液化措施。尚可计入上部结构重力荷载对液化危害的影响，根据液化震陷量的估计适当调整抗液化措施。

液化的危害主要来自震陷，特别是不均匀震陷。震陷量主要决定于土层的液化程度和上部结构的荷载。由于液化指数不能反映上部结构的荷载影响，因此有趋势直接采用震陷量来评价液化的危害程度。例如，对 4 层以下的民用建筑，当精细计算的平均震陷值 $S_E < 5cm$ 时，可不采取抗液化措施；当 $5cm \leqslant S_E \leqslant 15cm$ 时，可优先考虑采取结构和基础的构造措施；当 $S_E > 15cm$ 时需要进行地基处理，基本消除液化震陷。在同样震陷量下，乙类建筑应采取较丙类建筑更高的抗液化措施。关于平均震陷值 S_e 计算详见《建筑抗震设计规范》GB 50011—2010 条文说明 4.3.6 条。

抗液化措施　　　　　　　　　　　　　　　　　　　　　　表 5-7

建筑抗震设防类别	地基的液化等级		
	轻微	中等	严重
乙类	部分清除液化沉陷，或对基础和上部结构处理	全部消除液化沉陷，或部分清除液化沉陷，且对基础和上部结构处理	全部消除液化沉陷

续表

建筑抗震设防类别	地基的液化等级		
	轻微	中等	严重
丙类	基础和上部结构处理,亦可不采取措施	基础和上部结构处理,或更高要求的措施	全部消除液化沉陷,或部分消除液化沉陷,且对基础和上部结构处理
丁类	可不采取措施	可不采取措施	基础和上部结构处理或其他经济的措施

5.2.7　砂土液化的防护措施

不宜将未经处理的液化土层作为天然地基持力层,故选择建筑场地时,应选择表层非液化盖层厚度大、地下水埋藏深度大的地区。

1. 全部消除地基液化沉陷的措施,应满足下列要求:

（1）采用桩基时,桩端伸入液化深度以下稳定土层中的长度（不包括桩尖部分）应按计算确定,且碎石土,砾、粗、中砂,坚硬黏性土和密实粉土尚不应小于0.5m,其他非岩石土不宜小于1m。

（2）采用深基础时,基础底面应埋入液化深度以下的稳定土层中,其深度不应小于0.5m。

（3）采用加密法（如振冲、振动加密、挤密碎石桩、强夯等）加固时,应处理至液化深度下界;振冲或挤密碎石桩加固后,桩间土的标准贯入锤击数不宜小于式（5-4）的液化判别标准贯入锤击数临界值。

（4）用非液化土层替换全部液化土层。

（5）采用加密法或换土法处理时,在基础边缘以外的处理宽度,应超过基础底面下处理深度的1/2且不小于基础宽度的1/5。

2. 部分消除地基液化沉陷的措施,应符合下列要求:

（1）处理深度应使处理后的地基液化指数减少,当判别深度为15m时,其值不宜大于4,当判别深度为20m时,其值不宜大于5;对独立基础和条形基础,处理深度尚不应小于基础底面下液化土特征深度和基础宽度的较大值。

（2）采用振捣或挤密碎石桩加固后,桩间土的标准贯入锤击数不宜小于式（5-4）的液化判别标准贯入锤击数临界值。

（3）基础边缘以外的处理宽度,应超过基础底面下处理深度的1/2且不小于基础宽度的1/5。

3. 减轻液化影响的基础和上部结构处理,可综合采用下列各项措施:

（1）选择合适的基础埋置深度。

（2）调整基础底面积,减少基础偏心。

（3）加强基础的整体性和刚度,如采用箱基、筏基或钢筋混凝土交叉条形基础,加设基础圈梁等。

（4）减轻荷载,增强上部结构的整体刚度和均匀对称性,合理设置沉降缝,避免采用对不均匀沉降敏感的结构形式等。

（5）管道穿过建筑处应预留足够尺寸或采用柔性接头等。

4. 液化等级为中等液化和严重液化的古河道、现代河滨、海滨，当有液化侧向扩展或流滑可能时，在距常时水线约 100m 以内不宜修建永久性建筑，否则应进行抗滑验算，采取防止土体滑动措施或结构抗裂措施。

5.2.8 微生物方法处理砂土液化

砂土液化地基常规处理方法有：换填土、强夯震密、桩基挤密等。这些方法存在施工周期长、费用高、噪声大等问题，目前在工程应用中出现了新的微生物加固技术。

1. 微生物注浆加固技术

微生物注浆加固技术是一项利用微生物成矿学的最新进展，即微生物诱导碳酸钙结晶技术，通过向松散砂土地基中低压传输微生物细胞以及营养盐（尿素与 $CaCl_2$ 的混合液），最终在砂土孔隙中快速析出碳酸钙胶凝结晶，改善地基力学性能。由于微生物菌液的黏滞性低，在注浆加固时具有注浆压力低、传输距离远、扰动小、工期短、加固效果明显和低耗能等优势，是目前液化地基加固研究的前沿问题。

2. 微生物加固的方法过程及应用

常见的微生物加固方法有浸泡法与滴灌法，为了防止先期生成的碳酸钙堵塞土体中的通道，常用的加固方法是将微生物加固需要的液体分为菌液和培养液，通过调节培养液和菌液的浓度，控制碳酸钙的生成速率，从而影响最终加固效果。

微生物加固的过程：（1）碱性环境的形成；（2）过饱和碳酸钙溶液的形成；（3）方解石胶体的形成；（4）微生物结合周围的钙离子形成碳酸钙晶核；（5）含钙矿物的成岩作用和结晶作用；（6）胶结和集合作用下使沉积物生成岩石。

微生物加固技术主要应用于地震液化的预防、隧道定向加固、荒漠化地区的防风固沙、混凝土裂缝或者砖石表面的加固修护、重大文物古建挽救修复等。

3. 常用的微生物加固地基的措施

常用的微生物加固地基的措施：尿素水解、反硝化、铁盐还原和硫酸盐还原。其中，由于在标准条件下，尿素水解反应体系的自由能最低，且相对于其他的水解反应，尿素的水解具有反应机制简单，反应过程易于控制，且能够在短时间产生大量的碳酸根离子等特点，使尿素参与的水解过程成为现在试验中最常用的微生物矿化加固方法。

尿素水解（MICP）是通过特定的微生物在环境条件下生成可以水解尿素的脲酶，该脲酶可水解尿素为铵根离子、碳酸氢根离子和氢氧根离子，由于氢氧根离子的存在，环境 pH 值会升高，碳酸氢根离子与培养液中的钙离子结合生成碳酸钙沉淀。由于微生物带负电，在与钙离子结合的过程中形成晶核，碳酸钙包裹在晶核外，在聚集足够的厚度后，微生物无法与外界的营养液接触，自动死亡，此时生成的碳酸钙沉淀即为生物水泥，达到加强砂土强度的效果。可以产生脲酶的微生物有球形芽孢杆菌、巴氏芽孢八叠球菌、巨大芽孢杆菌、迟缓芽孢杆菌和巴氏芽孢杆菌（图 5-4）。

反硝化类细菌：通过反硝化细菌将亚硝酸盐或者硝酸盐还原，排出氮气，消耗氢离子，增大周围环境的 pH 值，放出二氧化碳，二氧化碳与水结合生成碳酸根，碳酸根离子与钙离子结合形成碳酸钙沉淀。由于反硝化类细菌参与的微生物矿化反应与污水处理中运用硝酸盐脱氮反应的机理相近，故在原位地基灌浆的过程中使用反硝化细菌进行注浆，能

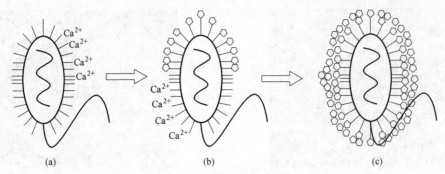

图 5-4　巴氏芽孢杆菌生成碳酸钙示意图
(a) 吸附钙离子的细胞；(b) 碳酸钙在细胞周围析出；(c) 碳酸钙将细胞完全包裹

够同时实现污水治理和加固地基。

硫酸盐还原菌：利用硫酸盐还原菌（sulphate reducing bacteria，简称 SRB）将硫酸根离子在有足够有机质的缺氧条件下还原为硫化氢，并伴随碳酸根离子的形成。随着硫化氢气体排出，周围环境的 pH 值升高，碳酸根离子与钙离子结合形成碳酸钙。硫酸盐还原菌除了可以通过形成不溶硫化物胶结土颗粒，从而达到提高土壤强度的效果外，还可以用于石质结构表面的清理，并能取得不错的效果。

铁盐还原菌：铁盐还原菌微生物加固过程是利用铁氧还原菌这种微生物还原三价铁，使不溶的三价铁离子还原为可溶的二价铁离子，二价铁离子和溶液中的阴离子结合形成氢氧化合物或者碳酸盐，达到胶结的效果。铁盐还原菌不仅可以处理砂土，提高其强度，降低土的渗透性，提高其抗液化的能力，还可以去除被污水污染土层中的磷酸盐。

5.3　地下水污染

5.3.1　地下水污染的概念

在人类活动影响下，地下水水质朝着恶化方向发展的现象，统称为"地下水污染"。天然水文地质环境中出现不宜使用的水质现象（卤水、咸水、高氟水、高砷水等），不应视为污染，而应称为天然异常。人类活动的结果，也可能产生类似的现象。天然环境和漫长地质历史过程中某些地方某些组分含量高，是已经发生了的过程，无法防止；人类活动造成的组分含量增加，可以通过适当的措施控制和防止。

5.3.2　污染源与污染物

1. 地下水污染源通常可归纳为以下四类：

(1) 生活污染源：主要是城市生活污水和生活垃圾（图 5-5）。

(2) 工业污染源：主要是工业污水（图 5-6）和工业垃圾、废渣、腐物，其次是工业废气、放射性物质。

(3) 农业污染源：主要是农药、化肥、杀虫剂、污水灌溉等。

(4) 环境污染源：主要是天然咸水含水层、海水，其次是矿区疏干地层中的易溶物质。

图 5-5　生活垃圾

图 5-6　工业污水

2. 地下水污染物大致可分为下列三大类：

（1）化学污染物

无机污染物：常量组分中，最普通的污染物有 NO_3^-、Cl^-、硬度（水总硬度是否符合标准是自来水的一个重要参考数据，它主要是描述钙离子和镁离子的含量）和 TDS（可溶固形物总量）等。微量非金属组分主要有砷、磷酸盐、氟化物等。微量金属组分主要有铬、汞、镉、锌、铁、锰、铜等。它们的特点是大面积的污染多，局部的污染少。金属污染物比较少见。

有机污染物：最常见、检出率高的是氯代烃类（TCE、PCE、TCA、DCE、DCA），其次是单环芳烃（BETX 等）。它们的特点是浓度低（ppb 级或 ppt 级），大多是有毒的"三致"物；局部污染的多，大面积的污染少。

（2）放射性污染物

如 226Ra、238U、232Th 等，这类污染物只在局部地方发现，如铀矿开采和精炼、原子能工业、放射性同位素的使用等。

（3）生物污染物

主要是细菌和病毒。目前在已污染的地下水中经常检出的是非致病的大肠杆菌，还有致病的伤寒沙门氏杆菌和肝炎菌 A 等。

5.3.3　地下水污染的危害及与人体健康

地下水污染使水质恶化，影响地下水在国民经济建设与人民生活中的正常使用，限制了地下水的使用范围，危害人类健康，使环境恶化，破坏生态平衡。我国和世界上一些发达国家的地下污染都较为严重。

据统计，世界上约有 30% 的人口因地下水污染而得不到安全、清洁的饮用水。发展中国家每年约有 1300 万以上的儿童死亡，其中 1/3 是饮用污染水所致。地下水污染还给工业、农业生产造成严重危害和损失。

1. 一般组分对人体健康的影响

NO_3-N 超标可引起婴儿变性血红蛋白升高，使血液输氧功能减退或丧失。SO_4^{2-} 含量超过 1000mg/L 时，可引起腹泻。锌含量超过 40mg/L 时，会引起恶心、呕吐等。正常情况下锌是体内某些酶的结构或活性所必需的，但摄入过量的锌会引起哺乳动物广泛的生化紊乱。

2. 毒性组分对人体健康的影响

地下水微量金属元素污染主要是铬、汞、氮、铅、铁、锰、铜、锌、砷、钯、镉、钽等的污染。在这些微量元素中，以镉、汞、铅、砷最具毒性，它们不仅可以造成严重的生态环境病，而且会成为其他疾病的导火索。

汞可损害神经系统，甚至使眼睛失明、孕妇早产、死亡，日本的"水俣病"就是甲基汞所致。土壤中的汞可挥发进入大气，或直接被植物吸附；或被水中胶状颗粒、悬浮物、泥土细粒、浮游生物吸附、吸收体内；或由降雨冲淋进入地面水和地下水。

镉可置换人体中的钙，使骨质疏松、软化和变形，易骨折，身体腐烂，重者全身骨疼，日本称"痛痛病"（图 5-7）。镉是相对稀少的金属，其污染主要来自于工业活动。

砷慢性中毒引起疲劳、气短、心悸、皮肤损伤（脚掌过度角化，如图 5-8 所示）等。地壳岩石矿物中的砷经氧化后变为砷酸盐，易溶于水，成为地下水中砷的天然来源。地下水中砷的人为来源主要是医药、染料、涂料、砷合金冶炼、玻璃工业、硫酸厂等化工工业。

痛痛病患者骨骼严重畸形。患者在极端痛苦中死去后，身高仅是正常时的1/3。

图 5-7 日本著名的公害病之一痛痛病（骨痛病）

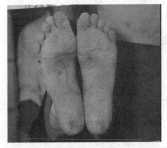

图 5-8 砷中毒引起脚掌过度角化

5.3.4 地下水污染污染途径

污染物通过直接和间接的方式进入地下污染地下水，主要途径可以分为四种：间歇入渗形、连续入渗形、越流形和注入径流形。地下水污染示意图如图 5-9 所示。

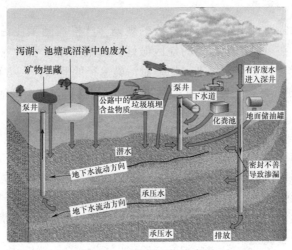

图 5-9 地下水污染示意图

1. 间歇入渗形

特点：污染物通过大气降水或灌溉水的淋滤，使固体废物、表层土壤或地层中的有害或有害组分，周期性地从污染源通过包气带掺入含水层。污染源一般是固态而不是液态的。污染组分呈固态形式赋存于固体废物或土壤里。此种污染，无论在其范围或浓度上，均可能有季节性的变化，主要污染对象是浅层地下水。

2. 连续入渗形

特点：污染物随污水或污染溶液不断地渗入含水层。在这种情况下，或者包气带完全饱水，呈连续渗入的形式渗入含水层，或者包气带上部饱水呈连续渗沉的形式，下部不饱水呈淋雨状的渗沉形式渗入含水层。这种类型的污染，其污染组分是液态的。最常见的是污水聚积地段（污水池、污水渗坑、污水快速渗滤场、污水管道等）的渗漏，其主要污染对象亦主要是浅层含水层。

3. 越流形

特点：污染物通过层间越流的形式转移入其他含水层。这种转移或者是通过天然途径，或者通过人为途径（结构不合理的井管、破损的井管、止水效果不佳的井管等），或者人为开采引起的地下水动力条件的变化而改变了越流方向，使污染物通过大面积的弱隔水层越流转移到其他含水层。其污染来源可能是地下水环境本身的，也可能是外来的，它可能污染承压水或潜水。

4. 注入径流形

特点：污染物通过地下径流的形式进入含水层，即或者通过废水处理井，或者通过岩溶发育的巨大岩溶通道，或者通过废液地下储存层的破裂进入其他含水层。海水入侵是海岸地区地下淡水超量开采而造成的海水向陆地的地下径流，亦属本类型。此种形式的污染，其污染物可能是人为来源也可能是天然来源，可能污染潜水或承压水。其污染范围可能不大，但其污染程度往往由于缺乏自然净化作用而显得十分严重。

5.3.5 地下水污染防治措施

因地下水污染具有隐蔽性、持久性和复杂性等特点，目前地下水治理原则是预防为主，治理为辅。

管理部门应该加强对地下水资源保护区的规划。严格控制工业污染，加大监管力度，整治重点污染行业，在可能产生污染的地区做好防渗漏措施。引导农民使用高效、低毒、低残留的农药，减少对地下水的污染。加强对污染途径的监测，一方面加强对可能造成污染的工业设施的监测；另一方面加强对污染源进行及时监测、评估风险，为治理提供依据。

地下水污染治理常用四种方法：①地下污水清除法。通过不断抽出污染的地下水，从而使污染区水质逐渐恢复。②反渗透法。将污染的地下水抽出地表井，通过反渗透装置进行净化处理，处理后的清水重新注入井场。③自然净化法。残留的污染物通过一段较长时间与岩石发生离子交换、沉淀、地下水稀释、自然水动力弥散及分子扩散等作用，从而使溶液的污染逐渐自然消失。④还原沉淀法。将 H_2S 注入含水层，还原和沉淀一些有害元素，包括铀在内的重金属元素。

第6章
污染土的固化处理

6.1 概述

根据 2014 年原国家环保部和原国土资源部发布的《全国土壤污染状况调查公报》，我国土壤环境状况总体不容乐观，部分地区土壤污染较重，耕地土壤环境质量堪忧，工矿业废弃地土壤环境问题突出。调查结果显示，全国无机物、有机物及有机无机复合污染总点位超标率 16.1%，其中以无机物（重金属、类金属）污染为主，其比例可达 82.8%，以镉、铜、铅、铬、锌、镍重金属污染情况较为普遍，有机物、有机无机复合污染情况占比较小。可以看出，我国土壤污染较为严重，污染土修复治理已成为行业关注的重点。

污染土修复是指采用物理、化学或生物的方法对土壤中的污染物进行转移、吸收、降解和转化，经处理后使污染物浓度降低到可接受水平，或将土体中的有毒有害的污染物转化为无害的物质。欧美等发达国家对污染土壤的修复治理技术开展了大量研究，建立了适用于不同的常见有机污染物和无机污染物污染土壤的修复方法，进行了大量污染土壤修复工程实践。自 20 世纪 80 年代开始，荷兰、德国、美国等发达国家分别在污染土修复治理方面先后投入约 15 亿美元、60 亿美元、数百至上千亿美元进行研究。而由美国在 1994 年发起成立的"全球土壤修复网络"，则标志着污染土修复治理技术已成为诸多国家的研究对象。

国内对污染土体修复治理研究起步于 20 世纪 70 年代，主要研究农业污染土壤的修复，后又展开了化学修复和物理修复技术的研究。经过 20 多年的发展，植物修复法处理污染土体的研究迅速在国内开展起来。虽然我国在土壤修复治理技术研究方面取得了很多成果，但在修复治理技术研究的广泛性和深度方面与发达国家相比还有一定的差距，特别在工程修复方面的差距还比较大。

根据不同的修复原理，污染土修复技术可分为物理修复技术、化学修复技术和生物修复技术。物理化学修复技术是利用土壤和污染物之间的物理化学特性，以破坏（如改变化学性质）、分离或固化污染物的技术，主要包括土壤气相抽提、土壤淋洗、电动修复、化学氧化、溶剂萃取、固化/稳定化、热脱附、水泥窑协同处置、物理分离、阻隔填埋以及可渗透反应墙技术等。

生物修复技术是近 20 年发展起来的一项绿色环境修复技术，是指综合运用现代生物技术，利用营养和其他化学品来激活微生物，通过创造适合微生物的环境使它们能够快速分解和破坏污染物，促进其对污染物的吸收和利用。土壤生物修复技术包括植物修复、微生物修复、生物联合修复等技术。与传统处理技术相比，生物修复技术安全、成本低、不会产生二次污染，尤其适用于量大面广的污染土壤修复，但生物修复技术对于污染程度深的突发事件起效慢，不适宜用作突发事件的应急处理。

在修复实践中，人们很难将物理修复、化学修复、生物修复截然分开，因为土壤中所发生的反应十分复杂，每一种反应基本上都均包含了物理、化学和生物学过程，因而上述分类仅是一种相对的划分。不同修复方法均有其特点及适用的污染类型，具体见表6-1。

不同修复技术的特点及其适用范围（李社锋等）　　　表 6-1

分类	治理技术	优点	缺点	适用污染类型
物理修复	蒸汽浸提技术	效率高	成本高,时间长	VOC
	固化修复技术	效果较好,时间短	成本高,处理后不能再农用	重金属等
	物理分离修复	设备简单,费用低,可持续处理	扬尘污染,土壤颗粒组成被破坏	重金属等
	玻璃化修复		成本高,处理后不能再农用	有机物、重金属等
	热力学修复	效率较高	成本高,处理后不能再农用	
	热解吸修复		成本高	
	客土置换法		成本高,污染土还需进一步处理	
	电动力学修复		成本高	有机物、重金属等,低渗透性土壤
化学修复	原位化学淋洗	长效性,易操作,费用合理	治理深度受限,可能会造成二次污染	重金属、苯系物、石油、卤代烃、多氯联苯等
	异位化学淋洗	长效性,易操作,污染深度不限	费用高,渗沥液需二次处理	
	溶剂浸提技术	效果好,长效性,易操作,污染深度不限	费用高,需解决溶剂污染问题	多氯联苯等
	原位化学氧化	效果好,易操作,污染深度不限	适用范围小,费用较高,氧化剂存在污染风险	有机物
	原位化学还原与还原脱氧			
	土壤性能改良	成本低,效果好	适用范围小,稳定性差	重金属
生物修复	植物修复	成本低,土壤性质不变化,没有二次污染	耗时长,污染程度不能超过修复植物的正常生长范围	重金属,有机物污染等
	原位生物修复	快速,安全,费用低	条件严格,不宜用于重金属污染治理	有机物污染
	异位生物修复			

美国对工业污染场地的治理、修复技术是在超级基金法案指导下进行的。在1982—2011年30年中，对1266项污染场地进行了处理，常见的处理方法所占比例如图6-1所示。由图6-1可以看出，固化稳定化（Solidification/Stabilization，S/S技术）和气提技术实施的相对占比分别达到24%和26%。根据美国环保署US EPA对1982—2005年间的

216 个重金属及重金属化合物污染场地修复技术的分析结果来看，固化稳定化技术应用占比为 80.6%，是应用最广泛的重金属污染场地修复治理技术。

国内对污染场地修复技术研究目前处于"引进吸收"阶段，与发达国家包括美国超级基金项目采用的先进技术相比，有明显差距。根据《2014—2020 年中国土壤修复市场》的统计分析结果，2008—2012 年间我国实施的 64 个污染场地修项目中，化学修复、生物修复、物理修复共三大类修复技术分别占到 53%、12% 和 35%，其中固化稳定化技术占比高达 28%，换土法和焚烧法分别占 19% 和 12%。

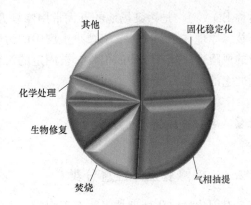

图 6-1　美国 1982—2011 年历年污染修复项目
不同修复方法所占比例

固化稳定化技术（S/S）起源于 20 世纪 50 年代的核废料无害处置技术，目前已比较成熟。该技术将固化稳定化药剂（又称胶凝材料、胶结剂或固化剂）掺入污染介质中混合，药剂与污染物发生物理或化学反应，对污染物进行固定，从而改变污染介质的环境安全性，使其满足环境标准的要求。该技术由固化和稳定化两种技术组成（图 6-2）。固化技术就是在不改变污染物性质的情况下，通过物理封闭等作用改变了污染物的不稳定性，使其由有害毒物质转化为稳定的固态整体，由此改变了有害毒物质的迁移，减少了环境受污染的可能；而稳定化技术属于药剂或其生成物与有害毒物质间的化学反应，污染物发生化学反应后其溶解能力、迁移能力、毒性等均会降低，同时其化学活性变差，从而降低了对环境的危害，是处理重金属污染场地的最有效方法之一。

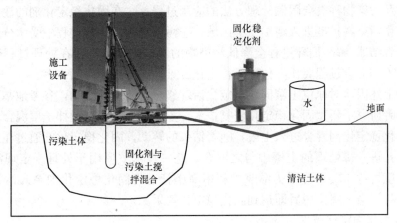

图 6-2　污染土体固化稳定化示意图

固化稳定化技术既可处理无机污染物，也可处理有机污染物。与其他技术原理不同，该方法不是把污染物从土体中分离排出，而是将污染物固定在土壤介质中或改变其生物有效性，以降低其迁移性和生物毒性。固化稳定化技术与其他污染处理技术相比，经济性好、简单快捷、处理效果持续周期长、处理后土体可再利用，因此被美国环保署确定为一种"最佳的示范性实用处理技术"（Best Demonstrated Available Treatment Technology,

简称 BDAT），是污染场地的五大常用修复方法之一。但固化稳定化技术也有其不足，因其技术原理在于不破坏、不减少土壤中的污染物，而仅是限制污染物的活动性，以减少环境的风险性。随着时间的推移，被固定的污染物有可能重新释放出来，对环境造成危害，因此它的长期有效性受到质疑。

6.2 固化技术的分类

6.2.1 按修复土体位置分类

对固化稳定化处理技术，有不同的分类方法。根据治理修复时土体位置的不同，可分为原位固化稳定化和异位固化稳定化处理。

1. 原位固化稳定化技术

原位固化稳定化技术无需开挖污染场地，在污染场地通过施工设备就地注入修复剂，并与污染土体混合搅拌，污染物转变为固体形式或化学活性减弱，从而减弱了污染物的毒害程度。原位固化稳定化修复处理后的土体仍在原场地，无需高成本的复杂地面配套工程设施，对浅层和深层土体均适用，搅拌处理后对原位土层结构破坏小，操作简便，具有较好的经济性。该技术的不足之处在于：原位施工时受场地条件影响，特别是施工条件有限、土层结构复杂的污染场地，修复效果与理想状态有一定差距。但由于该方法修复深度较大的污染土层经济性好，施工过程中操作人员不接触污染土体，对环境影响也较小，故该技术应用情况较异位固化稳定化处理方法有所增加。

污染土壤原位固化稳定化治理修复的应用和有效性受不同因素影响，主要包括：①多种污染物固化稳定化过程相互复合作用的长期效应尚未有现场实际经验可以参考；②污染物分布深度及污染物种类会限制治理方法的应用过程；③在固化稳定化剂的注入和搅拌过程中，要防止污染物扩散进入清洁土壤区域；④污染物治理修复过程中受水分影响大，与水的接触或者结冰/解冻循环过程会降低污染物的固定化效果；⑤在处理过程中，固化稳定化剂的注入和混合过程要比异位固化稳定化困难，成本也相对高许多。

为克服上述因素对原位土壤固化稳定化治理修复有效性的影响，参考地基处理施工工艺，不同学者研究了新型固化稳定化修复技术，主要有：①螺旋搅拌土壤混合，即利用螺旋土钻将固化稳定化剂混合进入土壤，随着钻头的转动，固化稳定化剂通过注浆泵压入钻杆底部的小孔进入待处理的土壤中与之混合，这一技术主要用于处理一定埋深的污染土壤，处理深度可达 45m；②压力灌浆，利用高压管道将固化稳定化剂泵入污染土壤孔隙中，固化剂与污染土壤作用后即达到固化稳定化效果。

2. 异位固化稳定化技术

异位固化稳定化治理修复技术用来处理开挖出来的土体，是将污染土或污泥挖出后，运输至处理场所后，在特定容器内采用大型混合搅拌装置将污染土体与固化剂充分搅拌混合，处理后的土体或污泥再回填至原处或进行填埋处理。该处理方法通过固化剂与污染土体搅拌混合后，混合体对污染物进行物理封闭或混合物中发生化学反应，从而降低了污染物的活性，达到处理污染的目的。污染土的处理效率和施工机械台班有关，根据施工机械台班等设置情况，异位土壤固化稳定化修复的处理量从 $100\sim1200\mathrm{m}^3/\mathrm{d}$ 不等。

原位固化稳定化处理中的固化稳定化剂有多种，常见的有硅酸盐水泥、火山灰、硅酸酯和沥青以及各种多聚物等，其中使用最多的固化稳定化剂是硅酸盐水泥以及相关的铝硅酸盐（如高炉熔渣、飞灰和火山灰等）。为了防止固化稳定化剂随时间增加，稳定性发生变化，故在污染土体与固化稳定化剂在容器内混合搅拌时，会根据需要适当加入可增加污染物稳定性的物质作为添加剂。

异位固化稳定化处理适用范围较广，可用来处理金属类、放射性物质、砷化物等无机物污染以及农药、石油或多环芳烃等有机物污染土。从系统组成上，异位固化稳定化处理系统由以下几部分组成：土体预处理系统、固化稳定化剂添加系统、土体与固化稳定化剂混合搅拌系统等。其中，土体预处理系统由水分调节系统、杂质筛分系统、土体破碎系统组成。土体预处理系统所采用的设备包括土体挖掘设备、土体水分调节设备、土体筛分破碎设备、土体与固化稳定化剂搅拌设备等。土体挖掘设备主要是挖掘机；土体水分调节设备包括输送泵、喷雾器、脱水机等；土体筛分破碎设备包括振动筛、破碎机、旋耕机等；搅拌设备包括单轴搅拌机、双轴搅拌机、连锤式搅拌机等。

影响异位土壤固化稳定化修复的应用和有效性的发挥因素，主要包括：①环境因素。最终处理时的环境条件可能会影响污染物的长期稳定性。②施工工艺。不同施工工艺可能会导致污染土壤或固体废物体积显著增大（甚至为原始体积的两倍）。③有机质含量。有机物质的存在可能会影响粘结剂作用的发挥。④土壤成分。对于成分复杂的污染土壤或固体废物还没有发现很有效的粘结剂。⑤粒径大小。石块或碎片比例太高会影响粘结剂的注入和与土壤的混合，处理之前必须除去直径大于 60mm 的石块或碎片。

6.2.2 按固化材料分类

根据固化稳定化技术治理修复时采用的固化稳定化材料种类的不同，可分为水泥固化稳定化、石灰固化稳定化、地聚物固化稳定化及化学药剂稳定化等。

1. 水泥固化稳定化

水泥是常用的固化稳定化剂之一，硅酸三钙和硅酸二钙占据了水泥大部分组成，水泥属于水硬性材料，遇水会逐渐凝结和硬化。硅酸盐阴离子在水泥中是以孤立的四面体形式存在的，遇水发生水化反应时，阴离子逐渐生成二聚物以及多聚物-水化硅酸钙，同时会生成氢氧化钙。其中，反应所生成的水化硅酸钙是水泥水化凝结作用的最主要成分，以物理包裹吸附、化学沉淀形成新相以及离子交换形成固溶体等形式与土体中的污染物发生反应，对污染物起到固化稳定化的作用。同时，在强碱性环境下，土体中的重金属转化为氢氧化物或碳酸盐等溶解度较低的物质，抑制了重金属的浸出性能。根据原材料的不同，水泥可分为普通硅酸盐水泥、火山灰质硅酸盐水泥、矿渣硅酸盐水泥、矾土水泥以及沸石水泥等，选择水泥作为固化稳定化剂时，要根据污染土的性质进行选择。

水泥作为固化稳定化材料，成本低、来源广、制作技术成熟、固化施工时操作简单，处理后的土体密实度高、抗压性好、适用范围广、水泥水化反应快，可用来处理多种污染物，在国外已应用于大量工程，但国内应用较少，因而有必要加强该技术的研究，为实际工作提供基础数据。

水泥作为固化稳定化材料有一定的局限性，其固化稳定化机理主要是由硫酸钠、硫酸钾等不同硫酸盐与硅酸盐水泥浆体所含的氢氧化钙反应生成硫酸钙，或进一步与水化铝酸钙生成钙矾石，水泥的增容量可达 1.5～2，使固相体积大大增加，造成膨胀；水泥作为固化稳定化材料，对土体中污染物的浓度起到了短期的限制作用，在周围环境发生改变时，如受酸雨侵蚀时，采用普通硅酸盐水泥固化稳定化的重金属会重新溶出，因此固化稳定化的长效性需要进一步研究。

2. 石灰固化稳定化

石灰属于非水硬性胶凝材料，在污染土固化稳定化处理中，是由石灰中的钙与土体中的硅酸盐反应生成水化硅酸钙，由此起到对土体中污染物的固化稳定化作用。以石灰为基料的固化稳定化系统具有较高的 pH 值，但石灰本身所具有的强碱性并不会对酸性或碱性元素的固化稳定化产生帮助。同时，石灰固化稳定化系统生成的固化土体孔隙较多，有利于污染物质浸出，固化土体的结构强度弱于水泥固化稳定化土体强度，因此该固化系统较少单独使用。

在火山灰类物质的催化作用下，石灰会发生波索来反应（Pozzolanic reaction），该反应产生的胶体结晶对污染土中的重金属有吸附作用，由此对污染物产生物理和化学稳定效果，因此，石灰通常与火山灰类物质共用来组成固化稳定化系统。石灰/火山灰固化技术是指以石灰、水泥窑灰以及熔矿炉炉渣等具有波索来反应的物质为固化基材而进行的固化稳定化修复方法。根据波索来反应，在有水的情况下，细火山灰粉末能在常温下与碱金属和碱土金属的氢氧化物发生凝结反应。火山灰质材料属于硅酸盐或铝硅酸盐体系，当其活性被激发时，具有类似水泥的胶凝特性，包括天然火山灰质材料和人工火山灰质材料，可将污染土壤中的重金属成分吸附于所产生的胶体晶体中。

3. 地聚物固化稳定化

地聚物是以烧结土（偏高岭土）、碱性激活剂为主要原料，经过适当的工艺处理后，生成的一种由 Si、O、Al 等以共价键形式所组成的分子链连接而成的无机聚合物，分子结构为笼状立体结构，性能与陶瓷性能相似。该材料在长期经受辐射及水作用下不发生老化，其强度、硬度和韧性比水泥更高。地聚物最终的产物具有笼状立体结构，这种结构可对金属起到物理固封的作用，同时分子链间的化学键合作用也对金属元素起到了固化作用，因此，如果采用含重金属的污泥作为原料制备地聚物水泥，利用地聚物的形式来达到固化重金属的目的，其固化效果较硅酸盐水泥固化更有效。由于地聚物具有渗透性低、强度高的特性，且对重金属有物理和化学两种固化作用，因此其固化物及固化后产物的可资源化利用前景广阔，如应用于道路工程或其他工程建设领域。

国外学者对由粉煤灰基、偏高岭土基等制成的地聚物固化稳定化处理污染物进行了研究，发现污染物的性质、碱金属激发剂等物质会对地聚物固化体的性能产生影响，达维多维茨的研究表明地聚合物对汞、砷、铁、锰、氯、钴、铅的固定率大于或等于 90%；马洛认为金属离子参与了地聚合物结构的形成，因此对金属离子有更好的固化作用。国内针对不同基质地聚物固化特性的研究多集中于固化垃圾焚烧飞灰中重金属污染物方面。

4. 化学药剂稳定化

化学药剂稳定化法是通过加入不同的化学药剂与污染土体搅拌混合后，土体与药剂间发生化学反应，使土体中的有毒有害物质的迁移性、溶解性及其毒性降低，达到固化稳定化的目的。

针对污染土体中不同的重金属种类，化学药剂稳定化法中可采用有机药剂或无机药剂有针对性的处理。最常采用的无机稳定药剂有：硫化物（硫化钠、硫代硫酸钠）、氢氧化钠、铁酸盐以及磷酸盐等。有机稳定药剂一般为整合型高分子物质，不同类型的稳定剂对污染土处理的机理有所不同。如乙二胺四乙酸二钠盐（一种水溶性螯合物，简称EDTA），可与污染土壤中的重金属离子进行配位反应从而形成不溶于水的高分子络合物，进而使重金属得到稳定。目前应用较多的有机稳定药剂是硫脲（H_2NCSNH_2），其稳定机理是通过污染土体中的重金属与硫脲生成的硫化物的沉淀性能达到对重金属固化稳定化。虽然硫脲的固化稳定化机理与硫酸钠对重金属的固化稳定化机理相同，但达到与硫酸钠相同的稳定效果用量只是硫酸钠用量的一半。蒋建国、王伟等研发了一种多胺类以及聚乙烯亚胺类物质的重金属螯合剂，经过实验表明，该物质对污染土中重金属的捕集效果明显高于无机药剂硫酸钠和石灰，捕集率高达97%，可以少量使用的情况下，实现不增容或少增容的目的。另外，微生物实验结果表明，该螯合剂固化污染土的稳定性较好。马鲁佐曾用添加了多胺类物质的$Ca(OH)_2$来固化处理重金属，由于有机添加剂可以更多地吸收空气中的CO_2，从而增强了$Ca(OH)_2$的碳化过程，使其固化体抗压强度为不添加有机物的两倍，另外也可使其固化体中Cr^{6+}浸出浓度满足要求。赵由才等也探讨了利用EDTA、硫化钠以及硫脲等药剂的螯合作用稳定污染土壤的研究。东南大学杜延军课题组开发了新型绿色磷酸基稳定剂SS-A，可显著减小污染土重金属浸出量，同时开发了磷矿粉基系列固化剂（KMP、MC等）。新型固化剂对铅、锌污染土的物理化学特性尤其是重金属浸出特性、固化土体力学特性、固化剂与铅、锌的作用机理等方面进行了分析，发现新型磷基固化剂效果明显优于传统水泥固化剂，修复后土体质量满足绿化、公路路基回填土或耕作土的资源化利用质量要求。

5. 有机粘结材料固化稳定化剂

有机物料固化稳定化不仅可改良土壤重金属污染，还可以提高土地生产力，且来源广泛、成本低，因而在土壤重金属固化稳定化处理中应用比较广泛。目前常用有机堆肥、生物质秸秆、禽畜粪便、城市污泥等有机添加剂。有机物料主要是通过腐殖酸与金属离子发生络合（螯合）反应达到对土壤重金属污染净化的效果。有研究表明，有机物料在显著降低污染土中砷、镉、铅、锌等生物有效态含量，降低植物吸收的同时，还具有促进植物生长的作用。通过小麦和高粱盆栽试验发现，土壤中有效态铅、汞、镍、镉含量随有机肥施用量增加而逐渐降低，小麦和高粱对铅、汞、镍、镉吸收量也相应改变。

6.3 固化效果测试

固化稳定化技术修复后需进行修复效果的综合评价，对于固化稳定化处理效果的评价，可以从固化土体物理性能、工程性能和化学性质进行评价。对于处理后土体的物理性能、工程性质主要包括物理特性、微观结构、强度特性和耐久性检测。对于土体修复前后的化学属性可从污染物的浸出毒性和浸出率、形态分析与微观检测、小型试验等方面予以评价。

6.3.1 物理化学性质

采用固化稳定化方法处理污染土过程中，固化剂在水化反应过程中会消耗大量的水，因此，土中水的含量可反应固化土水反应的剧烈程度。对于固化材料，水分含量用于计算给定体积密度测量的固体的干单位质量（干密度），而干密度反映了土骨架、土孔隙的密实程度，同时也与土体强度大小有关，固化处理后土体干密度通常会更致密，强度更高，可通过土样干密度的变化来评价固化效果。湿、干体积密度用于评价固化相关联的增容。相对密度和密度是三相材料的各个固体成分的质量与体积比的度量。

pH 值对污染土中重金属化学赋存形态及含量影响较大，同时会影响固化剂的水化反应速率及水化产物发育程度，进而影响固化体强度。东南大学杜延军教授课题组研究了磷酸盐固化剂和普通硅酸盐水泥固化土 pH 值对重金属污染土强度的影响，发现固化体强度随 pH 值增大呈线性增长；同时研究了新型羟基磷石灰基固化剂对固化土体 pH 值的影响，发现该固化剂可显著提高污染土体 pH 值，随着掺量的提高，固化体 pH 值越高。

6.3.2 微观结构

微观结构分析是固化稳定化机制基础研究的一部分，污染物在土体固化稳定化前后微观结构上的变化，体现了污染物与固化稳定化剂之间的相互作用及其结合机制，因此，有必要对处理前后土体微观结构进行观测分析。X 射线衍射、光学显微镜、扫描电镜、能量色散显微镜、压汞试验是常用的检测手段。

X 射线衍射可分析土体矿物组成，光学显微镜和扫描电镜可以观测土体颗粒的形貌、组成、晶体结构等，能量色散显微镜通过记录固体所发射的特征谱线的波长来判断试样中所含有的元素，压汞试验可测定多孔介质孔隙分布情况。微观结构分析是固化机制基础研究的一部分，这些技术有助于提高对特定污染物固定在基质中的机制的了解。在国内外目前的相关研究上，仍需要大量的研究从微观结构角度解释有关有害废弃物固化细节的问题。

6.3.3 强度特性

污染土经固化稳定化处理后可进行资源化利用，如作为建筑材料或路基填料，或是进行填埋处理。处理后的固化体需具有一定的强度，国际常采用无侧限抗压强度试验来评价固化体强度，美国规范要求填埋处置的固化稳定化固体 28d 无侧限抗压强度（q_u）不小于 0.35MPa，英国规范要求固化稳定化固体 28d q_u 不小于 0.7MPa，根据我国《污染场地修复技术目录》，经固化稳定化处理后的固化体 q_u 大于 50psi（0.35MPa），固化后用于建筑材料 q_u 至少达到 4000psi（27.58MPa）。

国内外针对不同药剂固化稳定化土体强度进行了大量研究。同济大学席永慧教授课题组采用强度等级 42.5 的水泥和不同剂量的生石灰及粉煤灰作为固化剂，分别对人工制备的浓度为 10000mg/kg 的铅污染土和锌污染土进行固化处理，对固化后的铅污染土抗压试验结果表明，水泥固化物强度最高，粉煤灰替代部分水泥后，固化物强度有所降低，用生石灰替代部分水泥所得到的固化产物强度最低；对于锌污染土，添加生石灰的固化剂对比其他固化剂处理土体强度增大 2~3 倍。东南大学刘松玉教授课题组对水泥固化稳定化不同浓度、不同种类重金属污染土的无侧限抗压强度进行了研究，发现采用 5% 水泥掺量固化不同重金属、浓度为 1% 的污染土强度与污染物种类有关，总体表现为铅＞铜＞锌。对于不同污染物浓度（小于 1%）的固化污染土强度随水泥掺量的增加而增大，但重金属浓度较高时，污染土的强度可能大大降低。同时，陈蕾根据不同试验，提出了预测水泥掺量的固化低铅含量污染土的强度公式，如式（6-1）：

$$q_{u,aw} = q_{u,a5} \cdot \left(\frac{a_w}{5}\right)^{1.8+0.078\ln(\omega_{pb}+0.0045)} \tag{6-1}$$

其中，a_w 为水泥掺量，$q_{u,a5}$ 为掺量 5% 的水泥固化土无侧限抗压强度，ω_{pb} 为污染浓度。

东南大学杜延军教授课题组对比分析了磷酸盐固化剂、普通硅酸盐水泥对不同浓度的锌污染土固化后 28d q_u 变化规律，发现两种固化剂固化体强度均随着初始锌浓度增加而缓慢降低。当初始锌初始浓度小于 1% 时，磷酸盐固化剂固化体强度 q_u 略低于普通硅酸盐水泥固化体强度 q_u；当锌浓度大于或等于 1% 时，磷酸盐固化剂固化体强度 q_u 逐渐高于普通硅酸盐水泥固化体强度 q_u。同时，对新型羟基磷石灰基固化剂固化土体 q_u 进行研究，发现固化体 q_u 随固化剂掺量和龄期的增长而增高。

项莲对钙矾石固化稳定化重金属污染土 q_u 变化进行分析，发现基于钙矾石的 ASC 所固化试样 q_u 强度随固化剂掺量增加先增大后减小，采用普通硅酸盐水泥固化试样 q_u 随水泥掺量的增加而不断增大。

6.3.4 盆栽试验、小型现场试验

盆栽试验借鉴了农业科学的研究方法，在可控条件下对植物生长状况进行观察，通过测定植物组织中的植物生物量和重金属浓度来评价土体固化稳定化修复后的重金属含量的变化。盆栽试验的环境条件与现场试验有一定差别，因此可通过现场小型试验与盆栽试验结果的对比分析，来评价固化稳定化效果，根据其效果开展污染场地大型处置工程。根据国家城镇建设行业标准《绿化种植土壤》CJ/T 340—2016，建议采用土体中重金属全量值作为参考指标，对于处理后土体拟作为公园、学校或居住区绿化建设工程用地的，需要进行生物毒性测试，以种子发芽指数大于 80% 作为评价标准的生物毒性法进行测试。

6.4 固化物浸出毒性测试

目前，对固化稳定化处理污染土效果评价主要通过污染物的浸出效应来进行。固体废物遇水浸沥，浸出的有害物质迁移转化，污染环境，这种危害特性称为浸出毒性。重金属浸出毒性是判别重金属污染场地修复成功与否的重要判据。浸出污染物的溶液称为浸出液，浸出液被污染后称为浸滤液，从固化体中渗出污染物的总能力称为可浸出性。浸出试验可分为毒性特性浸出试验、连续浸出试验、平衡浸出试验、动态浸出试验、化学赋存形态分析等。

国内外均制定了针对固体废弃物遇水浸溶浸出的有害物质危害性的试验规程，如我国颁布的《固体废物浸出毒性浸出方法水平振荡法》《固体废物浸出毒性浸出方法硫酸硝酸法》和《固体废物浸出毒性浸出方法醋酸缓冲溶液法》，均针对固废中的污染物浸出特性进行试验，根据浸出液中污染物的浓度是否超过《危险废物鉴别标准浸出毒性鉴别》规定的浓度限值，来判断该固体废物是否为浸出毒性特征的危险废物。国外发达国家也制定了相关的试验规程，如 USEPA 1311 毒性浸出试验（Toxicity Characteristic Leaching Procedure，TCLP）（USEPA 2003）、USEPA 1312 合成沉降浸出试验（Synthetic Precipitation Leaching Procedure，SPLP）（USEPA 2003）、英国 BSEN 12475 系列浸出试验（Parts 1-4）（British Standards Institution 2002）等。

在浸出过程中，样品污染物从固化体中转移进入浸出液。浸出发生在以下情况下：污染物溶解进入浸出液，从稳定物质表面冲刷下来，或当污染物从稳定团块中扩散进入浸出液。因此，可浸出性取决于稳定材料和浸出液的物理、化学属性。研究表明，影响可浸出性的主要因素是固化剂的碱度、重金属污染物的表面积和体积的比率，以及扩散路径的长度。在选择和评价浸出试验方法时，必须考虑浸出机理。

影响浸出效果的因素有很多，如固化剂的掺量、污染物的表面积、固化剂的类型、浸出液的 pH、固化时间、浸出搅拌时间、浸出搅拌程度、浸提器、浸出搅拌温度等。

6.4.1　毒性特性浸出试验

毒性特性浸出试验（Toxicity Characteristic Leaching Procedure，简称 TCLP）是 EPA 指定的重金属释放效应评价方法，用来检测在批处理试验中固体、水体和不同废弃物中重金属元素的迁移性和溶出性。该方法于 1986 年 11 月份被美国环保局纳入危险和固体废弃物修正案中。该试验方法广泛用于评估固化效果，逐渐替代提取过程毒性试验等其他试验方法。

试验的基本步骤包括：将固化材料粉碎后过 9.6mm 的筛网，以 pH 值为 2.88±0.05 的乙酸溶液或 pH 值为 4.93±0.05 的醋酸溶液作为提取液；以液固比为 20：1 配比，单位为 mL・g；在旋转提取器中旋转（30±2）r/min，（23±2）℃条件下搅拌（18±2）h；过滤后对提取液进行总溶解固体分析；对过滤提取液进行特定化学分析。将提取液进行各种危险废弃物成分分析，包括重金属、挥发性和半挥发性有机物、杀虫剂等，将提取液的分析结果与控制水平比较，判断废弃物的污染级别。

由于毒性特性浸出试验的特殊性，用于评估稳定化效果也颇受质疑。首先，固化体的浸出特性随着颗粒尺寸的减小而增强，而浸出试验需对破碎后的固化块以 9.5mm 筛网筛分，降低了巨囊化和微囊化的有利影响。其次，提取过程中的低 pH 值浸出环境不能真实反映填埋场中的现场条件。另外，部分高碱度的固化稳定材料可使浸出液的 pH 值迅速升高，使浸出在碱性条件而非酸性条件下发生。虽然该方法不够完善，但仍是固化效果评价中最成熟有效的试验方法。

6.4.2　连续浸出试验

连续浸出试验可用于评估固化体中金属污染物的可浸出性。该方法采用 pH 值从中性到强酸性五个连续的化学提取剂将污染物分为 5 个部分：①离子交换；②表面氧化和碳酸盐固定金属离子；③铁、锰氧化物固定金属离子；④有机物和硫化物固定金属离子；⑤残留的金属离子。前 3 部分可划为"短中期浸出"，后 2 部分划为"不可浸出"。连续浸出试验的具体操作步骤为：取一定量的样品在 60℃的烘箱中干燥，研磨后通过 ASTM 325 筛网（45μm 的筛眼），然后取 0.5g 的样品放入一个聚砜离心试管，进行五个连续提取过程，每个步骤适用于提取金属的特定部分；在每个独立的提取过程中，加入特定的提取液，搅拌、加热混合物一定的时间，再离心分离固体和液体；对液体部分进行化学分析，固体部分在蒸馏水中漂洗，离心分离后用于下一步提取程序。

6.4.3 平衡浸出试验

平衡浸出试验是一种利用蒸馏水作为提取液的间歇提取过程。该试验方法的基本步骤是：将烘干后的样品研磨，过 ASTM 100 筛网，以液固比为 4：1 加入蒸馏水中，单位为 mL：g；将混合物搅拌 7d，过滤后对提取液进行总溶解固体分析；对过滤提取液进行特定化学定性、定量分析。

6.4.4 动态浸出试验

动态浸出试验是通过连续或间歇地更换浸提剂，考查污染物的浸出浓度随时间的变化规律。常用的动态浸出试验包括：绕流浸出试验方法或穿透浸出试验方法。与振荡浸出试验相比，动态浸出试验操作较为繁琐，所需时间较长，试验结果的重现性不高，因此，其使用频率相对较低。

6.4.5 国内外固化体毒性浸出方法比较

固化体浸出液的制备是对其浸出毒性进行鉴别的重要程序，不同国家有自己的毒性浸出方法。对于同一种固化体采用不同的毒性浸出方法所得到的结果会有明显不同，在具体应用中，必须采用标准毒性浸出方法制备浸出液，再根据浸出液中污染物的测定值，与相应的毒性浸出标准进行比较，然后对固化体进行毒性特性评价。国内外毒性浸出方法比较见表 6-2。

国内外毒性浸出测定方法比较（席永慧） 表 6-2

国家		固化体 （g）	液固比 （溶液：固化体 mL：g）	浸取液	萃取时间 （h）	温度 （℃）
中国 旧标准	翻转法	70	10：1	去离子水或蒸馏水	18	室温
	水平振荡法	100	10：1	醋酸溶液 pH=4.93±0.05 乙酸溶液 pH=2.88±0.05	8	室温
中国 旧标准	醋酸缓冲 溶液法	75～100	20：1	醋酸溶液 pH=4.93±0.05 乙酸溶液 pH=2.64±0.05	18±2	23±2
	硫酸硝酸法	40～50 （挥发性 有机物）， 150～200	10：1	硫酸硝酸溶液 pH=3.20±0.05 （金属和半挥发性有机物）； 试剂水（氢化物和挥发性有机物）	18±2	23±2
美国（毒性特性浸出试验）		100	20：1	醋酸溶液 pH=4.93±0.05 醋酸溶液 pH=2.88±0.05	18±2	18～25
日本		50	10：1	盐酸溶液 pH=5.8～6.3	6	室温
南非		150	10：1	去离子水	1	23
德国		100	10：1	去离子水	24	室温
澳大利亚		350	4：1	去离子水	48	室温
法国		100	10：1	含饱和 CO_2 及空气的去离子水	24	18～25
英国		400	20：1	去离子水	5	室温
意大利		100	20：1	去离子水以 0.5mol/L 醋酸维持 其 pH=5.0±0.2	24	25～30

6.5 固化稳定化施工技术

根据施工位置的不同，固化稳定化修复施工技术分为原地异位和原地原位施工两种。其中，原位异地施工包括污染土体开挖移出、固化稳定化混合搅拌、回填碾压和设置顶部覆盖层等施工工序，因其需将土体开挖外移，故主要用于小规模污染土修复。原地原位施工与地基处理技术中的桩基工程施工技术类似，借助于不同的深层搅拌设备直接在土层中形成固化稳定化桩体。常见的施工方法包括搅拌桩施工技术、旋喷桩施工技术、整体搅拌技术等。表 6-3 对原地异位和原地原位施工两种施工方式的搅拌工艺和技术的优缺点进行了总结。搅拌工艺和搅拌实际效果是施工阶段影响固化稳定化效果的控制因素。如史蒂文·戴等对采用高压旋喷技术施工的水泥固化稳定化镉污染场地进行了取样检测，发现均匀搅拌和未均匀搅拌部分试样的 TCLP 浸出浓度均不满足规范要求。

原地异位施工与原地原位施工技术异同　　　　　　　　　　表 6-3

项目	原地异位施工	原地原位施工
搅拌设备	筛分斗、卧式搅拌机	地基处理中深层搅拌技术施工设备
搅拌效率	约 50t/d	15～30 根/台班
优势	搅拌效果检验便利；对设备进场承载要求等场地限制小，开挖深度受地下水水位影响	深层搅拌桩技术成熟；适合于城市工业污染场地，施工过程对邻近地下结构影响小；施工过程不造成二次污染
不足	露天开挖易引起二次污染；搅拌效果与土的含水率有关，晾晒作业周期长，可达总工时 80% 以上；处治后须额外采取隔离措施；大体量修复的施工成本高	局部搅拌缺陷对固化稳定化效果影响大；搅拌效果检验难度大；小规格修复的施工成本高

重金属污染场地固化稳定化施工工艺流程如图 6-3 所示。

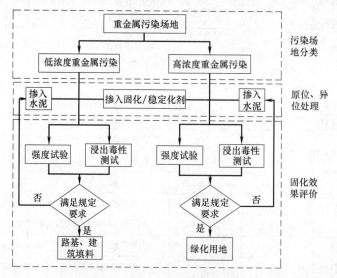

图 6-3　重金属污染场地固化稳定化施工工艺流程图

6.6 国内应用案例

本案例来自环境保护部《污染场地修复技术目录》（第一批）。

6.6.1 工程背景

某地块面积为 5400m²，原为发电厂，开发后拟建设文化创意街区。对场地进行网格化划分后进行土壤质量监测，确定污染单元后进行加密监测，发现土壤为黏性土，呈微碱性。铜、铅、锌在土壤中主要以二价阳离子形式存在，较易转化为氢氧化物或被吸附。土壤污染深度约为 1~4m，需修复的总土方量约为 1.24 万 m³。场地大部分地块土壤污染物为重金属铜、铅、锌，其中一个地块为多环芳烃。污染物的最大监测浓度为：铜 7220mg/kg、铅 4150mg/kg、锌 3340mg/kg、苯并（a）蒽 4.6mg/kg、苯并（b）荧蒽 5.78mg/kg、苯并（a）芘 4.07mg/kg。

该修复项目要求时间短、修复费用低，同时污染物以重金属和低浓度的多环芳烃为主，基于现场土壤开展了异位固化稳定修复技术可行性评价研究。该技术能满足制定的修复目标，从场地特征、资源需求、成本、环境、安全、健康、时间等方面进行详细评估，最终选定处理时间短、技术成熟、操作灵活且对场地水文地质特性要求较为宽松的固化稳定化技术进行处理。综合考虑修复时间、施工进度要求、修复后土体质量要求后，确定采用污染土壤清挖、现场处理、异地处置的方式对地块进行修复，以《展览会用地土壤环境质量评价标准（暂行）》HJ 350—2007 的 A 级标准作场地清理的判断标准。

6.6.2 修复工艺

修复工程技术路线和施工流程主要包括污染土壤挖掘、土壤含水量控制、粉状稳定剂布料添加、混匀搅拌处理、养护反应、外运资源化利用、现场验收监测等环节。采用挖掘机进行土壤挖掘，挖掘深度深于 1m 时，土壤含水量较高，采用晾晒风干方式降低土体含水量；使用筛分破碎铲斗进行土壤与粉状稳定剂的混匀搅拌，同时实现土壤的破碎。验收检测包括挖掘后基坑采样及污染物全量分析、稳定化处理后土壤采样及浸出毒性测试。施工设备主要有土壤挖掘设备、土壤短驳运输设备、土壤/稳定剂混合搅拌设备等组成。

基于现场污染土壤进行了大量实验室研究，确定了最佳稳定剂类型和添加量。稳定剂主要由粉煤灰、铁铝酸钙、高炉渣、硫酸钙以及碱性激活剂组成，为增强对重金属污染物的吸附作用，添加了 30% 的黏土矿物。稳定剂的质量添加比例为 16.5%。土壤/稳定剂混合搅拌设备为筛分破碎铲斗，该设备能实现土壤与稳定剂的混匀，由于土壤水分含量较低，在混匀搅拌过程中可实现土壤的破碎。

6.6.3 成本及处理效果

该项目包含建设施工投资、稳定剂费用、设备投资、运行管理费用，处理成本约 480 万元，其运行过程中的主要能耗为挖掘机及筛分破碎铲斗的油耗、普通照明、生活用水用电，约为 60 万元。经过挖掘，所采集土壤样品中污染物含量均低于制定的修复目标值。稳定处理后的土壤，参照《固体废物浸出毒性浸出方法硫酸硝酸法》HJ/T 299-2007 提取浸出液，浸出液中污染物的浓度均低于制定的土壤浸出液污染物浓度目标值，满足修复要求并通过业主独立委托的某地环境监测中心验收监测。

第 **7** 章
重金属污染土的生态处理

7.1 概述

7.1.1 我国土壤重金属污染现状

重金属是指密度在 $5g/cm^3$ 以上的 45 种金属元素。在地球化学研究中，重金属属于"微量元素"范畴，但当其在土体中浓度过高、超过土壤耐受水平时，就会对动植物产生毒害，形成重金属污染土。常见的土壤重金属污染物包括砷、镉、铜、铬、汞、铅、锌等。根据 2014 年原国家环保部和原国土资源部发布的《全国土壤污染状况调查公报》，全国土壤污染总超标率为 16.1%，其中轻微、轻度、中度和重度污染的比例分别为 11.2%、2.3%、1.5%和1.1%。污染类型以无机污染物超标为主，占全部超标量的 82.8%。其中，无机污染物镉、汞、砷、铜、铅、铬、锌、镍 8 种无机污染物点位超标率分别为 7.0%、1.6%、2.7%、2.1%、1.5%、1.1%、0.9%和4.8%。在所调查的重金属污染物中，镉污染占比最大，为 0.5%，同时这些重金属污染物都容易被植物吸收，人食用后会在体内累积，危害人类健康，如国内外新闻均有报道的镉污染毒大米所引起的"痛痛病"。

根据相关文献，我国受重金属污染的耕地面积约占总耕地面积的 20%，约 2000 万 hm^2，耕地总面积的 64.8%受污水灌溉而被污染，面积约 216.7 万 km^2，另外因固体废弃物堆存和毁田面积达 13.3 万 km^2。每年因重金属污染导致粮食减产超过 1000 万 t，被重金属污染的粮食达 1200 万 t，合计经济损失至少 200 亿元。其中镉污染最普遍，涉及 11 个省市的 25 个地区，约 1.3 万 km^2；受汞污染耕地涉及 15 个省市的 21 个地区，超过 3.2 万 km^2；受镉、铬、砷、铅等污染的粮食、蔬菜、水果重金属含量超标或接近临界值。

7.1.2 土体重金属污染物的来源

土中重金属污染的来源主要包括以下几个方面：①对于金属矿库区土壤，金属矿开采过程中重金属直接污染及含金属细颗粒矿石经雨水冲洗、风化淋溶而形成的重金属离子为主要污染物来源。②在金属矿采选和冶炼过程中，重金属颗粒会以不同的形式如矿石细颗粒、粉尘等，随大气迁移、降尘附着在土体土，引起土体污染。③金属加工后及其固体废物需进一步处理，采用热处理时会产生气溶胶颗粒，这些颗粒漂浮在大气中，以降尘等方式进入土体；采用酸性物质对金属进行处理后的废液及电镀工业中广泛使用的金属盐溶液中均含有重金属污染物，排放后对土体造成污染。④工业中常用的不锈钢中的铬、镍、钴等金属的腐蚀，及防锈覆盖层中的镉、锌离子的流失都会造成土体污染。⑤养殖业中畜禽饲料中含有较高的锌和铜，由美国、加拿大和澳大利亚进口的磷肥中镉含量较高，含有重金属农药的大量使用。这些物质使用后，经过不同过程的转移，都会造成不同程度的土体重金属污染。不同重金属离子的主要污染源见表 7-1 所列。

重金属污染土中主要污染源（周启星等）　　　　　　　　　　　　　　表 7-1

重金属	天然矿物	人为污染源
镉	硫镉矿 CdS 方镉矿 CdO	有色金属采选及冶炼,镉化合物生产,电池制造业,电镀行业
汞	金汞矿 AuHg 汞钯矿 PdHg 红朱矿 HgS	化学工业含汞催化剂制造及使用,含汞电池制造业,汞冶炼及回收工业,有机汞和无机汞化合物生产,农药及制药业,荧光灯及汞灯制造及使用,汞法烧碱生产产生的含汞盐
砷	雄黄 AsS 雌黄 As_2S_3 砷铁矿 $FeAs_2$ 毒砂 FeAsS 臭葱石 $FeAsO_4 \cdot 2H_2O$	有色金属采选及冶炼,砷及其化合物生产,石油化工,农药生产,塑料和制革业
铜	黄铜矿 $CuFeS_2$ 辉铜矿 CuS 赤铜矿 Cu_2O 蓝铜矿 $Cu_3(OH)_2(CO_3)_2$ 孔雀石 $Cu_2(OH)_2CO_3$	有色金属采选及冶炼,金属、塑料电镀,铜化合物生产
铅	白铅矿 $PbCO_3$ 方铅矿 PbS 角铅矿 $Pb_2CO_2Cl_2$ 硫酸铅矿 $PbSO_4$ 红铅矿 $PbCrO_4$	铅冶炼及电解过程中的残渣及铅渣,铅蓄电池生产中产生的废铅渣及铅酸污泥,报废的铅蓄电池,铅铸造业及制品业的废铅渣及水处理污泥,铅化合物制造业和使用过程中产生的废物
铬	铬铁矿 $FeOCr_2O_3$ 镁铬铁矿 $Mg \cdot FeCr_2O_4$ 铝铬铁矿 $MgFe(Cr_2 \cdot Al)_2O_4$	铬化合物生产,皮革加工业,金属、塑料电镀,酸性媒介染料染色,颜料生产与使用,金属铬冶炼
锌	红锌矿 ZnO 菱锌矿 $ZnCO_3$ 锌铁矿 $ZnFe_2O_4$ 硅酸锌矿 $ZnSiO_4$ 锌磷矿 $Zn(PO_4O_2)_4H_2O$	有色金属采选及冶炼,金属、塑料电镀,颜料、油漆、橡胶加工,锌化合物生产,含锌电池制造业
镍	镍黄铁矿 $(Ni \cdot Fe)S$ 针硫镍矿 NiS 辉铁镍矿 $3NiS \cdot FeS_2$ 绿镍矿 NiO 复砷镍矿 $NiAs_2$	镍化合物生产过程中产生的反应残余物,报废的镍催化剂,电镀工艺中产生的镍残渣及槽液,分析化验、测试过程中产生的含镍废物

7.1.3　土体重金属污染的特点

重金属元素为微量元素，是否有害是相对的。如许多重金属元素含量在适量范围内时，对生物体是有益的，有的还是植物生长必需的元素，如铁、铜、锌、锰、钼是酶的组分，植物体内的氧化还原反应就是通过不同金属离子化合价变化时发生的电子传递来完成的。而金属镍则在维持植物脲酶结构和功能方面具有不可替代的作用。当重金属元素积累的含量过高，超出了植物的耐受范围，对植物生长造成了损害，或虽然重金属含量不影响植物生长，但其中某种重金属含量超标，而该重金属会通过食物链传递到人体或畜禽体内，对人畜健康造成伤害时，该元素即可归类为污染物，需要采取相应的治理措施。

重金属污染与其他污染相比，具有以下特点：

1. 隐蔽性、滞后性

土壤重金属污染与大气污染、水污染相比有所不同，通过人的感官不能分辨出是否污染，需要取样后进行化验分析才能确定是否污染，具有一定的隐蔽性；另外，土壤中的重金属可通过食物链经由植物—食物—人体而被人体吸收，并在人体内累积，当重金属累积到一定程度时，其毒害作用就会反映出来。如19世纪30年代发生在日本的"痛痛病"，是因人们长期食用镉污染稻米，镉在人体内蓄积10～20年后才发现的。因为土壤重金属污染具有隐蔽和滞后的特性，所以在污染初期一般都不易被发现和受到重视，只有达到一定程度后才进行处理。

2. 形态多样性

很大一部分重金属元素具有多种化合态，在不同的环境配位体、pH和氧化还原电位时，表现出不同的化学活性，因其化学价不同，就有不同的毒性表现。例如，六价铬的氧化物毒性为三价铬的100倍；二价铜和二价汞的毒性比一价的毒性大；甲基汞的毒性远超无机汞。

3. 蓄积性与难消除性

土壤中的有机污染物能被生物分解，而重金属污染物不会被分解，在污染土净化中只能从一种化学价态转化为另一种价态，从一个介质转移到另一个介质。同时，在焚烧处理时，大部分重金属不会消除，但却可集聚在生物体内，有的重金属还会转化为甲基化合物，从而具有更大的毒性，这些化合物可随时间的增加不断蓄积，并可长久保存在土体内。因此，土壤中的重金属被植物吸收后，具有蓄积性，再通过食物链进入人体，对人体健康造成危害。

4. 可移动性差

土体中的重金属常以无机和有机混合物的形式存在，这些混合物与土体中存在的其他有机物质、无机物质发生物理、化学或生物反应，使重金属离子以吸附、螯合、沉淀等形式吸附于土壤中。其迁移能力受到影响，只有当土体被水力冲刷或风力扬尘产生移动时，这些金属离子才会发生迁移，这就造成了重金属离子较差的可移动性。

7.2　重金属污染物在土中的形态与迁移转化

7.2.1　土中重金属的形态

污染物在不同的环境中具有不同的表现形式，即污染物的外部形状、化学组成和内部结构随环境不同而变化，这就造成了不同环境下污染物不同的化学行为和毒性效应。污染土中重金属离子与其他物质共存状态，包括水溶态、可交换态、碳酸盐结合态、铁锰氧化物结合态、有机结合态和残渣态等 6 种。

水溶态金属离子在土壤溶液中含量极低，该形态下重金属以离子或弱离子的形式存在，在土壤中可被植物根部直接吸收，也可溶于蒸馏水而直接提取。可交换态重金属离子在土壤溶液中占比不大，以离子形式交换吸附在黏土矿物及其他成分上，易被植物吸收利用，对植物危害较大。碳酸盐结合态重金属离子是石灰性土壤中重要的一种形态，是指与碳酸盐沉淀结合的那一部分离子，该形态含量与土体 pH 相关，pH 降低时，结合态离子被大量重新释放，而被作物吸收。铁锰氧化物结合态重金属离子是被土壤中的铁、锰氧化物或黏粒矿物的专性交换位置所吸附的离子。该形态离子在中性盐溶液中不产生离子交换，只能被亲和力相似或更强的金属离子置换。有机结合态离子是由土体中重金属离子与有机质活性基团如动植物残体、腐殖质等络合形成的螯合物，或是硫离子与重金属离子生成难溶于水的硫化物，该形态的重金属较为稳定，释放过程缓慢；但当土壤中的有机质发生氧化反应引起氧化电位变化时，会引起少量结合态离子的溶出。残渣态金属离子是指以硅酸盐结晶矿物形式存在的离子，该类离子在土壤中重金属离子中占比最大，结合很稳定，离子不易被释放，对其进行提取时常规方法不适用。该类离子在正常的自然条件下可认为是惰性材料，因此其迁移性和生物可利用性低，毒性与其他形态相比是最小的。

在不同形态的重金属离子中，可交换态、碳酸盐结合态和铁锰氧化物结合态稳定性差，生物可利用性高，容易被植物吸收利用，其含量与植物吸收量呈显著正相关关系，而有机结合态和残渣态稳定性较强，不易被植物吸收利用。

7.2.2　土体中重金属元素的迁移

重金属元素的迁移是指重金属离子在自然环境空间中位置的变化，以及由离子移动所造成的离子的积聚与分散过程。根据重金属离子在土中迁移方式的不同，可分为物理迁移、物理-化学迁移和生物迁移。

1. 物理迁移

重金属离子的物理迁移主要指离子受到不同的机械搬运作用而发生迁移，土壤溶液中少量重金属离子可以随孔隙水的流动迁移至地表水体内，但大部分离子吸附在土壤胶粒表面或包含于矿物颗粒内，随着土壤孔隙水流动产生的水力搬运作用发生迁移；在干旱地区，土壤胶粒或矿物颗粒的迁移需借助于风力搬运进行，以尘土的形式被风力完成搬运。

2. 物理-化学迁移

重金属离子在土体中迁移方式中占比最高的是物理-化学迁移，这种形式的迁移决定了重金属离子在土体中的存在形式、富集状况和潜在危害程度。含有重金属离子的无机化合物，是以简单的离子、配合物离子或可溶性分子的形式，通过溶解-沉淀作用、吸附-解吸作用、氧化-还原作用、水解作用、配合-螯合作用等在环境中迁移。

3. 生物迁移

土壤环境中重金属的生物迁移，包括植物吸收和微生物吸收。植物吸收引起的离子迁移是植物根系从土壤中吸收可交换态、碳酸盐结合态和铁锰氧化物结合态等稳定性差的重金属离子，离子被吸收后在植物体内发生蓄积；微生物吸收引起的迁移是重金属离子通过生物体的吸附、吸收、代谢、死亡等过程发生的生物性迁移，离子迁移过程复杂，但具有重要意义。生物性迁移的影响因素包括微生物的生理生化和遗传变异特征，不同的微生物对污染物的吸收作用各异，如有的微生物对污染物有选择性吸收和积累作用，有的微生物对环境污染物有转化和降解能力。微生物吸收污染物后通过食物链完成污染物的传递，在传递过程中所产生的积累和放大作用在生物迁移中占据着重要地位。

7.2.3 土体中重金属元素的转化

土体中重金属元素的转化是指重金属离子通过物理、化学或者生物的作用改变了自身形态，或者由一种物质转变为另一种物质的过程，该过程与金属离子所处的环境和自身的物理、化学性质有关。根据转化形式的不同，分为物理转化、化学转化和生物转化 3 种。

1. 物理转化

重金属的物理转化除了汞单质可以通过蒸发作用由液态转化为气态外，其余重金属主要通过吸附解吸进行形态的改变。

2. 化学转化

土体中重金属离子受 pH 值、土体氧化还原电位等因素影响。pH 值较低时，金属离子溶于水，呈离子状态；pH 值较高时，金属离子易与碱性物质化合，呈不溶性的沉淀。对不同的氧化还原电位金属价态不同，如对于砷元素，在湿润的环境中，以三价的亚砷酸形态为主；在干燥的环境中，砷离子以五价的砷酸盐形态为主。常见的重金属污染物在土壤中的化学转化包括沉淀-溶解、氧化-还原、络合反应。

3. 生物转化

生物转化是重金属离子经过生物的吸收和代谢作用后而发生的变化。生物体内含有多种酶，重金属离子在不同的酶系统催化作用下化学结构和理化性质发生改变，即为重金属离子的生物转化过程。在这个转化过程中，植物和微生物都可以起到重要作用。其中，土壤中的微生物种类繁多、分布广泛，微生物自身具有个体小、比表面积大、代谢强度高、适应性强的特点，在重金属离子转化和降解方面具有广泛的应用前景，如土壤中的砷、铅、汞等离子可在微生物的作用下发生甲基化反应。

4. 重金属在土体中转化的影响因素

重金属污染物在土体中形态转化主要受 pH 值、土壤的类型、含水率、有机质含量、种植的作物等因素影响。

根据文献研究结果，pH 值对土壤中不同形态的重金属离子影响较大。当 pH 值增大时，土壤中可交换态离子减少，而有机结合态离子增加。pH 值变化时其他影响因素也会发生相应改变，从而影响重金属离子的形态。如 pH 值降低时，土壤中有机质和氧化物胶体对重金属的吸附容量显著减少，有机结合态、氧化物结合态离子含量相应减少。

不同土体类型中重金属形态构成差异明显，如在紫色土、石灰土、水稻土中镉、铅均以残渣态为主；在黄壤、紫色土中镉以离子态、残渣态为主。

土体中不同酶的活性与重金属离子形态具有相关性。根据相关研究结果，土体中过氧化氢酶、碱性磷酸酶活性对总量重金属、各形态重金属含量影响较大，当两种酶活性大时，总量重金属、各形态重金属含量显著或极显著降低，而脲酶活性增大时，总量重金属、各形态重金属含量变化较小；另外，对于镉离子，可交换态镉与转化酶、有机结合态镉含量与脲酶活性间有明显的相关性。

外源重金属进入土体后其形态有不同的变化趋势。如可溶态重金属进入土壤后其浓度迅速下降；交换态重金属先缓慢上升，然后迅速下降；碳酸盐态重金属浓度变化情况与交换态重金属变化相似，铁锰氧化态重金属浓度先上升然后下降，有机态重金属不断上升，残渣态重金属变化不大，说明外源重金属在土壤中一直在不断变化，处于动态的形态转化过程中。

7.3　典型重金属在土体中的迁移与转化

7.3.1　金属汞

自然界中的汞有多种形态，土壤中的汞的形态比较复杂，以 0、+1、+2 价为主，其化学形态可分为金属汞、无机结合态汞和有机结合态汞。土中有机质含量、土壤类型、温度、E_h 值、pH 值等均会影响汞形态转化。不同形态汞的毒性不同，金属汞毒性大于化合汞，有机汞毒性大于无机汞，甲基汞在烷基汞中的毒性最大。对于汞化合物，无论其可溶与否，均有一定的挥发性，其中有机汞的挥发性（甲基汞和苯基汞的挥发性最大）明显大于无机汞（碘化汞挥发性最大，硫化汞最小）。土壤中金属汞含量很少，但具有挥发性，且其挥发速度随着温度升高而加快。土壤中除 $Hg(NO_3)_2$ 和甲基汞易被植物吸收，通过食物链在生物体逐级富积，对生物和人体造成危害，其他多数的汞化物是难溶的，易被土壤吸附或固定，发生一系列转化使其毒性降低。

汞在土体微生物的作用下产生释放，使无机汞转化为易挥发的有机汞及元素汞。土壤汞的释放量与含量、温度有关，汞含量越高，其释放量越大，温度越高，释放率越高。土体中的金属汞、无机汞和其他有机汞均可在一定条件下转化为剧毒的甲基汞。微生物可促进无机汞向甲基汞的转化，但当微生物对甲基汞的累积量达到毒性耐受点时，会发生反甲基化作用，分解成甲烷和元素汞，且甲基汞在紫外线作用下，会发生光化学反应，分解反应如下：

$$(CH_3)_2Hg \rightarrow 2CH_3 + Hg^0$$

土体中一价汞与二价汞离子间可发生化学转化：$2Hg^+ = Hg^{2+} + Hg^0$，实现无机汞、有机汞和金属汞的转化。

7.3.2　金属砷

砷在土壤中的迁移及对生物的毒性受到其形态的影响，土体中的砷可分为无机态和有机态两种。无机砷包括砷化氢、砷酸盐或亚砷酸盐等，土体中的砷以无机砷形态为主，化合价可分为 +3 价和 +5 价。有机砷包括一甲基砷和二甲基砷，但其占土体总砷比例极低。就其毒性而言，通常无机砷＞有机砷，+3 价砷类＞+5 价砷类。砷在土体中多以阴离子状态存在，三价砷和五价砷溶解度随土体 pH 增加而增大，当土体由酸性变为中性或碱性时，三价砷的迁移能力变强。土壤对砷的吸附保持能力受土体类型、有机质、矿物类型等因素影响，黏土矿物类型对砷的吸附有较大影响，纯黏土矿物对砷的吸附能力大小为蒙脱石＞高岭石。

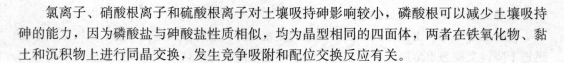

氯离子、硝酸根离子和硫酸根离子对土壤吸持砷影响较小，磷酸根可以减少土壤吸持砷的能力，因为磷酸盐与砷酸盐性质相似，均为晶型相同的四面体，两者在铁氧化物、黏土和沉积物上进行同晶交换，发生竞争吸附和配位交换反应有关。

7.3.3 金属铅

土体中金属铅可生成+2价、+4价态的化合物，通常以二价态难溶性化合物存在，如 $Pb(OH)_2$、$PbCO_3$、PbS 等，土体中水溶性铅含量较低，因此，铅在竖向迁移少，多滞留于0～15cm表土中，铅含量随竖向深度增加逐渐下降。根据 Tessier 方法土中铅的形态可分为水溶态、可交换态、碳酸盐结合态、铁锰氧化物结合态、有机质硫化物结合态及残渣态。

对土壤铅的影响研究时发现，当土壤溶液的 pH 值由较低变为近中性时，溶液中的有机铅急剧增高。土壤中铅的移动性和有效性依赖于土壤 pH 值、E_h 值、有机质含量、质地、有效磷和无定形铁锰氧化物。其原因与土壤对铅的强烈吸附作用有关，其吸附机制有以下几方面：①阴离子对铅的固定作用；②有机质对铅的配合作用；③黏土矿物对铅的吸附作用。一般而言，土壤 pH 值增加，铅的可溶性和移动性降低，抑制植物对铅的吸收。土壤中的铅浓度与土壤腐殖质含量呈正相关，腐殖质对铅的络合能力及其络合物的稳定性，均随土壤 pH 值上升而增强。

7.3.4 金属镉

土体中镉的分布集中于0～15cm的土壤表层，15cm以下含量明显减少。土壤中难溶性镉化合物存在形态与土壤类型有关。在旱地土壤以 $CdCO_3$、$Cd_3(PO_4)_2$ 和 $Cd(OH)_2$ 的形态存在，其中以 $CdCO_3$ 为主，尤其在碱性土壤中含量最多；而在水田多以 CdS 形式存在。土中镉包括交换态、可还原态、可氧化态、残余态4种形态。镉进入土壤后首先被土壤所吸附，进而转变为其他形态。研究表明，土壤成分对镉的吸附特性有很大影响，有机质中的—SH 和—NH$_2$ 等基团及腐殖酸与土体中的镉离子形成络合物和螯合物而降低镉的毒性，同时有机质比表面积巨大，对镉离子的吸附能力远远超过其他矿质胶体。有机物质还能通过影响其他基本形状而产生间接的作用，如改变土壤的 pH 值或质地等。而有机物料的施用可有效降低土壤中有效态镉含量，但在某些有机物料分解过程中会释放出大量有机酸类物质，明显降低土壤 pH 值，引起土壤中可溶性和交换性镉的比例增大，引起生物毒素加重。

7.3.5 金属铬

一般情况下，土壤中的铬以两种价态存在：Cr(Ⅲ) 和 Cr(Ⅵ)，其中 Cr(Ⅲ) 是最稳定的形态。土壤中 Cr(Ⅲ) 常以 Cr^{3+}、CrO_2^- 形式存在，极易被土壤胶体吸附或形成沉淀，其活性较差，对植物毒性相对较小。而 Cr(Ⅵ) 常以 $Cr_2O_7^{2-}$ 和 $Cr_2O_4^{2-}$ 形式存在，一般 Cr(Ⅵ) 离子具有较高的活性，不易被土壤所吸附，对植物易产生毒害。在不同的土壤 pH 值和氧化还原电位下，Cr(Ⅲ) 和 Cr(Ⅵ) 在一定环境条件下可相互转换。

铬在土体中可发生氧化还原转换、沉淀和溶解、吸附和解吸反应等，这几个过程是互相联系、彼此影响的。Cr(Ⅲ) 在土壤中发生的化学过程包括：①Cr(Ⅲ) 的沉淀作用。

Cr（Ⅲ）易和羟基形成氢氧化物沉淀，该反应是 Cr（Ⅲ）在土壤中的主要过程。②土壤胶体、有机质对 Cr（Ⅲ）吸附和络合作用，可使土壤溶液中 Cr（Ⅲ）维持微量的可溶性和交换性。③Cr（Ⅲ）在土壤中被氧化锰等氧化为 Cr（Ⅵ）。同时，土体中还原性氧化锰在 Cr（Ⅲ）的氧化过程中有重要作用，土体中氧化锰含量越高，对 Cr（Ⅲ）氧化能力越强。土体中难以检出 Cr（Ⅵ），因为土体存在有机质，可作为还原剂使 Cr（Ⅵ）迅速还原为 Cr（Ⅲ），降低其毒性。

土壤的矿物种类、组成、有机质含量等对铬的形态有影响，土壤中 Cr（Ⅲ）易被吸附沉淀，迁移性差，土壤中水溶性铬和交换态铬含量较低，大多以沉淀态、有机紧结合态和残渣态存在。有机紧结合态铬通常比沉淀态和残渣态含量低，残渣态含量一般占总铬的 50% 以上，铬在土壤中的迁移，与其在土壤中的存在形态及淋溶状况有关。

7.4 植物对重金属的吸收积累

植物体内的重金属元素是随着土体中营养物质一起被植物所吸收。植物对重金属的耐受程度不同，敏感植物会受重金属毒害被抑制生长，甚至枯萎、死亡，不敏感植物不受重金属的影响，甚至可以在体内聚集。

重金属元素进入植物体内后，很少一部分经生物转化过程后被植物代谢作用排出，大部分重金属离子与植物体内的蛋白质或多肽等物质结合后，长期存留在植物组织或器官内，在一定时期内不断累积增多而富集，对于有些植物还会出现超富集现象，植物修复重金属污染方法就是以富集或超富集理论为基础的。超富集植物在超量积累重金属的同时还能够正常生长，钱尼、克莱默和奥尔蒂斯等一致认为，可能是液泡的区室化作用和植物体内某些有机酸对重金属螯合作用起到解毒效果。通常用富集系数（bioaccumulation factor，BCF）来表征植物对某种元素或化合物的积累能力，即

$$生物富集系数 = \frac{植物体内某元素浓度}{该元素在土壤中的难度}$$

BCF 是表征土体-植物体系中元素迁移的难易程度的指标，用来评价植物将重金属转移到体内能力的大小。BCF 越大，表明植物地上部分重金属富集量大。如蔬菜对镉的富集能力根据 BCF 大小可分为低、中、高富集三类，见表 7-2。

蔬菜对镉的富集能力　　　　　　　　表 7-2

等级	富集系数	蔬菜种类
低富集蔬菜	<1.5%	黄瓜、豇豆、花椰菜、甘蓝、冬瓜
中富集蔬菜	1.5%～4.5%	莴苣、马铃薯、萝卜、葱、洋葱
高富集蔬菜	>4.5%	菠菜、芹菜、小白菜

研究表明，叶菜类易吸收富集镉和汞；豆类易吸收富集锌、铜、铅和砷；瓜类则易吸收富集镉。吸收富集重金属能力以叶菜类最强，豆类、瓜类、葱蒜类、茄果类、根茎类次之。从利于人类健康的角度，尽量选择富集能力低的蔬菜为宜，而对重金属污染场地进行修复时，应种植高富集能力的品种。

同时，采用转移系数（translocation factor，TF）来表征某种重金属元素或化合物从

植物根部到植物上部的转移能力，即

$$转移系数 = \frac{植物地上部某金属含量}{地下部分重金属含量}$$

TF 是评价植物由根部向地上部输送重金属元素或化合物能力强弱的指标，TF 大，说明根部向上部输送能力强，在植物提取修复时更有利，但 TF 没有考虑植物吸收的重金属总量与植物生物量的关系。

7.5 植物修复重金属污染的土壤

植物修复是近年来发展起来的重金属污染土体治理修复技术之一，是基于超富集植物及其共存微生物对土体中重金属吸收、转移、富集功能，来修复被重金属污染的土壤，当植物成熟收割后，可带走土壤中的大量重金属，再进一步将重金属提纯作为工业原料，达到修复污染土壤和变废为宝的双重目的。

7.5.1 重金属植物修复的概念

植物修复（phytoremediation）是由美国科学家钱尼在 19 世纪 80 年代提出的，主要思想是采用对重金属或某些元素具有耐性的超累积植物，将这些植物种植在重金属污染的土壤上，利用植物及其根际圈微生物体系的吸收、挥发和转化、降解的作用机制来清除土中的重金属，待植物收获进行妥善处理，可将重金属移出土体，达到去除土壤中重金属的目的。与传统的污染土体处理方法相比，植物修复不会对生态环境造成破坏，能够维持土壤原有的理化性质和结构，一般无二次污染，收获之后可以将重金属元素回收利用等。

重金属污染土体的植物修复技术主要有以下 4 种类型：

（1）植物提取（phytoextraction）是目前研究最多且最有发展前途的一种植物修复技术，钱尼首次提出的利用植物对金属的吸收作用，将重金属在植物体内转移和储存，植物收获后将其从土壤中去除，就是植物提取的方法。

（2）植物挥发（phytovolatilization）是利用植物对重金属的吸收，通过植物自身的转化作用，将重金属离子转化为可挥发态，从而减少土壤中重金属含量的方法。

（3）植物稳定或固化（phytostabilization）是利用植物根系对土壤中重金属离子的吸收或固化作用降低其移动性，从而减少重金属离子在土壤中的富集，并降低因离子富集后引起污染的可能性。

（4）根系过滤（rhizofiltration）技术，简称根滤，是利用植物庞大的根系和巨大的表面积过滤、吸收富集水体中重金属元素，将植物收获处理，用来治理水体重金属污染目的的一种植物修复技术。

在采用植物修复重金属污染土体时，根据土壤污染情况选取不同的处理方法。与传统的物理、化学、生物修复处理方法相比，植物修复作为原位修复方法，具有以下优点：

（1）修复成本较低。植物修复属于原位修复，在污染土体上种植植物即可，不需要专门的大型设备以及专业操作人员，更易于推广和实施。

（2）治理效果永久性。传统的重金属污染土修复方法只是短暂的，重金属污染仍在土体中，治标不治本。而植物修复技术中植物对重金属的提取、挥发、降解作用，使重金属与土壤分离，污染修复具有永久性。

（3）美化环境。植物修复方法通过种植对重金属有积累作用的花草树木，美化了环境，易被社会接受，具有美化生活环境和消除环境污染物的双重功效。

（4）绿色环保。在污染土体上种植植物，不会改变土壤原有的理化性质、肥力和土壤结构，污染物富集在植物中，不会带来二次污染。

（5）植物增加了土体肥力。在修复重金属污染土壤的过程中，也给土壤带来了大量的有机质，增加了土壤的肥力，修复后的土壤更加适应于作物生长。

植物修复重金属污染也有不足之处：

（1）植物生长缓慢，治理周期长。

（2）超富集植物的植株都比较矮小，生物量小，适用范围窄，实际上能够从土壤中清理的重金属总量并不大。

（3）植物的生长受地理气候等因素影响，不同污染地点有不同的适应性植物，选择修复植物的过程也比较长。

（4）每一种超富集植物仅针对特定重金属污染物效果明显，但土壤重金属污染一般为不同重金属污染物组成的复合污染，用一种超富集植物修复土壤的效果不大。

（5）植物修复深度受限。植物根系一般只能到达土壤表层（0～20cm），只能吸收富集土壤表层的重金属，对于深层土壤污染的修复有局限性。

（6）富集了污染物的植物在收割后需作为废弃物进一步妥善处理，不然植物各器官往往会通过腐烂、落叶等途径再次进入土壤中。

（7）植物修复引入外来植物，有可能对当地的生物多样性造成不可忽视的危险。

综上所述，采用植物修复技术处理重金属污染土壤优势和不足并存，要根据污染土具体情况因地制宜，综合分析后科学选用。

7.5.2　修复机制

根据金属污染土壤的植物修复技术的过程，其修复机制可分为植物稳定修复、植物挥发修复和植物提取修复三种类型。

1. 植物稳定修复

植物的根系是土壤中离子与植物发生离子交换的主要场所，根系的吸收作用是土体中离子进入植物体的最主要通道。植物稳定修复就是发挥了植物根系的重要作用，通过在污染土壤中种植耐性植物，其根系的吸收和沉淀作用对土中重金属离子起到固定作用，降低了离子的生物有效性，避免被植物吸收后进入地下水和食物链，减少了对环境和人类健康的危害风险。

植物在植物稳定修复中主要功能包括：保护污染土壤不受侵蚀，减少土壤渗漏来防止金属污染物的迁移；通过根部富集和沉淀或根部表皮吸收重金属加强了对污染物的固定。同时，植物根部环境（pH值、氧化还原电位）改变可引起污染物化学形态的变化。在这个过程中根际微生物（细菌和真菌）也可发挥重要作用。根据已有研究，植物根系可有效地固定土壤中的铅，从而减少其对环境的风险。

金属污染土壤的植物稳定修复是一项正在发展中的技术，与其他技术相结合，优势互补，将会显示出更大的应用潜力。植物稳定技术经济性较好，方法简单，可有效替代费用

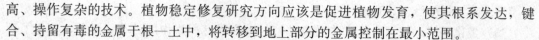

高、操作复杂的技术。植物稳定修复研究方向应该是促进植物发育，使其根系发达，键合、持留有毒的金属于根—土中，将转移到地上部分的金属控制在最小范围。

2. 植物挥发修复

植物挥发修复适用于易挥发性的污染物引起的污染土修复，通过植物根系的吸收作用把金属离子吸收到植物体内，通过生物转化作用将污染物转化为气态释放到大气中，从而减少土中污染物的含量。目前对易挥发性的类金属元素汞和非金属元素硒应用该技术处理最多。汞对环境的危害很大，汞污染是不少发展中国家所面临的严重问题，但是含汞废弃物随着工业生产的进行还在不断产生。由工业生产活动所产生的含汞废弃液中的汞离子都具有生物毒性，例如，在厌氧细菌的作用下，离子态汞（Hg^{2+}）可转化为对环境危害最大的甲基汞（MeHg）。对甲基汞和离子态汞的处理方法是在污染点培养细菌，利用酶与甲基汞和离子态汞之间的反应，将两种不同形态的汞转化为毒性弱、可挥发的元素汞（Hg^0），这种处理方法是目前常用的降低汞毒性的生物处理方法之一。目前所研究的汞污染处理方法是通过分子生物学技术将细菌体内的汞还原酶基因转导入植物（如烟草和郁金香）中，利用转基因植物进行汞污染的处理修复。根据已有研究结果，已转导入细菌汞抗性基因的植物，可正常生长在足以使生物中毒的汞浓度条件下，同时具有将从土壤中吸取的汞还原成挥发性的单质汞的能力。另一种思路是从植物对汞的脱毒和活化机制调控分析，使单质汞变成离子态汞存留在植物组织内，植物收获后集中处理，达到清除重金属的目的。

3. 植物提取修复

植物稳定修复和植物挥发修复方法虽有各自的优势，但也存在一定的局限性。如植物稳定修复利用植物根系来固定污染土中的重金属，只是对污染物起到了固定作用，限制了污染物的迁移，但不能永久性去除土壤中的重金属。植物挥发修复仅适用于处理可挥发性污染物，同时要求污染物向大气中挥发的速度不对生态环境造成破坏，因此植物挥发修复周期受到限制。相对地，植物提取修复是一种集永久性和广域性于一体的植物修复途径，是目前研究最多且最有发展前途的植物修复技术。

根据 BCF 的定义，BCF 越大，植物对重金属的吸附能力越强。植物提取修复方法就是通过种植重金属超富集植物，利用植物根系来吸收一种或几种有毒金属，通过植物内部传输作用把重金属转移、储存到植物茎叶，对茎叶收割后集中处理，从而达到修复重金属污染的目的。植物修复概念由英国谢菲尔德大学贝克博士等学者提出，通过超富集植物对金属污染土进行清洁并实现金属生物回收是可行的。超富集植物不同于一般植物，具有独特的生理特性。通过在工业废物或污泥引起的重金属污染土壤上，连续种植超富集植物，可以起到去除重金属，特别是金属离子生物有效性，为污染土壤的再利用提供前提。

植物提取修复技术很重要的内容是超富集植物的选择，而如何保障超富集植物的生长需要（如温度、土壤、水分、肥料及土壤管理）是该技术研究的重点，同时需要考虑使用络合剂、肥料或植物根分泌物对金属移动性的影响，这就需要系统评价综合技术的环境风险。根据"土壤生物有效态元素吸蚀概念"，植物提取修复的首要目标是降低金属离子的生物活性，而不是土壤金属总量。国外对重金属超富集植物及其对重金属污染土壤的机理研究较多，已形成了较系统的综述，为国内在相关领域的研究工作提供了借鉴。

7.5.3　影响重金属污染植物修复的因素

影响植物修复重金属污染土效果的因素包括重金属在土中的赋存形态、所选植物品种和环境因素等。

1. 重金属土壤赋存形态对植物修复的影响

重金属离子在污染土中常见的形态有可交换态、碳酸盐结合态、铁锰氧化物结合态、有机结合态、硫化物结合态、残渣态等 6 种，离子的不同赋存形态是影响植物吸收重金属离子效率的重要因素，同时离子赋存形态也影响金属离子在植物体内由根部向上部的转移。

交换态重金属离子主要吸附在土壤颗粒表面，可与土颗粒发生离子交换，离子浓度与土壤中重金属浓度及土壤颗粒表面的分配常数有关，可交换态重金属离子易受环境变化的影响，很容易发生迁移转化，能被植物根系吸收。碳酸盐结合态重金属离子与土体 pH 值有相关关系，pH 值增大时，碳酸盐沉淀增加，不易被植物吸收；pH 值减小时，游离态金属离子增多，容易被植物吸收。植物根系分泌物能够影响根际微域土壤 pH 值，相应影响植物对重金属离子的吸收。根据泰西尔等学者的研究结果，铁锰氧化物比表面积大，可吸附金属离子，在有适合离子絮凝沉淀形成条件时，铁锰氧化物在离子键作用下与金属离子结合而形成沉淀物，当土壤中铁锰氧化物结合态占比较大时，重金属离子的可利用性低。有机结合态重金属是以重金属离子为中心离子、有机质活性基团为配位体的结合物，或是硫离子与重金属结合生成难溶于水的物质。该形态结合物处于氧化条件时，部分有机物分子会发生降解作用，引起部分金属元素溶出，重金属离子易被植物吸收。残渣态金属来源于土壤矿物，通常存在于硅酸盐、原生和次生矿物中，该形态金属性质稳定，在自然界正常条件下不易释放，能长期稳定在土壤中，不易为植物吸收。

2. 植物品种对植物修复的影响

目前，多采用 TF 大的植物，即超富集植物进行植物修复，但对超富集质量分数界限有所不同，是因为不同的重金属在地壳中的含量及其在土壤和植物中的背景值存在较大差异。目前采用较多的是贝克和布鲁克斯提出的参考值，即把植物叶片或地上部（干重）中含镉达到 $100\mu g/g$，含钴、铜、镍、铅达到 $1000\mu g/g$，含锰、锌达到 $10000\mu g/g$ 以上的植物称为超富集植物。

不同超富集植物需要进行筛选。根据前人研究成果，全叶马兰、蒲公英、德国鸢尾、宝山堇菜等可以富集镉，特别是宝山堇菜作为新发现的镉富集植物，自然条件下地上部分镉平均含量可达 1168mg/kg，最高达 2310mg/kg，在温室条件下平均可达 4825mg/kg；商陆对锰有明显的富集特性，叶片锰含量最高可达 19299mg/kg；香根草、绿叶苋菜、鬼针蚕豆可以富集铅；海州香薷、紫穗槐、三叶草可以富集铜；东南景天和杨桃可以富集锌，天然条件下东南景天地上部锌的平均含量为 4515mg/kg，营养液培养试验表明其地上部最高锌含量可达 19674mg/kg；蜈蚣草、大叶井口边草可以富集砷，特别是蜈蚣草，对砷具有很强的富集作用，其叶片含砷高达 5070mg/kg，在含砷 9mg/kg 的正常土体中，蜈蚣草地下部和地上部对砷的生物富集系数分别达到 71 和 80。

3. 环境因素对植物修复的影响

影响土中重金属形态的因素在植物修复中也有重要影响。植物对土中重金属的固定及吸收，主要取决于它的不同形态在土壤中的比例。因此，通过分析土壤中重金属形态的影响因素，即可得到提高植物修复效果的控制性因素。

　　土体 pH 值是影响重金属形态的重要因素之一。以镉的植物固定为例，根据文献研究结果，在污染程度不等的镉污染土壤上，pH 值对植物吸收、迁移镉的影响非常大。莴苣、芹菜各部位的镉、锌的浓度随土壤 pH 值升高而呈下降趋势。国外许多研究者也发现随着土壤 pH 值的降低，植物体内的镉含量增加。都铎和菲利普斯发现镉含量与 pH 值之间呈线性关系。中国南方的稻田多半是酸性土壤，这种环境有利于水稻对镉的吸收。可通过提高土体 pH 值来减少水稻对镉的吸收，如采用往土壤里施加石灰的方法提高土壤的 pH 值，降低镉在红壤里的活性，减少水稻对镉的吸收。

　　氧化还原电位也是土中重金属形态的重要影响因素之一。土壤氧化还原状况影响着土中重金属的形态、化合价和离子浓度的变化。在还原环境下，土壤中的一些重金属离子就易转化成难溶性的硫化物，游离的重金属离子的浓度降低，植物修复效果减弱。而在氧化环境下时，难溶的重金属硫化物中的硫，发生氧化反应生成可溶性的硫酸根，提高游离重金属的含量，植物修复效果提高。因此，土壤氧化还原电位的改变，影响着土壤中重金属的存在形式，可以通过调节土壤氧化还原电位提高植物修复的效率。

　　土壤中的有机质含量也是影响重金属形态的重要因素。土壤中的重金属离子与有机质发生物理或化学作用而被固定、富集，会对它们在环境中的形态变化、离子迁移和转化产生影响。索夫等发现加拿大的有机森林土壤对镉的吸附能力是矿物土壤的 30 倍。华珞等的研究表明，施入有机肥后土壤中有效态镉的含量明显降低，可显著减轻镉对植物的毒害，可采用增施有机肥的方法改良镉污染土。

　　重金属植物修复效果同样受到土体营养物质浓度的影响。用霍格兰德营养液做实验证明，重金属在植物体内的迁移与营养液的浓度有关。在镉污染溶液里，营养液浓度越小，富集在植物各部分的镉浓度就越高。其原因为很多重金属离子与诸如铁离子、铜离子等营养元素使用共同的离子通道进入植物细胞内。当植物体内富余或者缺乏这些营养元素时，这些离子通道的开关将影响植物对重金属离子的吸收。因此，在镉污染土壤中，适当增加土壤溶液中的营养物质浓度能够影响植物对镉离子的吸收。同时有研究表明，营养元素的施用也可缓解重金属对植物的毒害作用。

　　土体水分状况也影响土中重金属离子的状态。通过调节土中水分可以控制重金属在土壤—植物根系间的迁移，增强重金属活性，提高超富集植物对土体的修复作用。土体湿度较高的情况下还原性增强，有效态重金属含量增加，因此，频繁的土体干湿交替可加剧重金属的还原。

7.6　微生物修复重金属污染土

　　土壤包括重金属污染土，其生态系统中含有大量的微生物，对于重金属污染土的生态系统，常存在真菌和细菌等多种耐重金属的微生物。利用这些天然存在的或人工培养的耐重金属的微生物群，通过改善土体环境，促进或强化微生物代谢功能，从而达到降低有毒污染物活性或降解成无毒物质的生物修复技术称为微生物修复。由于其修复成本低，对土壤肥力和土壤生态环境影响小，避免了因污染物转移而对人类健康和环境产生影响，在生态修复领域引起研究人员的关注，已成为污染土壤生物修复技术的重要组成部分和生力军。

7.6.1　重金属污染土的微生物修复机制

重金属污染土具有污染作用持续时间长、不发生有机物的微生物降解或者化学降解的特点，重金属的毒性大小与离子的赋存状态密切相关，其生物利用活性与离子存在形式间有正相关关系，因此重金属污染土修复方法的选择要结合金属离子的生物利用活性来进行。根据泰西尔的重金属连续分级提取法，土壤中的重金属可分为水溶态与交换态、碳酸盐结合态、铁锰氧化物结合态、有机结合态和残渣态 5 种存在形式。处于水溶态与交换态、碳酸盐结合态和铁锰氧化物结合态的重金属稳定性较弱，生物利用活性较高，因而危害强；而处于有机结合态和残渣态的重金属稳定性较强，生物利用活性较低，不容易发生迁移与转化，因而所具有的毒性较弱，危害较低。土壤中的微生物可以改变重金属在土壤环境中的化学形态，对金属离子起到固定或转化作用，达到降低重金属污染毒害的目的。

微生物对土中重金属活性的影响主要包括生物富集作用、氧化还原作用、沉淀及矿化作用、菌根真菌修复作用等方面，分别展开讨论如下：

1. 微生物对重金属的生物富集

鲁什霍夫特在研究活性污泥对废水中的钚治理效果时发现，污泥内的大量微生物对钚有一定的吸附能力，于是在 1949 年首次提出了微生物吸附的概念。微生物对重金属的生物富集作用主要表现在胞外络合、沉淀以及胞内积累三种形式，其作用方式有以下几种：①金属磷酸盐、金属硫化物沉淀；②细菌胞外多聚体；③金属硫蛋白、植物螯合肽和其他金属结合蛋白；④铁载体；⑤真菌来源物质及其分泌物对重金属的去除。微生物中的阴离子型基团，如-NH、-SH、PO_4^{3-} 等，可以与带正电的重金属离子通过离子交换、络合、螯合、静电吸附以及共价吸附等作用进行结合，从而实现微生物对重金属离子的吸附。

根据文献研究结论，包括细菌、真菌和放线菌在内的多种微生物对环境中的多种重金属和核素具有明显的积累和吸附作用，其原因是微生物对重金属具有强大的亲和吸附性，细胞的不同部位或胞外基质都可供重金属离子沉淀，或被轻度螯合在可溶性或不溶性生物多聚物上。一些微生物如动胶菌、蓝细菌、硫酸盐还原菌以及某些藻类，能够产生胞外聚合物，如多糖、糖蛋白等，具有大量的阴离子基团，与重金属离子形成络合物。马卡斯基等分离的柠檬酸细菌属（Citrobacer），具有一种抗镉的酸性磷酸酯酶，分解有机的 2-磷酸甘油，产生 HPO_4^{2-} 与 Cd^{2+}，形成 $CdHPO_4$ 沉淀。巴尔加利在汞矿附近土壤中分离得到许多高级真菌，一些菌根种和所有腐殖质分解菌能积累汞达到 100mg/kg 干重。

2. 微生物对重金属离子的氧化还原作用

铜、砷、铬、汞等金属离子，是最常发生微生物氧化还原反应的。生物氧化还原反应过程可以影响金属离子的价态、毒性、溶解性和流动性等。如 Cr^{6+} 的毒性远高于 Cr^{3+}，而 As^{3+} 的毒性远高于 As^{5+}。土中的某些微生物具有氧化还原作用，改变土中重金属的价态，进而降低它们的生物学毒性，改变其存在形态，有助于降低重金属对生态环境的污染。此外，一些土壤微生物能够将 Hg^{2+} 还原成低毒性可挥发的汞单质，进而挥发至大气中，达到去除土壤中汞的目的。重金属参与的微生物氧化还原反应可以分为同化氧化还原反应和异化氧化还原反应。在同化氧化还原反应中，金属离子作为末端电子受体参与生物体的代谢过程；在异化氧化还原反应中，金属离子在生物体的代谢过程未起到直接作用，而是间接地参与氧化还原反应。

土壤中某些微生物在新陈代谢的过程中会分泌氧化还原酶，催化土壤中某些毒性强的氧化态重金属离子发生氧化还原反应，使其还原为无毒性或低毒性的离子，降低重金属污染对环境的危害。例如，Cr^{6+}的毒性远高于Cr^{3+}，可利用微生物作用将高毒性的Cr^{6+}还原为低毒性的Cr^{3+}。通过生物氧化还原来降低Cr^{6+}毒性的方法，由于其环境友好性和经济性，引起了持续的关注。相反，Cr^{3+}被氧化成Cr^{6+}时，Cr的流动性和生物利用活性提高了。Cr^{3+}的氧化主要是通过非生物氧化剂的氧化，如Mn（Ⅳ），其次是Fe（Ⅲ）。当环境中的电子供体Fe（Ⅱ）充足时，Cr^{6+}可以被还原为Cr^{3+}。当有机物作为电子供体时，Cr^{6+}可以被微生物还原为Cr^{3+}。

微生物所产生的氧化还原酶通过催化重金属发生氧化还原反应，对降低高化学价离子的毒性具有重要作用，但反应过程受到土壤pH值、微生物生长状态、土壤性质、污染物特点等多种因素共同影响。

3. 微生物对重金属离子的沉淀及矿化作用

微生物所产生的氧化还原酶对重金属离子的氧化还原作用，或微生物自身新陈代谢作用会引起重金属离子的沉淀。一些微生物的代谢产物（如硫离子、磷酸根离子）与金属离子发生沉淀反应，使有毒有害的金属元素转化为无毒或低毒金属沉淀物。范雷等研究表明，硫酸盐还原细菌可将硫酸盐还原成硫化物，使土壤环境中重金属产生沉淀而钝化。

生物矿化作用是自然界常见的一种作用，是在有机质控制或影响下，在生物体的特定部位，由生物分泌的有机质将无机相的、离子态重金属转变为固相矿物，但无机相的结晶严格受生物分泌的有机质控制。生物矿化区别于其他矿化现象的地方是，重金属离子的定向结晶是由微生物高分子膜表面的有序基团所引起的，可以对晶体在三维空间的生长情况和反应动力学等方面进行调控。

国内外不同学者针对微生物矿化作用固结重金属开展了相关的研究。马卡斯基等研究表明，革兰阴性细菌Citrobacer可通过磷酸酶分泌大量磷酸氢根离子在细菌表面与重金属形成矿物。索尼等利用尿素酶成功沉淀$SrCl_2$和$BaCl_2$溶液中的重金属离子，得到$SrCO_3$和$BaCO_3$。尿素酶在不同沉淀阶段中对晶体生长过程和最终晶型有不同的影响，在反应初期形成均匀的纳米级的球状颗粒，后期发现球形颗粒转变为棒状聚集（rodlike clusters）的碱式矿物。藤田等通过细菌将[90]Sr沉淀在方解石矿物中，修复被[90]Sr污染的地下水。加内什等利用铁盐还原菌（Shewanella alga）和硫酸盐还原菌（Desulfovibrio desulfuricans）将六价铀还原为四价铀，然后将四价铀沉淀形成沥青铀矿[UO_2（S）]从水溶液中移除。

许燕波等选用革兰氏阳性菌作为矿化菌种，对某废弃铁矿场地进行处理，现场修复深度20cm，面积1000m^2。通过处理前后污染物对比发现，利用盐矿化菌喷洒处理受重金属污染土壤效果显著，重金属去除率最高达到83%，重金属离子被作物吸收的风险明显降低。王瑞兴等选取土壤菌作为碳酸盐矿化菌，利用其在底物诱导下产生的酶化作用，分解产生CO_3^{2-}，矿化固结土壤中的有效态重金属，如使Cd^{2+}沉积为稳定态的碳酸盐，对土中有效态重金属去除率达到50%以上。根据研究结果，在溶液中Cd^{2+}的添加降低了菌株的酶活性，酶活性随着重金属的增加逐渐趋于一定值，而菌株在土壤中可以3d以上的活性，因此，可通过多次添加底物的方法来达到更好的处理效果。

7.6.2 重金属污染土微生物修复的影响因素

1. 菌株

如前文所述，微生物对重金属污染土具有明显的修复效果，但不同类型的微生物对重金属的修复机理不同。如原核微生物是通过减少摄入量、增大排出量来控制细胞内重金属离子的浓度。而真核微生物是通过体内的金属硫蛋白（metallothionein, MT）与重金属离子发生螯合反应来减少活性游离态重金属离子，游离态离子的破坏性减小，重金属离子的生态毒性相应降低。处理重金属污染土时，微生物对重金属的耐性也是需要考虑的，通常认为不同微生物对重金属的耐性顺序为：真菌＞细菌＞放线菌。针对不同的重金属污染，需要选择合适的微生物进行处理，菌株的选择就尤为重要。

高效菌株的获取有两种途径：野外筛选培育和基因工程菌的构建。野外筛选培育可以从重金属污染土体中或其他重金属污染环境中筛选，如从水污染环境中筛选目标菌株。一般情况下，由重金属污染土体中筛选获取的土著菌株经富集培养后再投入到原污染土体，其效果更好，因为筛选、富集的土著微生物更能适应土体的生态条件，可更好地发挥其修复功能。鲁滨逊等研究了从土中筛选的 4 种荧光假单胞菌对镉的富集与吸收效果，发现这 4 种细菌对镉的富集达到环境中的 100 倍以上。汞所造成的污染最早受到关注，汞的微生物转化主要包括 3 个方面：无机汞 Hg^{2+} 的甲基化，无机汞 Hg^{2+} 还原成汞单质，甲基汞和其他有机汞化合物裂解并还原成汞单质。巴尔加利在汞矿附近土体中分离得到很多微生物，这些微生物或具有较强的汞富集能力，或具有转化汞状态的能力。可对汞富集的菌种，如腐殖质分解菌的富集能力达到 1mg/kg 的土壤干重；可使汞甲基化的菌，如梭菌、脉孢菌、假单胞菌和许多真菌等；可使汞发生转化的微生物，如铜绿假单胞菌、金黄色葡萄糖菌、大肠埃希菌等可以使无机汞和有机汞转化为单质汞。

得益于生物技术工程的进步，通过转基因操作可以把所需要的基因转入目标微生物体内，培养成所需要的菌株。对污染土壤适应性强的微生物可以植入重金属抗性基因或编码重金属结合肽的基因，得到既适应污染土环境又具有耐重金属性的菌株。由于大多数微生物对重金属的抗性系统主要由质粒上的基因编码，且抗性基因可在质粒与染色体间相互转移，许多研究工作开始采用质粒来提高细菌对重金属的富集作用，并取得了良好的应用效果。

微生物表面展示技术是将编码目的肽的 DNA 片段通过基因重组的方法构建和表达在噬菌体表面、细菌表面（如外膜蛋白、菌毛及鞭毛）或酵母菌表面（如糖蛋白），从而使每个颗粒或细胞只展示一种多肽。微生物表面展示技术可以把编码重金属离子高效结合肽的基因通过基因重组的方法与编码细菌表面蛋白的基因相连，重金属离子高效结合肽以融合蛋白的形式表达在细菌表面，可以明显增强微生物的重金属结合能力，为重金属污染微生物修复提供了新的选择。黑田、乌德等将酵母金属硫蛋白（YMT）串联体在酵母表面展示表达后，其对重金属的吸附能力明显提高，四聚体提高 5.9 倍，八聚体提高 8.7 倍。微生物表面展示技术在重金属污染土壤原位修复上虽然取得了许多成果，但离实际应用仍有一段距离。其主要原因是用于展示金属结合肽的受体微生物种类及适应性有限，并且缺乏选择金属结合肽的有效方法。

2. 其他理化因素

pH 值是影响微生物吸附重金属的重要因素之一，pH 值过高或过低都会影响微生物的修复效果。在 pH 值较低时，水合氢离子与细菌表面的活性点位结合，会阻止重金属与吸附活性点位的接触；随着 pH 值的增加，细胞表面官能团逐渐脱质子化，金属阳离子与活性电位结合量增加。但 pH 值过高时，会导致金属离子形成氢氧化物而不利于菌体吸附金属离子。

根据研究结构，某些微生物可以吸附多种重金属，如乔杜里和萨在铀矿中分离出一种新型的假单胞菌属的微生物，这种微生物可吸附多种重金属，如对 Ni^{2+}、Co^{2+}、Cu^{2+}、Cd^{2+} 均有吸附作用。虽然一种微生物可吸附多种重金属离子，但对不同离子间吸附性能会相互抑制。例如，自然水体生物膜对 Ni^{2+}、Co^{2+}、Pb^{2+}、Cu^{2+} 和 Cd^{2+} 吸附时，金属两两之间相互干扰，使生物膜对重金属的吸附量有所降低。少数情况下，共存离子会出现协同作用，但作用机制尚不清楚。例如，经 Cu^{2+} 的诱导培养后的沟戈登氏菌对 Pb^{2+} 和 Hg^{2+} 的吸附活性增强。

根据目前研究成果，在适宜菌体生长的温度范围内，温度对微生物吸附重金属效率的影响不大。许旭萍等研究了不同温度下球衣菌对 Hg^{2+} 的吸附性能，发现其不受温度影响。康春莉等发现在温度低于 30℃ 时，细菌对 Pb^{2+}、Cd^{2+} 的吸附与温度无关；当温度高于 30℃ 时，吸附量略有下降，其原因可能是温度过高影响到了胞外聚合物的活性，降低了吸附量。

7.6.3 微生物修复的存在问题及研究趋势

虽然重金属污染土的微生物修复技术已有较大发展，但仍存在以下问题：①原位修复效率低，对重度污染土壤不适用；②原位修复时所采用的微生物与土著菌株存在竞争性，可能因其竞争不过土著微生物而导致目标微生物数量减少或其代谢活性丧失，达不到预期的修复效果；③重金属污染土壤原位微生物修复技术大多还处于研究阶段和田间试验与示范阶段，与大规模实际应用还有一定的差距。

通过以上分析，今后应从以下几个方面加强研究和应用：

（1）结合生物基因工程技术，加强具有高效修复能力的微生物的研究。分子生物学和基因工程技术的应用有助于构建具有高效转化和固定重金属能力的菌株，尤其是微生物表面展示技术的不断成熟与完善，将会极大地提高微生物对重金属的固定能力，在重金属污染土修复中发挥重要作用。

（2）加强微生物修复技术与其他环境修复技术间的联合，优势互补，提高污染土修复效率。如可采用植物—微生物联合修复技术，充分发挥植物修复与微生物修复技术的各自优势，弥补其不足。研究土壤环境条件变化对重金属微生物转化的影响，通过应用化学试剂（络合剂、整合剂）或土壤改良剂、酸碱调节剂等加速微生物修复作用；结合生物刺激技术添加修复微生物所需的营养物质，以增强其竞争力和修复效果。

虽然重金属污染土壤的原位微生物修复技术还存在不足，实际应用有限，但是其与物理和化学修复技术相比，具有经济和生态双重优势，具有良好的发展前景。微生物修复将成为一种广泛应用、环境良好和经济有效的重金属污染土壤修复方法，为重金属污染土壤的治理开辟了一条新途径。

第 **8** 章
人类工程活动造成的环境岩土工程问题

人类为发展生产进行的各种各样的工程活动都会对周围的环境造成这样或那样的影响。这就是所谓工程活动与环境之间的共同作用问题。以往，设计工程师的主要责任是考虑工程本身的技术问题，现在，还应该考虑工程建设过程中以及工程完成以后对环境的影响等问题。可持续发展的道路，不能以牺牲环境为代价，片面地追求短期经济效益，会造成巨大的经济损失和引发各种各样的社会问题。

工程活动对环境的影响是不可避免的，为此应根据具体情况分别考虑工程与环境之间的矛盾。根据长期的实践经验，可归纳为以下几点原则：

（1）环境补偿的原则。当工程活动不可避免地影响或破坏某些环境问题时，待工程建设结束后应重新恢复。例如，被破坏的草坪、被毁坏的树木应重新绿化；公用的管道暂时移位的也应重新就位等。换句话说，环境暂时照顾工程建设。

（2）工程避让的原则。如果环境非常复杂，工程活动可能会对四周的环境造成巨大的经济损失和重大的社会影响时，工程项目应该另选场地或改变设计。

（3）环境保护的原则。当环境和工程都不能退让时，工程应该采取各种措施（包括赔偿措施）来保护环境。例如，在城建中由于打桩的挤土、深基坑开挖、地铁掘进等引起地层的移动造成的影响。措施力求有效而经济，将影响减小到最低的限度。

（4）环境治理的原则。某些工程活动对环境的影响是长期的，或一时难以估计的，或不可避免的。对于这种情况就应采取整治的办法。例如，上海由于工业生产发展造成苏州河的污染，政府制定了大规模的治理计划，采用合流污水集中排放、搬迁工厂等措施来改善苏州河水质。

随着工程建设的发展，工程建设与环境之间所发生的相互作用越来越复杂，这是摆在工程界面前的一个新课题，现将有关问题，作一简单的介绍。

8.1 地基基础施工对环境的影响与防护

8.1.1 沉桩施工对环境的影响与防护措施

1. 挤土效应及其防护措施

预制桩及沉管灌注桩等挤土桩，在沉桩过程中，桩周地表土体隆起，桩周土体受到强烈挤压扰动，土体结构被破坏。如在饱和的软土中沉桩，在桩表面周围土体中产生很高的超孔隙水压力，使得有效应力减小，导致土的抗剪强度大大降低，随着时间的推移，超孔隙水压力逐渐消散，桩间土的有效应力逐渐增大，土的强度逐渐恢复。探讨受打桩扰动后桩周土的工程特性，对合理进行桩基设计具有重要意义。卡萨格兰德指出，重塑区离桩表面约 $0.5d$（d 为桩的直径，下同），而土的压缩性受到较大影响的区域（压密区）可达 $1.5d$。但是具体各区域的大小往往取决于土的种类、状态、桩本身的刚度及设置方法。

在桩贯入土中时，桩尖周围的土体被排挤，出现水平方向和竖直方向的位移，并产生扰动和重塑。有关研究资料表明，由沉桩而引起的地面隆起仅发生在距地表约 $4d$ 深度范围内，在这一深度以下，土体的位移，即桩底附近土体的位移仍受到桩尖的影响。

图 8-1 是上海著名的外白渡桥立剖面图，它始建于 1906 年，次年竣工。20 世纪 30 年代在苏州河北岸，离桥墩约 40m 处建造上海大厦时，基础打桩，造成桥墩移动，致使桥面桁架支座偏位而重新检修。

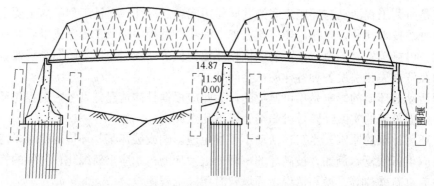

图 8-1 上海外白渡桥立剖面图

在挤土桩施工区内，可根据基础平面形状、桩数、桩径、桩长、桩距、地质条件、地下水位高低情况、施工期等诸因素，合理选择防护措施，达到消除或减少挤土效应对周围环境的影响。主要方法如下：

（1）预钻孔取土打桩。先在桩孔位置钻成一直径不大于桩径 2/3、深度不大于桩长 2/3 的孔，然后在孔位上打桩。根据工程实践经验，采用预钻孔沉桩法可明显改善挤土效应，地基明显改善，地基土变位可减少 30%～50%，超孔隙水压力值可减少 40%～50%，并可减少对已沉入桩的挤推和上浮，也有利于减少对周围环境的影响。

（2）控制打桩速率。打桩速率是指每天的打桩数。每天入土桩数越多，孔隙水压力的积累越快，土的扰动越严重，因此打桩的影响也越严重。特别是打桩后期，桩区内入土桩数已有一定数量，土体可压缩性逐渐丧失，因此打桩速率特别敏感，必须加以控制。速率控制多少为宜，应根据工程的具体情况以及周围建筑物的反应而定。

（3）采用降低地下水位或改善地基土排水特性的方法。通常采用井点或集水井降水措施，或采用袋装砂井、砂桩、碎石桩、塑料排水板等排水措施，减少和及时疏导由沉桩引起的超静孔隙水压力，防止砂土液化或提高临近地基土体的强度以增大其对地基变位的约束作用，从而减少地基变位的影响范围。一般采用砂井等排水措施，可降低超孔隙水压力40%左右，袋装砂井直径一般为 70～80cm，间距为 1～1.5m，深度为 10～12m。

（4）合理安排打桩方向。背着建（构）筑物打桩对减少打桩施工队管道和建（构）筑物影响的效果较好，比对着建（构）筑物打桩其挤压影响要小得多。这是因为先打入的桩，或多或少具有遮帘的作用，使挤土的方向有所改变，从而起到保护建（构）筑物的作用。

（5）设置防挤防震沟。挖沟的深度通常不大于2m，有时可在沟内回填砂或建筑垃圾等松散材料。这种措施，主要是减少表层的挤压作用，对浅埋的管线能起到一定的保护效果。但采取这一措施时要注意，不能因为沟的坍塌而造成损害。

2. 沉桩振动及防护

打桩时会产生一定的振动波向四周扩散。对人来说，较长时间处在一个周期性微振动作用下会感到难受，特别是住在木结构房屋内的居民，地板、家具都会不停地摇晃，对年老有病的人影响尤其大。

通常情况下，振动对建筑物不会造成破坏性的影响。打桩与地震不一样，地震时地面加速度可以看作一个均匀的振动场，而打桩是一个点振源，振动加速度会迅速衰减，是一个不均匀的加速度场。现场实测结果表明，打桩引起的水平振动约为风振荷载的5%，所以除去一些危险性房屋以外，一般无大的影响。但打桩锤击次数很多时，对建筑物的粉饰、填充墙会造成损坏；另外，振动会影响附近的精密机床、仪器仪表的正常运行。

打桩振动危害的影响程度不仅与桩锤锤击能量、桩锤锤击频率、离打桩区的距离有关，而且还取决于打桩区的地形、地基土的成层状态和土质、邻近建筑物的结构形式及其规模大小、重量和陈旧程度、建筑物的设备运转对振动影响的限制要求等。

为了缩短打桩振动影响时间和减少振动影响程度，可在打桩施工中采用特殊缓冲垫材或缓冲器，合理选择低振动强度和高施工频率的桩锤，采取桩身涂覆减少摩阻力的材料以及与预钻孔法、掘削法、水冲法、静压法相结合的打桩施工工艺，控制打桩施工顺序（由近向远）等防护措施。

3. 打桩噪声及防护

在沉桩过程中会产生一定的噪声，噪声在空气中以平面正弦波传播，并按声源距离对数值呈线性衰减。一般以声压单位dB来衡量噪声的强弱及其危害程度。噪声的危害不仅取决于声压大小，而且与持续时间有关。沉桩施工工艺不同，噪声声压也有所不同。住宅区噪声一般控制在70～75dB，工商业噪声可控制在75～80dB。当沉桩施工噪声高于80dB时，应采取减小噪声的处理措施。

一般可采取以下几种基本防护措施：

（1）声源控制防护。如锤击法沉桩可按桩型和地基条件选用冲击能量相当的低噪声冲击锤，振动法沉桩选用超高频振动锤和高速微振动锤，也可采用预钻孔辅助沉桩法、振动掘削辅助沉桩法、水冲辅助沉桩法等工艺。同时可改进桩帽、垫材以及夹桩器来取得降低噪声的效果。在柴油锤锤击法沉桩施工中，还可用桩锤式或整体式消声罩装置将桩锤封隔起来。

（2）遮挡防护。在打桩区和受音区之间设置遮挡壁可增大噪声传播回折路线，并能发挥消声效果，显著增大噪声传播时的衰减量。通常情况下遮挡壁高度不宜超过声源高度和受声区控制高度，一般以15m左右比较经济合理。

（3）时间控制防护。控制沉桩施工时间，午休和晚上停止沉桩施工，以尽可能减小对打桩区邻近住宅区的噪声危害，保证周围居民正常生活和休息。

8.1.2　强夯施工对环境的影响与防护措施

强夯法，又称动力固结，是在重锤夯实法基础上发展起来的一种地基处理方法。它利用起重设备将重锤（一般 $80\sim250kN$）提升到较大的高度（$10\sim40m$），然后使重锤自由落下，以很大的冲击能量（$800\sim10000kJ$）作用在地基上，在土中产生极大的冲击波，以克服土颗粒间的各种阻膨胀性等。强夯法是一种简便、经济、实用的地基加固处理方法。

强夯所产生的扰动包括强夯加固区域的土体有利扰动及所引起的周围环境公害的不利扰动两种。强夯的巨大冲击能量可使附近的场地下沉和隆起，并以冲击波的形式向外传播，对邻近的土体及周围建（构）筑物产生扰动影响，引起场地表面和建（构）筑物不同程度的损伤与破坏，对人的身心健康造成危害，并产生振动和噪声等环境公害。

由于强夯施工会引起地表与周围建（构）筑物不同程度的损坏和破坏等环境公害，因此应根据地基土的特性结合强夯对周围建筑物的不利扰动影响，确定最佳的强夯能量与强夯方案，同时采取合理的隔振、减振措施，将强夯扰动所引起的环境公害降到最低程度。

常见的隔振措施是采用挖掘隔振沟、钻设隔振孔。在中、强不利扰动区，采用隔振沟可消除 $30\%\sim60\%$ 的振动能量。另外，也可对建（构）筑物本身采取合理的减振、隔震措施。

8.2 深基坑开挖对环境的影响与防护

8.2.1 基坑工程施工对周围环境的影响

深基坑开挖不仅要保证基坑本身的安全与稳定，还应有效控制基坑周围地层移动以保护周围环境。基坑开挖施工时，经常引起周围土体较大的变形，从而影响基坑周围的建（构）筑物、道路、管线、机器设备等的正常使用，甚至造成破坏。

1. 基坑变形现象

基坑的变形是由于基坑内土体的挖除，打破了周围土体原来的平衡所造成的。其变形可以分为围护结构变形、基坑底部的隆起以及周围区域地表的沉降与水平位移三部分。基坑的典型变形形态如图 8-2 所示。

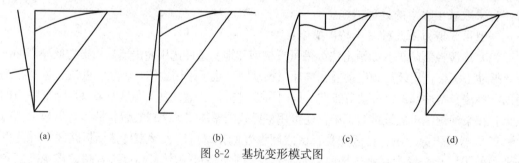

图 8-2 基坑变形模式图

长期工程实践的观测发现，地表沉降主要有两种分布形式：图 8-2（a）和图 8-2（b）为三角形，图 8-2（c）和图 8-2（d）为凹槽形。图 8-2（a）的情况主要发生在悬式围护结构上；图 8-2（b）发生在地层较软弱而且墙体的入土深度不大时；图 8-2（c）和图 8-2（d）则主要发生在设有良好的支撑，而且围护结构插入较好、土层或围护结构足够长时。

在基坑开挖过程中周围地表还同时伴随水平位移，这种水平位移的大小随距基坑边的距离不同而异，使得周围的保护对象可能受到水平拉伸或压缩作用。

2. 基坑周围地层移动机理

基坑开挖的过程是基坑开挖面上卸荷的过程，由于卸荷而引起坑底土体产生以向上为主的位移，同时也引起围护墙在两侧压力差的作用下而产生水平位移以及因此而产生的墙外侧土体的位移。可以认为，基坑开挖引起周围地层移动的主要原因是坑底的土体隆起和围护墙的位移。

（1）坑底土体隆起。坑底隆起是垂直卸荷而改变坑底土体原始应力状态的反应。在开挖深度不大时，坑底土体在卸荷后发生垂直的弹性隆起。当围护墙底下为清孔良好的原状土或注浆加固土体时，围护墙随土体回弹而抬高。坑底弹性隆起的特征是坑底中部隆起最高，而且坑底隆起在开挖停止后很快停止。

这种坑底隆起基本不会引起围护墙外侧土体向坑内移动。随着开挖深度增加，基坑内外的土面高差不断增大，当开挖到一定深度，基坑内外土面高差所形成的加载和地面各种超载的作用，就会使围护墙外侧土体向基坑内移动，使基坑坑底产生向上的塑性隆起，同时在基坑周围产生较大的塑性区，并引起地面沉降。

（2）围护墙位移。基坑开始开挖后，围护墙便开始受力变形。在基坑内侧卸去原有的土压力时，在墙外侧则受到主动土压力，而在坑底的墙内侧则受到全部或部分的被动土压力。由于总是开挖在前，支撑在后，所以围护墙在开挖过程中，安装每道支撑以前总是已发生一定的先期变形。挖到设计坑底标高时，墙体最大位移发生在坑底面下 $1\sim2m$ 处。围护墙的位移使墙体主动压力区和被动压力区的土体发生位移。墙外侧主动压力区的土体向坑内水平位移，使背后土体水平应力减小，以致剪力增大，出现塑性区。而在基坑开挖面以下的墙内侧被动压力区的土体向坑内水平位移，使坑底土体加大水平应力，以致坑底土体剪应力增大而发生水平挤压和向上隆起的位移，在坑底处形成局部塑性区。

墙体变形不仅使墙外侧发生地层损失而引起地面沉降，而且使墙外侧塑性区扩大，因而增加了墙外土体向坑内的位移和相应的坑内隆起。因此，同样地质和埋深条件下，深基坑周围地层变形的范围及幅度，因墙体的变形不同而有很大差别，墙体变形往往是引起周围地层移动的重要原因。

3. 基坑周围地层移动的相关因素

在基坑地质条件、长度、宽度、深度均相同的条件下，许多因素会使周围地层移动产生很大差别，因此可以采用相应的措施来减小周围地层的移动。影响周围地层移动的主要相关因素如下：

（1）支护结构系统的特征

① 墙体的刚度、支撑水平与垂直向的间距。一般大型钢管支撑的刚度是足够的。当墙厚已定时，加密支撑可有效控制位移。减少第一道支撑前的开挖深度以及减少开挖过程中的最下一道支撑距坑底面的高度对减少墙体位移有重要作用。

② 墙体厚度及插入深度。在保证墙体有足够强度和刚度的条件下，恰当增加插入深度，可以提高抗隆起稳定性，也就可减少墙体位移。根据上海地铁车站或宽度 20m 左右的条形深基坑工程经验，围护墙厚度一般采用 $0.05H$（H 为基坑开挖深度，下同），插入深度一般采用 $0.6\sim0.8H$。对于变形控制要求较严格的基坑，可适当增加插入深度；对于悬臂式挡土墙，插入深度一般采用 $1.0\sim1.2H$。

③ 支撑预应力的大小及施加的及时程度。及时施加预应力，可以增加墙外侧主动压

力区的土体水平应力，而减少开挖面以下墙内侧被动压力区的土体水平应力，从而增加墙内、外侧土体抗剪强度，提高坑底抗隆起的安全系数，有效地减少墙体变形和周围地层位移。根据上海已有经验，在饱和软弱黏土基坑开挖中，如能连续用 16h 挖完一层（约 3m 厚）中一小段（约 6m 宽）土方后，即在 8h 内安装好两根支撑并施加预应力至设计轴力的 70%，可比不加支撑预应力时至少减少 50% 的位移。如在开挖中不按"分层分小段、及时支撑"的顺序，或开挖、支撑速度缓慢，则必然较大幅度地增加墙体位移和墙外侧地面沉降层的扰动程度，从而增大地面的初始沉降和后期的固结沉降。

④ 安装支撑的施工方法和质量。支撑轴线的偏心度、支撑与墙面的垂直度、支撑固定的可靠性、支撑加预应力的准确性和及时性，都是影响位移的重要因素。

（2）基坑开挖的分段、土坡坡度及开挖程序

长条形深基坑按限定长度（不超过基坑宽度）分段开挖时，可利用基坑的空间作用，以提高基坑抗隆起安全系数，减少周围地层移动。同样，将大基坑分块开挖亦具有相同的作用。在每段开挖的开挖程序中，分层、分小段开挖，随挖随撑。可在分步开挖中，充分利用土体结构的空间作用，减少围护墙被动压力区的压力和变形，尽快施加支撑预应力，及时使墙体压紧土体而增加土体抗剪强度。这不仅减少各道支撑安装时的墙体先期变形，而且可提高基坑抗隆起的安全系数，否则将明显增大土体位移。

（3）基坑内土体性能的改善

在基坑内外进行地基加固以提高土的强度和刚度，对治理基坑周围地层位移问题无疑是肯定的，但加固地基需要一定代价和施工条件。在坑外加固土体，用地和费用问题都较大，非特殊需要很少采用。一般说来在坑内进行地基加固以提高围护墙被动土压力区的土体强度和刚度，是比较常用的合理方法。在软弱黏性土地层和环境保护要求较高的条件下，基坑内土体性能改善的范围，应考虑自地面至围护墙底下被挖槽扰动的范围。

（4）开挖施工周期和基坑暴露时间

在黏性土的深基坑施工中，周围土体均达到一定的应力水平，还有部分区域成为塑性区。由于黏性土的流变性，土体在相对稳定的状态下随暴露时间的延长而产生移动是不可避免的，特别是剪应力水平较高的部位，如在坑底下墙内被动区和墙底下的土体滑动面，都会因坑底暴露时间过长而产生相当的位移，以致引起地面沉降的增大。特别要注意的是每道支撑挖出槽以后，如延搁支撑安装时间，就会明显地增加墙体变形和相应的地面沉降。在开挖到设计坑底标高后，如不及时浇筑好底板，使基坑长时间暴露，则会因黏性土的流变性增大墙体被动压力区的土体位移和墙外土体向坑内的位移，因而增加地表沉降，雨天尤甚。

（5）水的影响

雨水和其他积水无抑制地进入基坑，而不及时排除坑底积水时，会使基坑开挖中边坡及坑底土体软化，从而导致土体发生纵向滑坡，冲断基坑横向支撑，增大墙体位移和周围地层位移。

（6）地面超载和振动荷载

地面超载和振动荷载会减少基坑抗隆起安全度，增加周围地层位移。

（7）围护墙接缝的漏水及水土流失、涌砂

含水砂层中的基坑支护结构，在基坑开挖过程中，围护墙内外形成水头差，当动水压

力的渗流速度超过临界流速或水力梯度超过临界梯度时，就会引起管涌及流砂现象。基坑底部和墙体外面大量的砂随地下水涌入基坑，导致地面塌陷，同时使墙体产生过大位移，甚至引起整个支护系统崩塌。

8.2.2 基坑工程施工的环境保护措施

如前所述，基坑工程施工对环境影响的因素很多，这就要求我们采用具体工程具体分析的策略，抓住主要矛盾，采取有效措施，控制施工扰动影响。如对砂性土地基中的基坑工程，当地下水较丰富时，应重视采用合理的降（止）水措施，地下水的问题处理好了，就有效地减小了基坑工程施工扰动对周围环境造成的影响；对软黏土地基中的基坑工程，围护结构的位移是产生周边土体沉降的主要原因，采取措施减小围护结构位移可有效减小基坑扰动对周围环境的影响。

此外，基坑工程施工扰动影响控制应采用综合治理的方法。基坑工程是一项系统工程，从围护结构的合理设计，到基坑工程信息化施工，重视现场监测，以及对周围建（构）筑物和地下管线是否需要进行主动保护或被动保护等，均应统一考虑。只有进行综合治理，才能取得较好的社会效益和经济效益。

1. 围护结构形式的合理选用及优化设计

选择合理的围护结构形式和优化设计对减少深基坑施工对环境的影响至关重要。一般而言，采用内撑式围护结构形式，坑周土体位移最小。从减小基坑工程施工扰动影响出发，应首选内撑式围护结构形式。但从工程应用上，基坑工程施工扰动满足不影响坑周原有建（构）筑物和地下管线的安全及正常使用即可。因此，基坑工程围护体系的选用原则是安全、经济、方便施工，选用方式确定要因地制宜。这里安全的要求，不仅指围护体系本身安全，保证基坑开挖和地下结构施工顺利，而且包括周围原有建（构）筑物和地下管线的安全和正常使用。

围护结构形式的合理选用应该做到因地制宜，要根据基坑工程周围建（构）筑物对围护结构变形的适应能力，选用合理的围护形式进行围护体系设计。地质条件和挖土深度相同的条件下，满足相同变形要求的不同围护体系形式的工程费用可能会相差很多。对同一工程，允许围护结构位移量不同，满足要求的围护结构体系工程费用相差也很多。因此，合理控制围护结构允许位移，合理选用围护结构形式具有重要的意义。

在基坑围护结构设计中除合理选用围护结构形式外，也要重视结构优化设计。以内撑式排桩墙结构体系为例，内撑位置、桩径、桩长、桩距均对围护结构变形有重要影响。为了满足小于一定变形的要求，又达到节省工程投资的目的，可通过结构优化设计确定内撑位置、桩径、桩距和桩长。

基坑工程应该采用变形控制设计。根据围护结构设计，计算围护结构位移。如其位移满足要求，完成设计；如不能满足要求，则需重新进行结构设计。对内撑式围护结构，通过增大桩径、桩长或增加支撑来减小位移，或通过被动区土体土质改良等措施减小位移，直至位移满足要求为止。

2. 信息化施工

基坑工程施工扰动影响因素很多，这与基坑工程的特性有关。基坑工程区域性、个性很强，基坑工程还具有较强的时空效应，是综合性很强的系统工程。基坑围护体系是临时结构，安全储备较小，具有较大的风险性。为了控制基坑工程施工扰动影响，除了加强基坑工程施工扰动影响动态预报，合理选用基坑围护结构形式以及按变形控制设计外，强调采用信息化施工技术具有特别重要的意义。

信息化施工技术的基本思路有：根据围护结构设计编制施工组织设计和现场监测设计，边施工，边监测。根据监测情况，预报下一步施工是否安全。在确保安全施工前提下，才进行下一步施工。如出现事故苗头，应调整施工计划，或修改围护体系设计，或采用应急措施予以排除。

3. 基坑工程施工扰动影响控制方法

控制基坑工程施工扰动影响除了选用合理的围护结构形式，进行合理设计，实行信息化施工外，还可采用下述措施减少基坑工程施工扰动影响。

（1）基坑工程围护结构被动区和主动区土体土质改良

基坑工程被动区和主动区土质改良，能相应有效增大作用在围护结构上的被动土压力和减小作用在围护结构上的主动土压力，改善围护结构受力状态，减小围护结构变形。被动区土体土质改良和主动区土体土质改良两者相比，前者对减小围护结构变形更为有效。在软土地基基坑工程中常采用被动区土体土质改良来减小围护结构变形，达到减小基坑施工扰动影响的目的。

被动区土体土质改良常采用深层搅拌法、高压喷射注浆法或注浆法施工。施工方法的选择应根据工程地质条件和工程具体情况合理选用，如施工条件、工程桩情况等。

土质改良范围应通过计算确定，根据变形控制设计并通过经济比较确定合理的土体土质改良范围，如土体土质改良区域的深度、厚度和宽度。

（2）回灌地下水

基坑工程中，为保证土方开挖和地下结构施工具有干燥的施工环境，常采用降水或排水措施。各类基坑围护体系中，对地下水处理大致可分为两类：一类是坑内坑外均采取降（排）水措施，如土钉墙支护、放坡开挖等；另一类采用止水帷幕，仅在坑内进行降（排）水措施。无论是第一类还是第二类，基坑内部地下水位下降势必引起基坑外地下水位下降。不同的是第一类坑内地下水位下降对坑外地下水位下降影响范围大，地下水下降幅度大，而第二类对坑外地层中地下水下降影响范围较小，且下降幅度也小。地层中地下水位下降势必引起地面沉降。

为了减小地下水位下降引起地面沉降，可采用回灌地下水的方法，通过回灌地下水提高需要保护的建（构）筑物地基中的地下水位。

（3）补偿注浆

基坑工程土方开挖引起围护结构位移，围护结构位移引起坑周土体位移，造成地面沉降和水平位移。通过压密注浆来补偿围护结构位移造成的土体"损失"，则可减小基坑工程施工扰动引起的地面沉降和水平位移。

补偿注浆可结合信息化施工进行，通过现场监测来控制注浆速度和注浆量。此外，补偿注浆可能增大作用在围护结构上的主动土压力，在围护结构设计时应予以考虑。

（4）建（构）筑物地基加固或基础托换

为了减小基坑工程施工扰动对周围建（构）筑物影响，可在基坑工程土方开挖前对已有建（构）筑物地基基础进行加固，该类方法也可称为主动保护法。常用加固方法有注浆法、锚杆静压桩法、树根桩法、高压喷射注浆法等。

8.3　地下开挖对环境的影响与防护

在软土地层中，地铁、污水隧道等常采用盾构法施工。盾构在地下推进时，在隧道上面的地表会发生不同程度的变形，这种现象在松软含水地层或其他不稳定地层中尤为显著。地表变形的程度与隧道的埋深和直径、地层的特性、盾构的施工方法、衬砌背面的压浆工艺、地面建筑物基础的形式等都有密切的关系。

8.3.1　地表变形的基本规律

盾构法施工时，沿隧道纵向轴线所产生的地表变形，一般在盾构前方约和盾构深度相等的距离内地表开始产生隆起，在盾构推过以后地表逐渐下沉，其下沉量随时间的推移由增加而最终趋于稳定，其变形规律如图 8-3 所示。

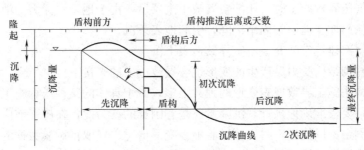

图 8-3　地表沉降纵断面图

在隧道横向上所产生的地表变形，当一个盾构施工时，其变形范围基本上接近土的破坏棱体；当两个盾构施工时，其变形破坏角 α 约在 $45°\sim47°$，如图 8-4 所示。

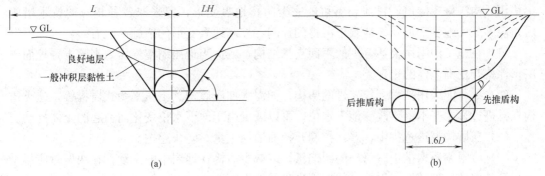

图 8-4　地表沉降横断面图

（a）单线盾构；（b）双线盾构

不同的盾构施工方法，其变形规律及影响范围大致相同，但变形量的差异很大。如采用全闭胸挤压盾构推进时，地面会产生很大的隆起，当隧道埋深为 $6\sim10m$ 时，地表隆起可达 $3\sim3.5m$。盾构推过以后，沿隧道顶部地面上出现明显的凹槽，有时可深达 $1\sim2m$。采用气压盾构或局部挤压盾构等施工时，盾构前面隆起现象会相应减小。一般情况是隆起越多，盾构过后沉降越大。施工掌握好时，地表沉降量可控制在 50mm 左右，最大不超过 100mm。

在盾构法施工中，对地表变形问题应予以足够的重视，特别是在城市街道或建筑群下进行隧道施工时，更应充分了解地下岩土结构和性质，采取各种技术措施精心施工，严防地表下沉过大而危及地下管线及地面建筑物的正常使用。

8.3.2　地表变形的产生原因

地表变形的产生原因主要有以下几个方面：

（1）盾构掘进时开挖面土体的松动和崩坍，破坏地层平衡状态，造成土体变形而形成地表下沉。

（2）盾构施工中经常采用降水措施，由于井点降水导致在井点管四周形成漏斗状曲面，更由于周围地下水的不断补充而产生土层内的动水压力，导致土中有效应力增加而产生固结沉降。

（3）采用气压盾构施工时，压缩空气疏干土层后，由于地下水浮力的消失，土体自重压力的增加，从而加速地层的固结沉降，引起地表下沉。

（4）盾构尾部建筑空隙充填不实导致地表下沉。

（5）隧道衬砌结构受力后产生的变形也会导致地表的微量下沉。

总之，盾构法施工导致地表变形的因素很多，对于具体的某种盾构施工方法，在特定的地质条件下，要较准确地预计其沉降量还是有困难的。为此，在施工前应在一段空地上布置地表变形测点，以便施工时实测试验地表变形情况。在取得试验数据的基础上，改进或采取相应的施工技术措施后，可逐步进入城市街道及建筑群下施工，否则，可能会产生严重的后果。

8.3.3　地表变形的控制

用盾构法修建隧道，目前还不可能完全防止地表变形，但采取各种相应的技术措施后，能够减少地表变形及使地表下沉得到控制。控制地表变形的措施一般有：

（1）在施工中采用灵活合理的正面支撑结构，或适当地压缩空气压力来疏干开挖面土层，保持开挖面土体的稳定。

（2）尽可能采用技术上较先进的盾构，如泥水加压盾构、土压平衡式盾构等，这类盾构在掘进过程中基本上不改变地下水位，可以减少由于地下水位变化而引起的土体扰动。

（3）在盾构掘进过程中，严格控制开挖面的挖土量，防止超挖。

（4）应限制盾构推进时每环的纠偏量，以减少盾构在地层中的摆动；在纠偏时应尽量减少开挖面的局部超挖，以控制纠偏推进时的地表下沉。

（5）提高隧道施工速度，减少盾构在地下的停搁时间。

（6）加强盾构与衬砌背面之间建筑空隙的充填措施。

（7）在选择用盾构法建造的隧道线路时，要尽量避开地面建筑群，并使建筑物处于地表沉降较为均匀的范围内。当盾构双线推进时，还应考虑盾构先后施工而导致的二次地表沉降影响。对隧道修建的地质情况，必须进行详细的勘察，以便对不同的地质条件采用相应的合理盾构开挖方法。必要时在盾构出洞后，在一段距离上进行地表沉降及隆起等变形观测，以取得实测资料，为控制地表变形提供依据。

8.4　抽汲地下水对环境的影响与防护

8.4.1　地下水位上升引起的岩土工程问题

1. 浅基础地基承载力降低

根据极限荷载理论，对不同类型的砂性土和黏性土地基，以不同的基础形式，分析不同地下水位情况下的地基承载力所得的结果是，无论是砂性土还是黏性土地基，其承载能力都具有随地下水位上升而下降的规律，由于黏性土具有黏聚力的内在作用，故相应承载力的下降率较小些，最大下降率在50%左右，而砂性土的最大下降率可达70%。

2. 砂土地震液化加剧

地下水与砂土液化密切相关，没有水，也就没有所谓砂土的液化。经研究发现，随着地下水位上升，砂土抗地震液化能力随之减弱。在上覆土层为3m的情况下，地下水位从埋深处上升至地表时，砂土抗液化的能力达74%左右。地下水位埋深在2m处左右，为砂土的敏感影响区。这种浅层降低影响，基本上是随着土体含水量的提高而加大，随着上覆土层的浅化而加剧。

3. 建筑物震陷加剧

首先，对饱和疏松的细粉砂土地基土而言，在地震作用下因砂土液化，使得建在其上的建筑物产生附加沉降，即发生所谓的液化震陷。由分析得到，地下水位上升的影响为：①对产生液化震陷的地震动荷因素和震陷结果起放大作用。当地下水位从分析单元层中点处开始上升至地表时，地震作用足足被放大了一倍。当地下水位从埋深3m处上升至地表时，6m厚的砂土层所产生的液化震陷值增大倍数的范围为2.9~5。②砂土越疏松或初始剪应力越小，地下水位上升，对液化震陷影响越大。

其次，对于大量软弱黏性土而言，地下水位上升既促使其饱和，又扩大其饱和范围。这种饱和黏性土的土粒空隙间充满了不可压缩的水体，本身的静强度较低，故在地震作用下，在瞬间即产生塑性剪切破坏，同时产生大幅度的剪切变形。该结果可使砂土液化震陷值增加4~5倍之多，甚至超过10倍。

海南某在细砂地基上的堤防工程，砂层厚4.5m，地下水埋深2m，考虑地下水位上升0.5m或1m时，地基承载力则从320kPa降至310kPa或270kPa，降低率为6.3%或19%。而砂土的液化程度，则从轻微液化变为近乎中等液化或已为中等液化。液化震陷量的增加率达6.9%或14.1%。在地基设计中，必须考虑因地下水位上升引起的这些削弱因素。

4. 土壤沼泽化、盐渍化

当地下潜水上升接近地表时，由于毛细作用的结果，而使地表过湿呈沼泽化或者由于强烈蒸发浓缩作用，使盐分在上部岩土层中积聚形成盐渍土。这不仅改变岩土原来的物理性质，而且改变了潜水的化学成分。矿化度的增高，增强了岩土及地下水对建筑物的腐蚀性。

5. 岩土体产生变形、滑移、崩塌失稳等不良地质现象

在河谷阶地、斜坡及岸边地带，地下潜水位或河水上升时，岩土体浸润范围增大，浸润程度加剧，岩土被水饱和、软化，降低了抗剪强度。地表水位下降时，向坡外涌流，可能产生潜蚀作用及流砂、管涌等现象，破坏了岩土体的结构和强度。地下水的升降变化还可能增大动水压力。以上各种因素，促使岩土体产生变形、崩塌、滑移等。因此，在河谷、岸边、斜坡地带修建建筑物时，就要特别重视地下水位的上升、下降变化对斜坡稳定性的影响。

6. 地下水位冻胀作用的影响

在寒冷地区，地下潜水位升高，地基土中含水量亦增多。由于冻结作用，岩土中水分往往迁移并集中分布，形成冰夹层或冰锥等，使地基土产生冻胀，地面隆起，桩台隆胀等。冻结状态的岩土体具有较高强度和较低压缩性，当温度升高，岩土解冻后，其抗压强度和抗剪强度大大降低。对于含水量很大的岩土体，融化后的黏聚力约为冻胀时的 $1/10$，压缩性增高，可使地基产生融沉，易导致建筑物失稳开裂。

7. 对建筑物的影响

当地下水位在基础底面以下压缩层范围内发生变化时，会直接影响建筑物的稳定性。若水位在压缩层范围内上升，水浸湿、软化地基土，使其强度降低、压缩性增大，建筑物就可能产生较大的沉降变形。地下水位上升还可能使建筑物基础上浮，使建筑物失稳。

8. 对湿陷性黄土、崩解性岩土、盐渍岩土的影响

当地下水位上升后，水与岩土相互作用，湿陷性黄土、崩解性岩土、盐渍岩土产生湿陷崩解、软化，其岩土结构破坏，强度降低，压缩性增大，导致岩土体产生不均匀沉降，引起其上部建筑物的倾斜、失稳、开裂，地面或地下管道被拉断等现象，尤其对结构不稳定的湿陷性黄土更为严重。

9. 膨胀性岩土产生胀缩变形

在膨胀性岩土地区，浅层地下水多为上层滞水或裂隙水，无统一的水位，且地下水位季节性变化显著。地下水位季节性升、降变化或岩土体中水分的增减变化，可促使膨胀性岩土产生不均匀的胀缩变形。当地下水位变化频繁或变化幅度大时，不仅岩土的膨胀收缩变形往复，而且胀缩幅度也大。地下水位的上升还能使坚硬的岩土软化、水解，抗剪强度与力学强度降低，产生滑坡（沿裂隙面）、地裂、坍塌等不良地质现象，导致自身强度的降低或消失，引起建筑物的破坏，因此，对膨胀性岩土地基的评价应特别注意对场区水文地质条件的分析。

8.4.2 抽汲地下水产生的环境问题

抽汲地下水使地下水位下降往往会引起地表塌陷、地面沉降、海（咸）水入侵、地裂缝的产生和复活、地下水源枯竭、水质恶化等一系列不良地质问题，并将对建筑物产生不良的影响。

1. 地表塌陷

塌陷是地下水动力条件改变的产物。水位降深与塌陷有密切的关系。水位降深小，地表塌陷坑的数量少，规模小。当降深保持在基岩面以上且较稳定时，不易产生塌陷；降深增大，水动力条件急剧改变，水对土体的潜蚀能力增强，地表塌陷的数量增多、规模增大。

2. 地面沉降

由于地下水不断被抽汲，地下水位下降引起了区域性地面沉降。国内外地面沉降的实例表明，抽汲液体引起液压下降、地层压密，是导致地面沉降的普遍和主要原因。国内有些地区，由于大量抽汲地下水，已先后出现了严重的地面沉降。如 1921—1965 年间，上海地区的最大沉降量已达 2.63m。据无锡水文局 2000 年城区防汛泵站三号水准测量的报告，与 1996 年 12 月测量成果比较，小三里桥泵站的水准点下沉了 68mm，纳新桥泵站的水准点下沉了 28mm，东经浜泵站的水准点下沉了 108mm。地下水位不断降低而引发的地面沉降已成为一个亟待解决的环境岩土工程问题。

3. 海（咸）水入侵

近海地区的潜水或承压水层往往与海水相连，在天然状态下，陆地的地下淡水向海洋排泄，含水层保持较高的水头，淡水与海水保持某种动平衡，因而陆地淡水层能阻止海水的入侵。如果大量开采陆地地下淡水，引起大面积地下水位下降，可导致海水向地下水开采层入侵，使淡水水质变坏，并加强水的腐蚀性。

4. 地裂缝的复活与产生

近年来，我国不仅在西安、关中盆地发现地裂缝，而且在山西、河南、江苏、山东等地也发现地裂缝。据分析，地下水位大面积、大幅度下降是发生裂缝的重要诱因之一。

5. 地下水源枯竭，水质恶化

盲目开采地下水，当开采量大于补给量时，地下水资源就会逐渐减少，以致枯竭，造成泉水断流，井水枯干，地下水中有害离子量增多，矿化度增高。

6. 对建筑物的影响

当地下水位升降变化只在地基基础底面以下某一范围内发生变化时，此时对地基基础的影响不大，地下水位的下降仅稍增加基础的自重；当地下水位在基础底面以下压缩层范围内发生变化时，若水位在压缩层范围内下降时，岩土的自重力增加，可能引起地基基础的附加沉降。如果土质不均匀或地下水位突然下降，也可能使建筑物发生变形、破坏。

7. 抽汲地下水出现环境问题的现状调查

随着工业生产规模的扩大，我国城市化的速度越来越快。不少城市超负荷运转，有些城市出现了严重的"城市病"。特别是大量抽汲地下水引起的地面沉降，造成大面积建筑物开裂、地面塌陷、地下管线设施损坏、城市排水系统失效，造成巨大损失。

地面沉降主要是与无计划抽汲地下水有关。图 8-5 所示是世界上几个主要城市地下水抽汲量和地面沉降的情况。两者之间有明显的关系，其中墨西哥城日抽水量为 $103.68 \times 10^4 m^3$，历年来地面沉降量达到 9m 多，影响范围达 225km²；日本东京地面沉降量虽没有墨西哥城大，但其影响范围也达到 3240km²。

目前，全国有将近 200 个城市取用地下水，四分之一的农田靠地下水泄溉。总的趋势是地下水位持续下降，部分城市地下水受到污染。对地下水不合理的开发利用诱发了一系列环境问题。

地面沉降的城市大部分分布在东部地区。苏州、无锡、常州三城市地面沉降大于 200mm 的面积达 1412.5km²；安徽阜阳市地面沉降累计达 870mm，面积达 360 多平方公里，上海自 1921—1965 年，最大沉降量达 2.63m，市区形成了两个沉降洼地，并影响到郊区。地面塌陷主要发生在覆盖型岩湾水源地所在地区，比较严重的有河北秦皇岛，山东

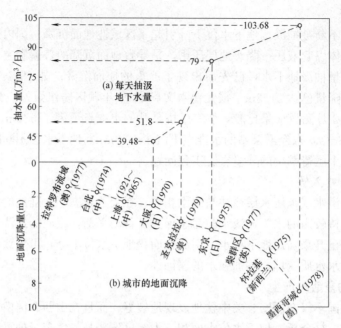

图 8-5　世界若干大城市的日用水量与地面沉降

枣庄、泰安，安徽淮北，浙江开化、仁山，福建三明，云南昆明等 20 多个城市和地区。沿海岸地下水含水层受到海水入侵的地段主要分布在渤海和黄海沿岸，尤以辽东半岛、山东半岛为重。山东受到海水入侵面积达 400 多平方公里，年均损失 4～6 亿元。

通常采用压缩用水量和回灌地下水等措施来克服上述问题。上海日最高地下水开采量为 $55.6 \times 10^4 \mathrm{m}^3$，1965 年开始实行人工回灌地下水的措施，控制回灌量和开采量的比例，一度地面回弹量达 3.2mm，回灌中心区部分地段回升量甚至达到 53mm。但随着时间的推移，人工回灌地下水的作用将会逐渐减弱，所以到目前为止还没有找到一个满意的解决办法。

8.4.3　人工回灌与地面回弹

如前所述，抽汲地下水导致地面沉降，是由于地下水位下降，导致孔隙水压力降低，土中有效应力增加，地层发生压密变形的外在表现。与之相反，对地下含水层（组）进行人工回灌，则有利于稳定地下水位，并促使地下水位回升，使土中孔隙水压力增大，土颗粒间的接触应力减小，土层发生膨胀，从而导致地面回弹，地面沉降可初步得到控制。

8.5　采空区地面变形与地面塌陷

由于地下开采强度和广度的扩大，地面变形和地面塌陷的危害不断加剧。单地面塌陷已在我国 23 个省区内发现了 800 多处，塌陷坑超过 3 万个，全国每年因地面塌陷造成的经济损失 10 多亿元。

采空区根据开采现状可分为老采空区、现采空区和未来采空区三类。老采空区是指建筑物兴建时，历史上已经采空的场地；现采空区是指建筑物兴建时地下正在采掘的场地；

未来采空区是指建筑物兴建时，地下贮存有工业价值的煤层或其他矿藏，目前尚未开采，而规划中要开采的地区。

地下煤层开采以后，采空区上方的覆盖岩层和地表失去平衡而发生移动和变形，形成一个陷盆地。地表移动盆地一般可分为三个区：

（1）中间区，位于采空区正上方，此处地表下沉均匀，地面平坦，一般不出现裂缝，地表下沉值最大。

（2）内边缘区，位于采空区内侧上方，此处地表下沉不均匀，地面向盆地中心倾斜，呈凹形，土体产生压缩变形。

（3）外边缘区，位于采空区外侧上方，此处地表下沉不均匀，地面向盆地中心倾斜，呈凸形，产生拉伸变形，地表产生张拉裂缝。

地表移动是一个连续的时间过程，在地表移动总的时间内可分为三个阶段：起始阶段、活跃阶段和衰退阶段。起始阶段从地表下沉值达到10mm起至下沉速度小于50mm/月止；活跃阶段为下沉速度大于50mm/月为止；衰退阶段从活跃阶段结束时开始，至6个月内下沉值不超过30mm为止。地表移动"稳定"后，实际上还会有少量的残余下沉量，在老采空区上进行共建时，要充分估计残余下沉量的影响。

建筑物遭受采空区地表移动损坏的程度与建筑物所处的位置、地表变形的性质及其大小有关。经验表明，位于地表移动盆地边缘区的建筑物要比中间区不利得多。地表均匀下沉使建筑物整体下沉，对建筑物本身影响较小，但如果下沉量较大，地下水位又较浅时，则会造成地面积水，不但影响使用，而且使地基土长期浸水，强度降低，严重的可使建筑物倒塌。

地表倾斜对高耸建筑物影响较大，使其重心发生偏斜。地表倾斜还会改变排水系统和铁路的坡度，造成污水倒灌。

地表变形曲率对建筑物，特别是地下管道影响较大，造成裂缝、悬空和断裂。

目前，国内外评定建筑物采空区影响的破坏程度所采用的标准，有的用地表变形值，如倾斜、曲率或曲率半径、水平变形，有的采用总变形指标。我国原煤炭工业部1985年已经颁发了有关规定和标准。此外，如枣庄、本溪、蜂峰等矿区都已积累了丰富的经验。

8.6　城市扬尘的治理

8.6.1　扬尘定义和分类

随着现代城市化的迅猛发展，我国因粉尘、放射性污染及有毒有害无机物导致疾病、死亡或劳动力丧失的人数不断增加，扬尘治理是人们关注的主要问题之一。其中，颗粒物（PM）含有有毒的化学成分，吸入过量的颗粒物会导致慢性或急性疾病，如支气管炎、肺癌等；引起大气的能见度低下和极端的天气事件（图8-6）；使建筑物和植物表面沾满灰尘，阻碍植物的光合作用，导致植物死亡；影响城市美观和植物生长，破坏生态平衡等。数据显示，截至2016年，河南省内的裸地面积为32.478km^2，施工面积为387.49km^2，铺装道路长度为67194km，裸地扬尘排放因子PM10为5.79g/m^2·d，施工扬尘排放因子PM10为$1.07×10^{-4}$t/(m^2·月)。2018年7月3日国务院发布《打赢蓝天

图 8-6 施工场地引起扬尘场景

保卫战三年行动计划》，明确提出加强扬尘综合治理，支持依法合规开展大气污染防治领域的政府和社会资本合作（PPP）项目建设。

扬尘是一种开放的污染源，在人为驾驶和其他风力驱动的前提下，通过地面灰尘进入大气。它是环境空气中总悬浮颗粒物的重要组成部分，占空气中总悬浮颗粒物的 50％以上。这也是我国各地空气质量差的主要原因，扬尘主要由粒径小于 $74\mu m$ 的土壤颗粒组成，可以长时间悬浮在空气中的粒径通常小于 $30\mu m$。

扬尘可以根据许多特征分类，在空气污染控制中，粉尘颗粒可分为：

（1）PM2.5 是指大气中直径小于或等于 $2.5\mu m$ 的颗粒，也称为细颗粒。虽然 PM2.5只是地球大气中的一个小成分，但它对空气质量和能见度有重要影响。PM2.5 粒径小，富含大量有毒有害物质，在大气中停留时间长，运输距离长，对人体健康和大气环境质量有很大影响。

（2）PM10 是指大气中粒径小于 $10\mu m$ 的固体颗粒，也称为可吸入颗粒。它能长时间漂浮在大气中，被人体吸入后会沉积在呼吸道肺泡等部位，从而引发疾病。

（3）TSP 是指大气中粒径小于 $100\mu m$ 的所有固体粒子，也称为总悬浮粒子。TSP 分为人为源和自然源，人为来源主要来自燃煤和燃油工业生产过程和人为活动；自然来源主要是通过风力输送到空气中的土壤灰尘和沙子。

扬尘粒直径越小，进入呼吸道的部分就越深。直径为 $10\mu m$ 的颗粒通常沉积在上呼吸道。直径为 $5\mu m$ 的可以进入呼吸道的深部，而直径小于 $2\mu m$ 的可以进入细支气管和肺泡。

8.6.2 粉尘污染的防治

防治粉尘污染方法一般包括：洒水、铺设防尘网和喷洒化学抑尘剂，如图 8-7 所示。

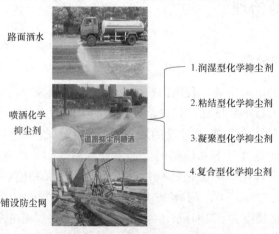

图 8-7 扬尘治理方法的分类

化学抑尘剂根据抑尘机理可分为四类：润湿型化学抑尘剂、粘结型化学抑尘剂、凝聚型化学抑尘剂、复合型化学抑尘剂。

（1）润湿型化学抑尘剂是由表面活性剂和无机盐组成，其中表面活性剂起到主要作用，提供了润湿和乳化，降低水的表面张力提高水对粉尘润湿效果并将土颗粒利用水分子将其包裹以减小空气和土颗粒之间接触面；而无机盐在这里提供了保水性的作用，通过吸收外界水分子，使表面活性剂较长时间处于润湿的状态下。

（2）粘结化学抑尘剂可分为两类：无机粘结抑尘剂和有机粘结抑尘剂，它们都是通过吸附、粘结或成膜、成壳来抑尘的。无机结合抑尘剂的主要材料是氯化钙、粉煤灰、石膏等无机材料，固化效果好，但乳化性能差，容易产生二次污染腐蚀金属制品和轮胎。有机粘结型抑尘剂的主要材料是由原油、沥青、石蜡、木质素磺酸钙等复合而成的抑尘剂，在不淋雨的情况下，抑尘效果可以达到几个月，抑尘性能好。粘结抑尘剂主要用于道路抑尘、物资运输、堤坝地基路基等方面。

（3）凝聚型化学抑尘剂根据所使用的材料分为两类：吸湿性无机盐类和高倍吸水树脂类。主要材料为吸水剂通过吸收空气中的水分，持续湿润粉尘同时利用凝聚作用将土颗粒凝聚成较大颗粒，从而抑制扬尘。这类抑尘剂较多用在施工场地物料运输、仓库扬尘治理等方面。但是吸湿性无机盐凝聚剂存在腐蚀性强的弊端，易对施工设备、水泥、石灰等材料进行破坏。

（4）复合型化学抑尘剂是由以上的几种抑尘剂为基础研发出的一种新型抑尘剂，综合了润湿、粘结、凝聚等功能，统一前面几种类型抑尘剂的特点，因此，该抑尘剂的效果更好。该抑尘剂使用范围较为广泛，多用于复杂多变和恶劣的环境中，具有经济和环境良好的特点，但起步较晚，该工艺不够成熟。

近年来抑尘剂的研发不断朝着经济实用、效果优良、抑尘周期长和环境友好等方向发展，从单一化合物向结构复杂的有机高分子方向发展。在现有抑尘技术中，化学抑尘剂在各个领域内运用较为广泛，取得了较好的抑尘效果。但另一方面化学抑尘剂也容易对环境造成难以降解的二次污染，对道路植被的生长产生了抑制的影响；下雨天被雨水带入下水道易引发河道污染；对道路金属物件、轮胎等也会造成破坏等。暨研发无毒无害、容易降解、粘结性能优良、环境友好且易制备的抑尘剂具有重要的实际意义和应用价值。

8.6.3　目前抑尘剂发展

1. 环保型抑尘剂

环保型抑尘剂实际上是一种通过废物再利用开发的抑尘剂。例如，一种新型抑尘剂是以工业废料和生活废料产生的副产品为原料制成的，它具有成本低、污染小的特点。环保型抑尘剂已广泛应用于铁路煤粉运输中。目前，环保型抑尘剂正逐步向矿山、道路、建筑工地等方向发展。

2. 高分子抑尘剂

高分子抑尘剂的主要原材料是一些有机高分子，在聚合力作用下将粉尘聚集在一起，增加粉尘颗粒之间的黏聚力，然后把土壤颗粒黏在一起，可以有效地抑制粉尘；同时喷洒到物料表面起到固化作用，并形成一定的穿透深度，延长抑尘时间。高分子抑尘剂具有良好的安全性和可操作性，因此应用越来越广泛，具有良好的抑尘效果。

3. 生物源抑尘剂

目前以尿素为底物进行微生物诱导碳酸钙沉淀技术（Microbially Induced Carbonate Precipitation，MICP）或酶诱导碳酸钙沉淀技术（Enzyme Induced Carbonate Precipitation，EICP）是土壤固化治理扬尘的研究热点之一。在上述技术的固化过程中，金属 Ca^{2+} 和 CO_3^{2-} 迅速结合生成碳酸钙凝胶，使得松散的土壤颗粒结合在一起进行表面固化，以抵御风蚀。MICP 技术和 EICP 技术具有无毒、易降解、良好的生态相容性等优点，因此研究基于 MICP 技术和 EICP 技术的抑尘剂具有极其重要的理论和应用价值。生物源防尘剂将是一种真正的绿色环保降尘剂，将与其他绿色环保降尘剂结合使用，具有较好的抑制粉尘效果。

EICP 技术和 MICP 技术反应机理相同，由脲酶在溶液中诱导尿素水解与氯化钙反应而产生碳酸盐的过程。氯化钙（$CaCl_2$）是一种盐，是沉淀碳酸钙的钙源，尿素 $[CO(NH_2)_2]$ 是一种为脲酶水解提供必要能量的氢源，尿素水解生成碳酸钙是一个两步反应。在第一反应中，脲酶催化尿素和水的反应，产生铵离子和碳酸盐离子，见式（8-1）：

$$CO(NH_2)_2(尿素)+2H_2O \xrightarrow{脲酶} 2NH_4^+ + CO_3^{2-} \qquad (8-1)$$

尿素水解的目的是在土壤中诱导碳酸盐沉淀，通过式（8-1）反应产生的氨水与水反应生成 OH^-，提高溶液 pH 值，导致式（8-2）碳酸盐产物的形成：

$$Ca^{2+}+CO_3^{2-}=CaCO_3 \downarrow \qquad (8-2)$$

综上所述，根据相关研究可以看出，经过多年的发展，抑尘技术已变得更加多样化，其中一些抑尘技术已经非常成熟，在项目的各个领域得到了广泛的应用。但是，在当前可持续发展的环境中，需要寻求更加环保、实用和经济的抑尘技术。近年来，具有环境友好型特点的生物源抑尘剂，有望成为减少扬尘的新方法。

8.6.4 EICP 技术抗风侵蚀性能研究

1. 大豆粗脲酶的提取

大豆：市场上所购买的黄豆。

称取 1000g 的市售大豆，放入 40℃烘箱中烘烤 6h，取出后用多功能粉碎机进行粉碎。为了保证粉碎后大豆粉的细度，应当分批次进行粉碎，然后将粉碎后的大豆粉放入 4℃的冰箱中储存。

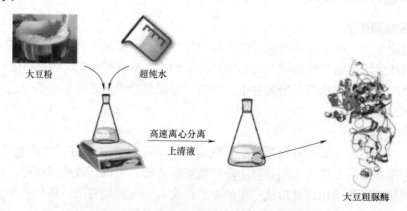

图 8-8　制备大豆粗脲酶流程图

由图 8-8 粗酶的提取步骤所示，将 50g 豆粉放入 500mL 容量瓶中，加入 500mLpB7.4 的缓冲液，使用磁力搅拌器充分搅拌后静置 4h 后用纱布过滤残渣，得到上清液，再使用超高速离心机控制温度在 4℃下以 10000r/min 的速度离心 10min 后取上清液，最后将提取的大豆粗脲酶溶液放入 4℃的冰箱中留存备用。由于大豆粗脲酶的活性损失较快，应在制备后 1～2d 内尽快使用。

2. 抗风侵蚀试验

本试验采用的长方形容器尺寸为：长×宽×高＝25cm×18.7cm×6cm，控制试验容器中粉土质量约为 2700g，再沿容器外壁轻轻敲打，使容器中的土略密实。此时容器中的土与容器高度持平，试验粉土在试验前要放入烘箱中直到烘干后备，制备土样如图 8-9 所示。通过离心提取的大豆粗脲酶与尿素-氯化钙 1∶1 混合制备处理液，其中尿素和氯化钙具有相同的摩尔浓度。

配置不同浓度反应液与大豆粗脲酶混合摇匀，使用手持喷壶对试样表面进行喷洒，喷洒距离试验表面约 10cm 处，喷洒过程尽量保证土样表面喷洒均匀，处理完毕后，将试样放置在室内温度 25℃、湿度 44％条件下反应 3d。试验反应路径如图 8-9 所示。

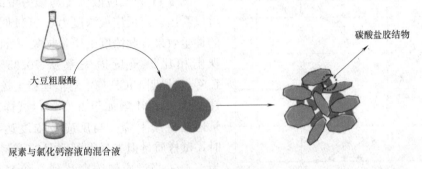

大豆粗脲酶

尿素与氯化钙溶液的混合液

碳酸盐胶结物

图 8-9　试验反应路径图

将养护 3d 后的试样放入 60℃的烘箱中进行烘干，每隔 6h 对试样进行一次称重，在质量不发生变化时记录其质量为 M_1，将其放入如图 8-10 所示的风洞中进行抗风试验。试验风速为 14m/s＝7 级风速。对每个试验持续吹 10min，试验结束后称量每个试样质量并记录 M_2，计算质量损失 $\eta = M_1 - M_2$。

图 8-10　抗风试验机

3. 试验结果与分析

（1）反应液/尿素-氯化钙浓度

为研究反应液浓度对土体表面加固效果产生的影响，按照表 8-1 工况进行试验。

对照组为喷洒 4L/m² 纯净水，在相同条件下进行养护，3d 后烘干模拟裸土进行抗风试验，其质量损失量达到 1899.42g，质量损失率达到 70.35%。

不同反应液浓度   表 8-1

处理液体积(L/m²)	豆粉质量浓度(g/L)	反应液浓度(M)
4	100	0.01
4	100	0.03
4	100	0.05
4	100	0.07
4	100	0.08
4	100	0.09
4	100	0.1
4	100	0.12

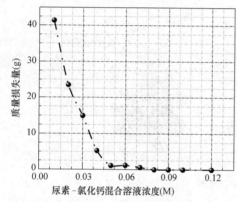

图 8-11　反应液浓度与损失量的关系图

图 8-11 为反应液浓度与损失量的关系图，可以看出，当反应液浓度为 0.01M 时就有良好的抑尘效果，此浓度下质量损失了 41.38g，与裸土相比该质量损失率从 70.35% 下降到 1.5%，说明 EICP 技术对治理粉土扬起的可行性；从 0.01M 增加至 0.05M，试样质量损失量还在持续下降；当反应液浓度达到 0.05M 时，试样质量损失量得到明显的控制，损失量为 1.1g；当反应液浓度达到 0.08M 后，试样的损失量为 0；此后的试验采用反应液浓度为 0.08M 进行。

（2）豆粉质量浓度

为了研究豆粉质量浓度对土体表面加固效果的影响，按照表 8-2 工况进行试验。

不同豆粉质量浓度   表 8-2

喷洒量(L/m²)	豆粉质量浓度(g/L)	反应液浓度(M)
4	10	0.08
4	20	0.08
4	25	0.08
4	33	0.08
4	40	0.08
4	50	0.08
4	67	0.08
4	100	0.08
4	200	0.08

图 8-12 为豆粉质浓度与试验质量损失关系图。仅当豆粉质量浓度为 10g/L 时试样质量损失量超过 500g，脲酶活性较低时抑尘效果不明显，随着豆粉质量提升浓度达到 40g/L 以后，试样的质量损失量得到明显控制，损失量为 0。所以此后试验采用豆粉质量浓度为 40g/L 进行。

（3）喷洒量的影响

为了研究喷洒量对土体表面的加固效果的影响，按照表 8-3 工况进行试验。

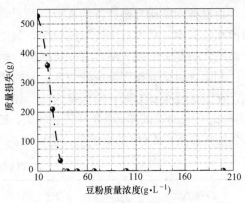

图 8-12　豆粉质量浓度与质量损失关系图

图 8-13 为喷洒量与质量损失之间的关系图。使用 $1L/m^2$ 的喷洒量时，试样的质量损失为 872.95 g，随着喷洒量的增加，试样质量损失量逐渐降低；当喷洒量为 $4L/m^2$ 时，质量损失降低为 0。此时试样的质量损失量得到明显的控制。喷洒量少时并不能对土体表面起到显著固化效果，仅在表面生成一层较薄的硬壳层，当在风力持续作用下较短时间内就出现了裂缝，之后持续风力作用下沿着裂缝使里面土颗粒被吹出来形成凹陷，表面硬壳层加剧破坏，因此，喷洒量较少，质量损失较大。

不同喷洒混合液体积		表 8-3
喷洒量（L/m²）	豆粉质量浓度（g/L）	反应液浓度（M）
1	40	0.08
2	40	0.08
3	40	0.08
4	40	0.08
5	40	0.08
6	40	0.08

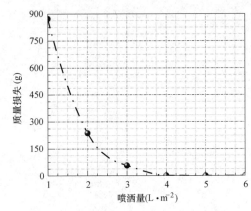

图 8-13　质量损失和喷洒量的关系图

（4）温度的影响

为了研究温度对土体表面的加固效果的影响，将处理后的试样放置到恒温培养箱中调节特定温度进行养护 3d，按照表 8-4 工况进行试验。

图 8-14 为质量损失和温度的关系图，从图 8-14 中可以看出温度对抑尘效果有一定的影响，从 10℃ 到 20℃ 升高的过程中质量损失逐渐减小，直到 20℃ 以后质量损失为 0，其中 10℃ 质量损失量为 43.51g。所以大豆脲酶抑尘剂在夏季高温季节对黄泛区粉土有较好的抗风侵蚀效果。

131

　　根据各因素研究最经济的大豆脲酶诱导碳酸钙沉积（EICP）技术在粉质土中抑尘效果的相关试验，从大豆中提取的粗酶，利用 EICP 技术产生的碳酸钙将土体表面松散的粉粒粘结在一起，形成一层具有一定强度、耐风侵蚀的硬壳。

　　利用抗风试验探究反应液浓度、豆粉质量浓度、喷洒量和温度对试验质量损失量的影响，在室温温度 25℃时，喷洒量为 $4L/m^2$，反应液浓度为 0.08M，豆粉质量浓度为 40g/L（固液比 1∶25），试样具备抗风侵蚀能力，EICP 技术比较适宜夏季高温路面，冬季可以通过事先加热提高 $CaCO_3$ 的生成量，进而提高 EICP 技术的抗风侵蚀能力。

不同喷洒混合液体积　　　　　　　　　　　　　　　　表 8-4

喷洒量 （L/m²）	温度 （℃）	豆粉质量浓度 （g/L）	反应液浓度 （M）
4	10	40	0.08
4	20	40	0.08
4	30	40	0.08
4	40	40	0.08
4	50	40	0.08

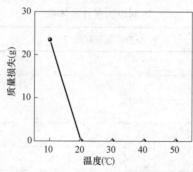

图 8-14　质量损失和温度的关系图

第9章

大环境岩土工程问题

9.1 山洪

9.1.1 山洪定义

山洪的定义是发生在山区溪沟中的快速、强大的地表径流现象。山洪是发生在山区的洪水，但它又不同于一般发生在山区河流的洪水，而是特指发生在山区流域面积较小的溪沟或周期性流水的荒溪中历时较短暴涨暴落的地表径流。一般流域面积小于 $50km^2$，历时几小时到十几小时，很少能达到 1 天。对于一般河流来说，从河源到河口可分为上游、中游、下游三段，上游多在山区，下游多在平原，发生山洪的溪沟本身完全处于山区，也可以分为上、中、下游三个组成部分。

溪沟的上游或集水区，形如宽广的漏斗，逐渐收缩到隘口。这一区域的特点是水流有侵蚀作用，如塌方与滑坡、雨水的冲蚀、水流对沟道的侵蚀等，然后水流将泥沙带往中游。

溪沟的中游即流通区，是集水区与沉积区之间的过渡段，界限很难明确划分，在理想的状况下，这一区域内既不发生侵蚀，也不发生沉积现象。该区域的特征是水流起输送泥沙的作用；黏土、粉沙及小云母片等以悬浮形式运动；沙粒、砾石等因重量较大，则以跳跃形式运动。

溪沟的下游或沉积区，常称为洪积扇，洪积扇为一半锥形体，锥尖对着溪沟出口，锥底沿沟汇入的河流展开，山洪流出沟口后，由于坡度减缓，山洪的挟沙能力减弱，使泥沙大量沉积。往往粗的先沉，细的后沉。洪积物有一定的分选性，但远比一般洪水的堆积物分选性差。

山洪同一般洪水的另一显著差别是其含沙量远大于一般洪水，重度可达 $1.31t/m^3$，但它又小于泥石流的含砂量（重度大于 $1.31t/m^3$），所以随着山洪中挟带的泥石的增加，其性质也将起变化，山洪和泥石流在其运动过程中可相互转化。山洪和泥石流的研究方法有很大差异，对山洪，一般可用水力学的方法进行研究；对泥石流，单纯用水力学的方法就难以解决。

9.1.2 山洪分类

山洪按其成因可以分为以下几种类型：

（1）暴雨山洪：在强烈暴雨作用下，雨水迅速由坡面向沟谷汇集，形成强大的洪水冲出山谷。

（2）冰雪山洪：由于迅速融雪或冰川迅速融化而成的雪水直接形成洪水向下游倾泻形成山洪。

（3）溃水山洪：拦洪、蓄水设施或天然坝体突然溃决，所蓄水体破坝而出形成溃水山洪。

以上山洪的几种成因可能单独作用，也可能在几种成因联合作用下形成山洪。上述几种山洪中，以暴雨山洪在我国分布最广，暴发频率最高，危害也最严重。

9.1.3 山洪的形成条件

山洪是一种地面径流水文现象，它同水文学相邻的地质学、地貌学、气候学、土壤学及植物学等都有密切的关系，但是山洪形成中最主要的和最活跃的因素，仍是水文因素。

山洪的形成条件可以分为自然因素和人为因素。

1. 自然因素

（1）水源条件

山洪的形成必须有快速、强烈的水源供给。暴雨山洪的水源是由暴雨降水直接供给的。我国是一个多暴雨的国家，在暖热季节，大部分地区都有暴雨出现。由于强烈的暴雨侵袭，往往造成不同程度的山洪灾害。

由于我国各地暴雨天气系统不同，暴雨强度的地理分布不均，暴雨出现的气候特征以及各地抗御暴雨山洪的自然条件不同，因此，有些暴雨的定义，亦因地区而有所不同。此外，一般降雨强度大的阵性降雨其每小时降水强度的变率也较大，甚至 1h 降雨就可达到 50mm 以上，不过就多数情况看，1h 雨同 24h 降雨有一定的关系，暴雨可用表 9-1 的各级雨量来定义。

降雨量（mm）分级表   表 9-1

级别	微雨	小雨	中雨	大雨	暴雨	大暴雨	特大暴雨
24h	<0.1	0.1~10.0	10.1~25.0	25.1~50	50.1~100	111.1~200	>200
1h	<0.1	0.1~2.0	2.1~5.0	5.1~10.0	10.1~20.0	20.1~40.0	>40.0

（2）下垫面条件

1）地形

陡峻的山坡坡度和沟道纵坡为山洪发生提供了充分的流动条件。由降雨产生的径流在高差大、切割强烈、沟道坡度陡峻的山区有足够的动力条件顺坡而下，向沟谷汇集，快速形成强大的洪峰流量。

地形的起伏，对降雨的影响也极大。暴雨主要出现在空气上升运动最强烈的地方。地形有抬升气流，加快气流上升速度的作用，因而山区的暴雨大于平原也为山洪提供了更加充分的水源。

2）地质

地质条件对山洪的影响主要表现在两个方面，一是为山洪提供固体物质，二是影响流域的产流与汇流。

地质变化过程决定流域的地形，构成流域的岩石性质，滑坡、崩塌等现象，为山洪提供物质来源。对于山洪破坏力的大小，起着极其重要的作用，但是决定山洪是否形成，或在什么时候形成，一般并不取决于地质变化过程。换言之，地质变化过程只决定山洪中挟带泥沙多少的可能性，并不能决定山洪何时发生及其规模。因而，山洪是一种水文现象而不是一种地质现象，但是地质因素在山洪形成中起着十分重要的作用。

3）土壤与植被

山区土壤（或残坡积层）的厚度对山洪的形成有着重要的作用，一般来说，厚度越大，越有利于雨水的渗透与蓄积，减小和减缓地表产流，对山洪的形成有一定的抑制作用，反之则对山洪有促进作用。暴雨很快集中并产生面蚀或沟蚀土层，夹带泥沙而形成山洪。

森林植被对山洪的形成影响主要表现在两个方面。森林通过林冠截留降雨，枯枝落叶层吸收降雨和雨水在林区土壤中的入渗来削减降低雨量和降雨强度，从而影响地表径流量。

2. 人为因素

山洪就其自然属性来讲，是山区水文气象条件和地质地貌因素共同作用的结果，是客观存在的一种自然现象。由于人类生存的需要和经济建设的发展，人类的经济活动越来越多地向山区拓展。活动增强，对自然环境影响越来越大，增加了形成山洪的松散固体物质，减弱了流域的水文效益，从而有利于山洪的形成，增大了山洪的洪峰流量，使山洪的活动性增强，规模增大，危害加重。

9.1.4　山洪的基本物理力学特征

山洪作为一种特殊的洪水现象，其运动和动力特征不同于一般洪水，暴雨山洪具有流速大、冲刷强、含沙量高、破坏力大、水势陡涨陡落、历时短的特点。

1. 山洪的运动特征

山洪发生在较小流域，在强烈的暴雨作用下，水流快速汇集，形成山洪。很快达到最高水位。洪水上涨历时短于下落历时。水流的最大流速同最高水位出现的时间基本一致，且涨水时的流速大于落水时的流速。在水位流速关系图上呈现绳套曲线。图 9-1 为一典型山洪流量过程线和水位流量关系曲线。

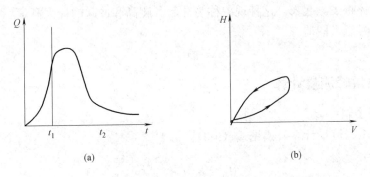

图 9-1　典型山洪流量及水位流速过程线

（a）山洪流量过程线；（b）水位流量关系曲线

2. 山洪的挟沙能力

在一定的水流条件下，水流能挟带的悬移质为床沙质的饱和含沙量，称为挟沙能力。悬移质中床沙质的数量是由水流条件和床沙组成所决定的。若超过一定量，就会发生淤积；少于一定量则会冲刷；正好等于一定量时，沟道既不发生冲刷，也不淤积。

山洪发生在陡峻的山区河道，坡面冲蚀及沟道侵蚀均十分剧烈，含沙量不仅常常接近于饱和，有时呈超饱和状，因此，可以认为在山洪中悬移质基本上都是床沙质，即大部分存在于河床中的泥沙。在研究山洪中的悬移质时，主要研究山洪中属于床沙质的饱和含沙量，也叫作水流挟沙力。

山洪挟带着大量的泥沙石块，重度可达 $1.3t/m^3$。在山洪的运动过程中，其含沙量不断变化。在流域的上游，由于崩塌土体或残坡积物或洪水的揭底冲刷物等，固体物质大量加入山洪，重度可达到或超过 $1.3t/m^3$，而演变成泥石流。随着坡度的变缓，流动阻力增大，一些较粗物质沉降淤积，含沙量逐渐降低。但在沟道变化区段，山洪流速加快，挟沙能力增大，冲刷沟底及两岸，补充沙量，使重度增大。

3. 山洪的动力特征

山洪的动力特征是指山洪在其运动过程中触及所有物体和下垫面时产生的一种力的作用过程。山洪灾害的形成是由于山洪的冲击作用对建筑物的破坏，山洪的遇阻冲击和爬高使灾害面积扩大。由于山洪暴发突然，很难直接观测到上述有关力学数据。有关动力特征的计算目前仍多采用物理力学方法，并结合山洪的特点进行计算。

（1）山洪所造成的灾害很大程度上是由于山洪所具有的强大冲击力所造成的。山洪对于其相遇目标的冲击力包括两种荷重：一是山洪流体的动压力荷重；二是山洪中所挟带的石块的冲击力荷重。由于后者相对较小，故只对前者的计算介绍如下：山洪流体的动压力用式（9-1）计算：

$$\delta = (\gamma_c/g)u_c^2 \tag{9-1}$$

式中　δ——作用在与流速方向垂直的单位面积上的流体动压力；

　　　u_c——山洪的平均流速（cm/s）；

　　　γ_c——山洪的重度（N）；

　　　g——重力加速度。

（2）山洪在行进过程中若遇反坡，由于惯性作用，仍可沿直线方向前进，这种现象称为爬高，若突然遇到障碍物阻碍或沟道狭窄，山洪由于很高的流速而且有的动能在瞬间转变成位能，流体将飞溅起来，这种现象称为冲起。爬高和冲起的最大高度，可用式（9-2）计算，式中符号意义同前。

$$\Delta h = u_c^2/2g \tag{9-2}$$

9.1.5　山洪洪峰流量计算

1. 有暴雨资料

设计频率洪峰流量计算公式见式（9-3）：

$$Q_p = 0.278 \frac{\varphi S_p}{\tau^n} F \tag{9-3}$$

式中　Q_p——设计频率洪峰流量（m^3/s）；

S_p——设计暴雨雨力（mm/n）；

τ——流域汇流时间（n）；

φ——洪峰流量径流系数；

n——暴雨强度衰减指数；

F——汇水面积（km^2）。

2. 没有暴雨资料

汇水面积 F 小于 10km^2，按式（9-4）估算：

$$Q_p = k_p F^m \tag{9-4}$$

式中　Q_p——设计洪峰流量（m^2/s）；

m——面积指数，当 $F \leq 1\text{km}^2$ 时，$m=1$；当 $1.0 \leq F < 10.0\text{km}^2$ 时，$m=0.75 \sim 0.80$，根据地理分区按表 9-2 查取；

k_p——流量模数，根据地区及频率划分，按表 9-3 查取。

面积指数表　　　　　　　　　　　　　　　　表 9-2

地区	华北	东北	东南沿海	西南	华中	黄土高原
m	0.75	0.85	0.75	0.85	0.75	0.80

流量模数表　　　　　　　　　　　　　　　　表 9-3

频率 \ 地区	华北	东北	东南沿海	西南	华中	黄土高原
50%	8.1	8.0	11.5	9.0	10.0	5.5
20%	13.0	11.5	15.0	12.0	14.0	6.0
10%	16.5	13.5	18.0	14.0	17.0	7.5
6.7%	18.0	14.6	19.5	14.5	18.0	7.7
4%	19.5	15.8	22.0	16.0	19.6	8.5
2%	23.4	19.0	26.4	19.2	23.5	10.2

9.1.6　山洪的活动规律和危害

1. 山洪的活动规律

山洪只要具备陡峻的地形条件，有一定强度的暴雨出现，就能发生并造成灾害。山洪具有重发性，在同一流域，甚至同一年内都可能发生多次山洪。

山洪具有夜发性。暴雨山洪常在夜间发生，这一现象可以解释为：在白天山下（山麓）空气增温很剧烈，促使上升气流很强，并且在黄昏时形成云，由于夜间降温很多，云便转化为雨降落，如果局部增温能促使从远处移来的不稳定的潮湿气团上升，会使降落的暴雨强度更大。暴雨山洪常在夜间发生这一特点，对于保护人畜财产，以及进行观测研究都是十分不利的，并由此带来许多困难和造成严重的灾害，应予以足够重视。

2. 山洪的危害

我国山洪分布广阔，几乎各省区均有山洪发生，山洪在其活动过程中对客观环境将造成灾害和影响。

（1）对道路通信设施的危害。山洪对在山区经济建设中的铁路、公路、通信等设施危害极大，由于这些工程设备不可避免地要跨沟越岭修建，若在设计施工中，对山洪的防范缺乏认识，措施不够，山洪暴发时，将受其灾害并造成损失，影响当地经济建设发展。

（2）对城镇的危害。山区城镇有的修建在洪积扇上，其地势稍平，利于城镇的规划与布局，但它多是山洪暴发必经之路和直接危害区域，一旦山洪暴发，将直冲城镇建筑，直接危害人民生命财产的安全。

（3）对农田的危害。山区农田大多分布于河坝与冲积扇上，或沟道两侧，若无防洪设施，一旦发生山洪，必将毁坏农田。山洪裹携大量泥沙冲向下游，对沟口以下农田带来了冲毁或淤埋的危害。

（4）对资源的危害。山区具有丰富的自然资源，若不能充分认识山洪的危害进行有效的防治，山区的资源难以开发利用，必将阻碍山区的经济发展。

（5）对生态环境的危害。山洪的频繁暴发，破坏山体的表层结构，增加土壤侵蚀量，加剧水土流失，使山区生态环境日益恶化，导致山地灾害的发生和活动。

（6）对社会环境的危害。有山洪的地区，人们难于从事正常的生活与生产，一到雨季人心惶惶，有的山区城镇，迫于山洪等山地灾害的威胁，不得不部分或全部搬迁。山洪灾害对社会环境的影响是巨大的。

9.1.7　山洪防治工程技术措施

1. 排洪道

控制山洪的一种有效方式是使沟槽断面有足够大的排洪能力，让洪水通过时其强度不经任何削减，设计这样沟槽的标准是山洪极大值。

2. 谷坊

谷坊是在山谷沟道上游设置的梯级拦截低坝，高度一般 1～5m。谷坊的主要作用有：固定沟床侵蚀基点防止沟床下切和沟岸扩张，使沟床逐渐淤高，稳固沟床，以加强山坡坡脚稳定性，防止沟岸崩塌；截留泥沙，不使其流入沟道的下游，避免下游沟床抬高；使沟床坡度变缓，降低水流流速，削减洪峰，减少冲刷。淤积起来的沟谷可以种植树木，使荒溪得以改良。

3. 防护堤

防护堤位于沟道两岸，增加两岸高度，提高沟道的泄流能力，保护沟道两岸不受山洪危害，同时也起到束水输沙和防止横向侵蚀、稳定沟床的作用。城镇、工矿企业、村庄等防护建筑物位于山区沟岸上，背山面水，常采用防护堤工程措施来防止山洪危害。

4. 其他防治工程措施

（1）水库

修建水库把洪水一部分水量暂时加以容蓄，使洪峰强度得以控制在某一程度内是控制山洪行之有效的方法之一。山区一般修建小型水库，开挖水塘以起到防治山洪的作用，一般有蓄洪水库和调洪水库两种形式。蓄洪水库是在流域适当位置修蓄水池或小型水库，一部分洪水流入库内，并一直保持在库内，直到山洪退落，这部分水量才能泄出；调洪水库是当洪水流入水库时，库水位上升，同时泄出流量也相应增加，最后达到入流量与出流量相等，此时库水位最高。最高与最低水位间总水量即是拦蓄洪水量，洪峰得到削减。

水库位置要根据流域及沟道地形情况而定。库址应控制足够大的汇水区，以有效发挥水库作用。库址地形要求肚大口小，且在基础稳定、地质条件良好的地段。库坝附近要有充足的筑坝材料。

（2）沟道截弯

沟道截弯取直，加大沟道过流能力，使流动顺畅，水位降低，达到防治山洪的目的。沟道截弯取直主要是除去弯道的凸嘴，调整过急的弯道，加大沟道弯曲半径，保护凹岸。根据沟道的不同特点，沟道截弯方法有：单个截与系统截，内截与外截两种。

沟段内个别弯道过于弯曲时，进行单个截弯。如果沟段内有几个弯道时，进行系统截弯。内截弯通过狭颈最窄处，路线较短，可节省土方，内截弯时，为利于正面引水，冲刷新沟道及侧面排沙，取直段进口应布置在上游弯顶稍下方，进口交角不应超过 $25°\sim30°$ 为宜。外截时，为利于引导弯道上段的水流，取段的进口宜布置在上游弯道顶点稍上方，而出口则布置在弯顶的稍下方，便于和下游平顺相接。

（3）田间工程

山洪的坡面治理田间工程措施（即农业土壤改良措施）是山洪防治、水土保持的重要措施之一，也是发展山区农业生产的根本措施之一。

坡面治理田间工程是在合理规划和利用土地的基础上，进行田间工程以改变地形，并结合停垦不适合耕种的陡坡耕地，以拦阻和削弱地表径流，防止水土流失，由于山区、丘陵区各地气候、土壤、耕作习惯、地形、作物种类等各有特点，田间工程措施多种多样，主要有：梯田、培地埂、水簸箕、截水坑、停垦等。其中修梯田是广泛使用的基本措施。

梯田的主要作用是分散地面径流，将连续的山坡坡面改修成断续的坡面，从而拦蓄水土，减小坡面的纵坡坡度使雨水入渗量增大。

（4）植树造林

山区植树造林是水土保持和防治山洪最有效的措施之一，林冠截持部分降雨量，林地内枯枝落叶拦蓄吸收部分雨水，强大根系固结土壤等共同起到防治山洪作用，恢复流域面上的森林生态系统，利用森林植被所具有的保持水土、涵养水源的功能，发挥森林植被拦截雨水、保水固土、延长汇流时间的作用，从而削减洪峰流量和削减山洪总量，达到减小山洪规模，控制山洪灾害的目的。

实施植树造林措施要从流域实际情况出发，流域不同部位由于土地条件不同，应选择不同的树种森林，同时兼顾流域内群众经济利益，加强对树林的抚育管理，防止乱砍滥伐乱牧等现象。山洪防治工程地段植树造林，减缓防洪工程内山洪流速及山洪对防洪工程的冲刷，从而增强防洪工程稳定性，延长其寿命。未设防护工程的地段及沟道两岸，营造护岸林，防止岸坡因被山洪冲刷而坍塌，护岸林应配置根系深、抗风、耐湿能力强的优良树种，使其起到护岸防洪的作用。

9.2　滑坡与泥石流

9.2.1　区域性滑坡

1. 滑坡的定义

滑坡是斜坡土体和岩体在重力作用下失去原有的稳定状态，沿着斜坡内某些滑动面（或滑动带）作整体向下滑动的现象。滑坡的地貌特征如图 9-2 所示。

(a)

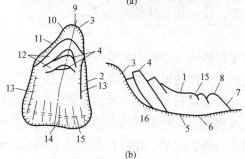

(b)

图 9-2　滑坡地貌特征

（a）公路内侧滑坡；（b）滑坡地貌要素

1—滑坡体；2—滑坡周界；3—滑坡壁；4—滑坡台阶；5—滑动面；6—滑动带；7—滑坡舌；8—滑动鼓丘；
9—滑坡轴；10—破裂缘；11—封闭洼地；12—拉张裂缝；13—剪切裂缝；14—扇形裂缝；15—鼓胀裂缝；16—滑坡床

2. 滑坡的分类

滑坡根据其滑体的物质组成、形成原因及滑动形式，可分为各种类型，详细分类见表 9-4。

滑坡的分类　　　　　　　　　　　　　　　表 9-4

划分依据	类型	特征说明
按滑坡物质组成成分	堆积层滑坡	各种不同性质的堆积层(包括坡积、洪积和残积)，体内滑动，或沿基岩面的滑动。其中坡积层的滑动可能性较大
	黄土滑坡	不同时期的黄土层中的滑坡，并多群集出现；常见于高阶地前缘斜坡上，或黄土层沿下伏第三纪岩层滑动
	黏性土滑坡	黏性土本身变形滑动，或与其他土层的接触面或沿基岩接触面而滑动
	岩层(岩体)滑坡	软弱岩层组合物的滑坡，或沿同类基岩面，沿不同岩层接触面以及较完整的基岩面滑动
	破碎岩体滑坡	发生在构造破碎带或严重风化带形成的凸形山坡上，滑坡规模大
	填土滑坡	发生在路堤或人工弃土堆中，多沿老地面或基底以下松软层滑动

续表

划分依据	类型	特征说明
滑动通过各岩层情况分	同类土滑坡	发生在层理不明显的均质黏性土或黄土中,滑动面均匀光滑
	顺层滑坡	沿岩层面或裂隙面滑动,或沿坡积体与基岩交界面及基岩间不整合面等滑动,大多分布在顺倾向的山坡上
	切层滑坡	滑动面与岩层面相切,常沿倾向山外的一组断裂面发生,滑坡床多呈折线状,多分布在逆倾向岩层的山坡上
按滑动体厚度分	浅层滑坡	滑坡体厚度在6m以内
	中层滑坡	滑坡体厚度在6~20m左右
	深层滑坡	滑坡体厚度超过20m
按引起滑动的力学性质分	推移式滑坡	上部岩层滑动挤压下部产生变形,滑动速度较快,多呈楔形环谷外貌,滑体表面波状起伏,多见于有堆积物分布的斜坡地段
	牵引式滑坡	下部先滑使上部失去支撑而变形滑动。一般速度轻慢,多呈上小下大的塔式外貌,横向张性裂隙发育,表面多呈阶梯状或陡坎状,常形成沼泽地
按形成原因分	工程滑坡	由于施工开挖山体引起的滑坡,此类滑坡还可细分为: (1)工程新滑坡:由于开挖山体所形成的滑坡; (2)工程复活古滑坡:久已存在的滑坡,由于开挖山体引起重新活动的滑坡
	自然滑坡	由于自然地质作用产生的滑坡。按其发生的相对时间早晚又可分为: (1)老滑坡:坡体上有高大树木,残留部分环谷、断壁擦痕; (2)新滑坡:外貌清晰,断壁新鲜
按发生时间分	新滑坡	是指最近一次发生的,并且本身及其母体过去都不曾成为滑坡的滑坡。其特征是滑坡外貌不仅清晰可见,而且新鲜如初,滑坡要素也比较完备齐全
	老滑坡	经历过一个滑动周期以上的滑坡或者在时令上介于新滑坡与古滑坡之间的年代内发生的滑坡可被称为老滑坡
	古滑坡	一级阶地形成期及以前发生的滑坡,现代河流冲刷对其稳定性不再起作用
按滑体体积大小分	小型滑坡	$<5000\text{m}^3$
	中型滑坡	$5000~50000\text{m}^3$
	大型滑坡	$50000~100000\text{m}^3$
	巨型滑坡	$>100000\text{m}^3$

3. 滑坡形成条件

（1）地形条件

1）滑坡主要发生在倾角为20°~45°的斜坡上,低于20°的坡体滑坡发生较少,而大于45°时多发生崩塌。

2）在河谷两岸的宽谷区与峡谷区的交界部位易形成滑坡。

3）直线坡体稳定性较强,基本不发生滑坡。上陡下缓的坡体也较稳定,在滑坡堆积则不稳定。

4）主沟与支沟相交处的山坡易发生滑坡。

（2）地质条件

1）易滑动地层

滑坡多发生于易形成滑动面的软弱地层和构造破碎带存在的地区。根据地层不同可分为土质滑坡、岩质滑坡、半成岩地层滑坡。

2）坡体结构

坡体结构可分为类均质体结构、近水平层状结构、顺倾层状结构、反倾层状结构、块状结构和碎裂结构，不同类型的坡体结构对应不同的滑动类型。当地层或滑动面与自由面垂直时，容易发生滑坡。当角度小于45°时，不易发生相对滑动。

（3）地质构造

地质构造运动是滑坡产生的重要条件之一。地质运动将引起岩层的破裂或褶皱，节理裂隙的发育，形成岩体滑坡的条件，同时也为地下水的流动创造条件，更容易形成滑坡。

（4）地下水条件

滑坡的发生与否和地下水的关系相当紧密，调查显示，绝大多数滑坡的产生都与地下水有关。地下水在滑坡中的分布也十分复杂，有脉状分布、窝状分布、成层分布等分布形式，有的滑坡还有多层地下水存在其中。地下水长期侵蚀后，滑动带强度降低，地下水也增加了滑动体的重力。在某些特殊地层中，水的化学作用、溶滤作用等都会降低滑带土的强度，从而形成滑坡。

（5）气候条件

气候条件主要包含植被覆盖率、降水量以及风化条件。在我国多雨且风化程度高的南方地区更易发生滑坡。

4. 滑动面形式

土坡滑动面形状，经实际调查表明，在均质的黏性土坡中滑动面空间上似圆柱面，剖面上呈曲线，如图9-3（a）所示，在坡顶处近似垂直，接近坡脚处趋于水平。由砂、砾、卵石及风化砂砾组成的无黏性土坡中，滑动面空间上为一斜面，剖面上近似于斜直线，如图9-3（b）所示。在土坡坡底夹有软层时，有可能出现曲线与直线组合的复合滑动面，如图9-3（c）所示。它们构成滑动分析的几何边界条件。

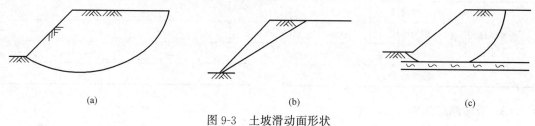

图9-3 土坡滑动面形状
（a）曲线滑动面；（b）直线滑动面；（c）复合滑动面

5. 滑坡稳定性分析

根据地貌特征判断滑坡的稳定性，见表9-5。

判断滑坡的稳定性 表9-5

滑坡要素	相对稳定	不稳定
滑坡体	坡度较缓，坡面较平整，草木丛生，土体密实，无松动现象，两侧沟谷已下切深达基岩	坡度较陡，平均坡度30°，坡面高低不平，有陷落松塌现象，无高大直立树木，地表水泉湿地发育
滑坡壁	滑坡壁较高，长满了草木，无擦痕	滑坡壁不高，草木少，有坍塌现象，有擦痕

续表

滑坡要素	相对稳定	不稳定
滑坡平台	平台宽大,且已夷平	平台面积不大,有向下缓倾或后倾现象
滑坡前缘及滑坡舌	前缘斜坡较缓,坡上有河水冲刷过的痕迹,并堆积了漫滩阶地,河水已远离舌部,舌部坡脚有清澈泉水	前缘斜坡较陡,常处于河水冲刷之下,无漫滩阶地,有时有季节性泉水出露

另外,也可利用滑坡工程地质图,根据各阶地标高联结关系,滑坡位移量和与周围稳定地段在地物、地貌上的差异,以及滑坡变形历史等分析地貌发育历史过程和变形情况来推断发展趋势,判定滑坡整体和各局部的稳定程度。

(1) 工程地质及水文地质条件对比

将滑坡地段的工程地质、水文地质条件与附近相似条件的稳定山坡进行对比,分析其差异性,从而判定其稳定性。

(2) 滑动前的迹象及滑动因素的变化

分析滑动前的迹象,如裂缝、水泉复活、舌部鼓胀、隆起等,以及引起滑动的自然和人为因素如切方、填土、冲刷等,研究下滑力与抗滑力的对比及其变化,从而判定滑坡的稳定性。

(3) 稳定性系数确定

根据滑坡各个阶段的不同稳定度特征,可将滑坡划分为稳定阶段、基本稳定阶段、欠稳定阶段、失稳阶段和压密阶段五个阶段。其中欠稳定阶段、失稳阶段作为滑坡防治的研究重点,又将欠稳定阶段细分为蠕动阶段、挤压阶段,失稳阶段细分为微滑阶段和剧滑阶段(图9-4)。

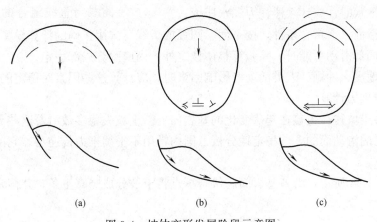

(a)　　　　　　　　(b)　　　　　　　　(c)

图9-4　坡体变形发展阶段示意图

(a) 蠕变阶段;(b) 挤压阶段;(c) 微滑阶段

1) 稳定阶段:坡体的坡形坡率符合岩土体的强度条件,无地下水,坡体的整体或局部稳定系数均符合要求,坡体没有任何变形,稳定系数 $K \geqslant 1.15$。

2) 基本稳定阶段:坡体的坡形坡率符合岩土体的强度条件,少有地下水,坡体的整体和局部均稳定,但坡面有冲沟、剥落、落石等,稳定系数 $1.15 > K \geqslant 1.10$。

3) 欠稳定阶段:坡体受地下水影响岩土强度降低,坡体产生不同形态的裂缝和局部坍滑，稳定系数 $1.10>K\geqslant1.0$。

① 蠕变阶段：滑坡后缘出现断续状裂缝，随着时间推移，裂缝逐渐由断续状向贯通状发展，宽度不断加大。此阶段坡体变形主要集中在滑坡上部，滑坡的变形是局部的，主滑面还没有形成，滑坡的整体稳定系数 $1.10>K\geqslant1.05$。

② 挤压阶段：滑坡后缘的拉张裂缝向滑坡两侧逐渐延伸，形成了较为明显的圈椅状主拉裂缝，滑坡两侧界裂缝向下逐渐贯通，且裂缝两侧出现雁列状排列的羽状裂缝，滑坡前缘出现放射状挤压裂缝及鼓胀裂缝，滑坡的整体稳定系数 $1.05>K\geqslant1.0$。

4）失稳阶段：滑坡形坡率不符合岩土强度条件，滑体发生整体较大距离的变形，稳定系数 $K<1.0$。

① 微滑阶段：滑坡的滑面及四周不同性质的裂缝已完全贯通，滑坡发生整体滑动变形，滑坡的阻力参数已由坡体的内摩擦转换为外摩擦，滑坡的整体稳定系数 $1.0>K\geqslant0.95$。

② 剧滑阶段：滑坡出现明显的变形滑移，滑体脱离依附的滑面向前发生滑动，能量充分释放，有些大型滑坡在滑动过程中，往往伴随着气浪、巨响等现象，滑坡稳定系数 $K<0.95$。

5）压密阶段：滑坡由剧滑转向停止的过程中，积蓄了较高的稳定度，滑体不断压实，稳定度不断提高，滑坡在较长期内保持稳定，稳定系数 $K\geqslant1.0$。

6. 滑坡推力计算

（1）基本要求

滑坡的推力计算应符合下列要求：

1）正确选择有代表性的分析断面，正确划分牵引段、主滑段和抗滑段；

2）正确选用强度指标，宜根据测试成果、反分析和当地经验综合确定；

3）有地下水时，应计入浮托力和水压力；

4）根据滑面（滑带）条件，按平面、圆弧或折线，选用正确的计算模型；

5）当有局部滑动可能时，除验算整体稳定外，尚应验算局部稳定；

6）当有地震、冲刷、人类活动等影响因素时，应计算这些因素对稳定的影响。

（2）滑坡推力计算

山区一些土坡往往覆盖在起伏变化的基岩面上。土坡失稳多数沿着这些界面发生。对这种起伏不平的滑动面的土坡稳定性分析，国内常用不平衡推力传递法。它的基本原理和使用方法如下：

如图 9-5（a）所示，沿各基岩面起伏转折点将土坡分成竖直土条，并假定各土条是刚

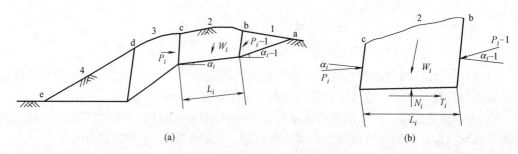

(a) (b)

图 9-5 折线滑动面稳定计算

性的两土条间作用力的合力 P 的方向与上一土条底面平行。第 i 条土分离体受力如图9-5（b）所示，取垂直和平行于土条底面方向的力的平衡条件见式（9-5）和式（9-6）：

$$N_i - W_i\cos\alpha_i - P_{i-1}\sin(\alpha_{i-1}-\alpha_i) = 0 \qquad (9-5)$$

$$T_i + P_i - W_i\sin\alpha_i - P_{i-1}\cos(\alpha_{i-1}-\alpha_i) = 0 \qquad (9-6)$$

考虑当 $F_s > 1$ 时，滑面上抗剪强度仅动用了与实际剪切力 T_i 相等的部分，故有

$$T_i = \frac{c_i L_i}{F_s} + \frac{N_i\tan\varphi_i}{F_s}$$

联立上三式，消去 T_i、N_i 得式（9-7）：

$$P_i = W_i\cos\alpha_i - \left(\frac{c_i L_i}{F_s} + W_i\cos\alpha_i\frac{\tan\varphi_i}{F_s}\right) + P_{i-1}\psi_i \qquad (9-7)$$

其中，$\psi_i = \cos(\alpha_{i-1}-\alpha_i) - \dfrac{\tan\varphi_i}{F_s}\sin(\alpha_{i-1}-\alpha_i)$，称为应力传递系数；$c_i$、$\varphi_i$、$L_i$ 分别为第 i 段滑动面上的黏聚力、内摩擦角和滑面长度。其他符号意义见图。

求土坡稳定系数是用试算法，首先假定一个 F_s，按式（9-7）由上向下逐个推求 P_i，直至最后一条土的 P_n 接近零为止，否则要重新假定 F_s 并试算，满足 $P_n \approx 0$ 的 F_s 即为所求。

我国铁道及工业民用建筑工程单位，根据工程对稳定性的要求（一般是 $F_s = 1.05 \sim 1.25$），反求各土条和最后一块土条承受推力的大小，以便确定是否和如何设置挡土结构物。通常将式（9-7）简化成式（9-8）：

$$P_i = F_s W_i\sin\alpha_i - (c_i L_i + W_i\cos\alpha_i\tan\varphi_i) + P_{i-1}\psi_i \qquad (9-8)$$

其中，$\qquad\qquad \psi = \cos(\alpha_{i-1}-\alpha_i) - \tan\phi_i\sin(d_{i-1}-d_i)$

F_s 按工程要求选取，如土坡上有建筑物，则取 $F_s = 1.2 \sim 1.25$。

因各土条间不能承受张力，所以任一土条 i 的推力如果计算为负值，比 P_i 不能再向下传递，而对下一土条取 $P_{i-1}=0$。最后一条土 P_n 值即为土坡的最终推力。

计算断面应根据下伏基岩面起伏变化情况加以确定。

计算中 c、φ 值的选取，对未滑动过的土坡用饱和快剪指标，已滑过的用反复剪试验指标。如用有效应力法，则应用有效内摩擦角 φ' 和有效黏聚力 c'，其计算公式见式（9-9）：

$$P_i = F_s W_i\sin\alpha_i [c_i' L_i + (W_i\cos\alpha_i - u_i L_i)\tan\varphi_i']P_{i-1}\psi_i \qquad (9-9)$$

【例9-1】　根据勘察资料，某滑坡体正好处于极限平衡状态，且可分为2个条块，每个条块重力及滑动面长度见表9-6，滑面倾角如图9-6所示。现设定各滑面内摩擦角 $\varphi = 10°$，稳定系数 $K = 1.0$，试用反分析法求滑动面黏聚力 c 值。

条块重力及滑动面长度　　　　　　　　　　　　　　　表9-6

条块编号	重力 G(kN/m)	滑动面长度 L(m)
1	600	11.55
2	1000	10.15

【解】　根据《建筑地基基础设计规范》GB 50007—2011，滑坡推力按下式计算：

$$F_n = F_{n-1}\psi + \gamma_t G_{nt} - G_{nn}\tan\varphi_n - c_n l_n$$

$$\psi = \cos(\beta_{n-1}-\beta_n) - \sin(\beta_{n-1}-\beta_n)\tan\varphi_n$$

式中　F_n、F_{n-1}——第 n 块、第 $n-1$ 块滑体的
　　　　　　　　剩余下滑力；
　　　　　ψ——传递系数；
　　　　　γ_t——滑坡推力安全系数；
　　　G_{nt}、G_{nn}——第 n 块滑体自重沿滑动面、
　　　　　　　　垂直滑动面的分力；
　　　　　φ_n——第 n 块滑体沿滑动面土的内
　　　　　　　　摩擦角标准值；

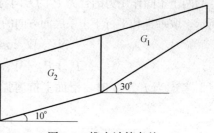

图 9-6　推力计算条块

　　　　　c_n——第 n 块滑体沿滑动面土的黏聚力标准值；
　　　　　l_n——第 n 块滑体沿滑动面的长度。

第 1 块剩余推力：

$$F_1 = 0 + G_{nt} - G_{nn}\tan\varphi_1 - c_1 l_1$$
$$= 600\sin30° - 600\cos30°\tan10° - c_1 \times 11.55$$
$$= 300 - 91.6 - 11.55c_1 = 208.4 - 11.55c_1$$

传递系数：

$$\psi = \cos(\beta_1 - \beta_2) - \sin(\beta_1 - \beta_2)\tan\varphi_n$$
$$= \cos(30° - 10°) - \sin(30° - 10°)\tan10°$$
$$= 0.94 - 0.06 = 0.88$$

第 2 块剩余推力：

$$F_2 = F_1\psi + G_{nt} - G_{nn}\tan\varphi_n - c_2 l_2$$
$$= (208.4 - 11.55c_1) \times 0.88 + 1000\sin10° - 1000\cos10°\tan10° - c_2 \times 10.15$$
$$= 183.7 - 10.16c_1 - 10.15c_2$$

稳定系数：$K=1$，$c_1=c_2$，$F_2=0$，则黏聚力 $c = \dfrac{183.7}{20.31} = 9.04\text{kPa}$

【例 9-2】　某滑坡需做支挡设计，根据勘察资料滑坡体分 3 个条块，如图 9-7 和表 9-7 所示。已知 $c=10\text{kPa}$，$\varphi=10°$，滑坡推力安全系数取 1.15，试求第 3 块滑体的下滑推力 F_3。

条块重力及滑动面长度　　　　　　　　　　　　　　　表 9-7

条块编号	重力 G（kN/m）	滑动面长度 L（m）
1	500	11.03
2	900	10.15
3	700	10.79

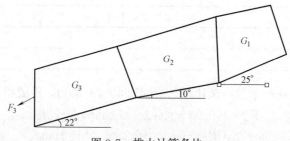

图 9-7　推力计算条块

【解】 传递系数：

$$\psi_2 = \cos(\beta_1 - \beta_2) - \sin(\beta_1 - \beta_2)\tan\varphi$$
$$= \cos(25° - 10°) - \sin(25° - 10°)\tan10°$$
$$= 0.92$$

$$\psi_3 = \cos(\beta_2 - \beta_3) - \sin(\beta_2 - \beta_3)\tan\varphi$$
$$= \cos(10° - 22°) - \sin(10° - 22°)\tan10°$$
$$= 1.015$$

$$F_1 = 0 + \gamma_t G_{1t} - G_{1n}\tan\varphi - c_1 l_1$$
$$= 1.15 \times 500 \times \sin25° - 500 \times \cos25° \times \tan10° - 10 \times 11.03$$
$$= 52.94 \text{kN/m}$$

$$F_2 = F_1\psi_2 + \gamma_t G_{2t} - G_{2n}\tan\varphi - c_2 l_2$$
$$= 52.94 \times 0.92 + 1.15 \times 900 \times \sin10° - 500 \times \cos10° \times \tan10° - 10 \times 10.15$$
$$= -29.1 \text{kN/m}$$

第 2 块剩余推力为负数，表示第 2 块以上滑坡稳定，对第 3 块无下滑推力，即 $F_2 = 0$。

$$F_3 = F_2\psi_3 + \gamma_t G_{3t} - G_{3n}\tan\varphi - c_3 l_3$$
$$= 0 + 1.15 \times 700 \times \sin22° - 700 \times \cos22° \times \tan10° - 10 \times 10.79$$
$$= 79.5 \text{kN/m}$$

7. 滑坡防治原则和措施

（1）滑坡治理的原则

对于中小型滑坡一般坚持一次根治不留后患，对于大型、复杂滑坡，一般采取分期治理。滑坡防治宜在旱季施工，要谨慎开挖，避免造成新的滑动。

（2）预防措施

1）在斜坡地带进行房屋、公路、铁路建设前，必须首先作好工程勘察工作，查明有无滑坡存在，或滑坡的发育阶段。

2）在斜坡地带进行挖方或填方时，必须事先查明坡体岩土条件，地面水排泄和地下水情况，做好边坡和排水工程设计，避免造成工程滑坡。

3）施工前应作好施工组织设计，制定挖方的施工顺序，合理安排弃土的堆放场地，做好施工用水的排泄管理等。

4）做好使用期间的管理和有危险的边坡监测。

5）对于已查明为大型滑坡，或滑坡群，或近期正在活动的滑坡，一般情况下建设工程均宜加以避让。当必须进行建设时，应制定详细的防治对策，经技术经济论证对比后，慎重取舍建设场地。

（3）整治方法

1）清除滑坡体

对无向上及两侧发展可能的小型滑坡，可考虑将整个滑坡体挖除。用某些导滑工程，将滑坡的滑动方向改变，使其不危害建设工程。

2）治理地表水

在滑坡体周围作截水沟，使地表水不能进入滑坡体范围以内。在滑坡范围内修筑各种排水沟，使地表水排出滑坡体范围以外，但应注意沟渠的防渗，防止沟渠渗漏和溢流于沟外。整平地表，填塞裂缝和夯实松动地面，筑隔渗层，减少地表水下渗并使其尽快汇入排水沟内，排出滑坡体外。

3）治理地下水

治理滑体中的地下水：

① 加强滑坡范围以外的截水沟，切断其补给来源；

② 针对出露的泉水和湿地等，做排水沟或渗沟，将水引出滑坡体外；

③ 滑坡体前缘，常因坡体内的地下水活动而松软、潮湿，引起坡体坍塌滑动，为此可做边坡渗沟疏干，或做小盲沟，兼起支撑和疏干作用；

④ 整个坡面植树，加大蒸发量，保证坡面干燥。

治理滑带附近的水：

① 拦截：要求所设排水构筑物的走向垂直于地下水的流向。根据地下水的埋藏深度、部位和土的密实程度，使用不同的排水构筑物。一般浅层地下水可以使用截水渗沟、盲沟；深层地下水则用盲洞、平孔等。

② 疏干、排除：一般在滑坡前缘附近作支撑盲沟疏导这部分滑动带的水，而在其他部位作排水构筑物排除滑动面上的地下水，后者通常多为盲洞（也叫泄水隧道）或平洞等。

③ 降低地下水位：若滑动带上的水是由下向上承压补给时，多采用将补给水源排走的盲洞或平洞，将补给水源向下漏走的垂直排水等措施，使地下水位降低到滑动面以下。

④ 排除深层地下水：长水平钻孔；集水井。

4）减重和反压

上部减重：对推动式滑坡，在上部主滑地段减重，常起到根治滑坡的效果。对其他性质的滑坡，在主滑地段减重也能起到减小下滑力的作用。减重一般适用于滑坡床为上陡下缓、滑坡后壁及两侧有稳定的岩土体，不致因减重而引起滑坡向上和向两侧发展造成后患的情况。

下部反压：在滑坡的抗滑段和滑坡体外前缘堆填土石加重，如做成堤、坝等，能增大抗滑力而稳定滑坡。但必须注意只能在抗滑段加重反压，不能填于主滑地段，而且填方时，必须作好地下排水工程，不能因填土堵塞原有地下水出口，造成后患。

减重与反压相结合：对于某些滑坡，可根据设计计算后，确定需减小的下滑力大小，同时在其上部进行部分减重和在下部反压。减重和反压后，应验算滑面从残存的滑体薄弱部位及反压体底面剪出的可能性。

5）抗滑工程

抗滑挡土墙：一般常采用重力式挡土墙。挡土墙一般设置于滑体的前缘；如滑坡为多级滑动，当总推力太大，在坡脚一级支挡工作量太大时，可分级支挡。

抗滑桩、锚索抗滑桩：适用于深层滑坡和各类非塑性流滑坡，对推力较大和保护对象重要的滑坡，更为适宜。

预应力锚索框架：主要有预应力锚索、横梁和竖肋构成。这是近30多年来发展起来的新型支挡结构，它具有施工速度快、节约材料、与生态环境协调友好等特点，在大型滑坡与高边坡支护中广泛应用。

9.2.2　泥石流

泥石流是山区特有的一种自然地质现象。它是由于降水（暴雨、融雪、冰川）而形成的一种夹带大量泥砂、石块等固体物质的特殊洪流。它暴发突然，历时短暂，来势凶猛，具有强大的破坏力（图 9-8）。

图 9-8　四川宜宾市发生泥石流

1. 泥石流的形成条件

（1）地形条件

1）山高沟深，地势陡峻，沟床纵横坡度大，流域的形状便于水流的汇集。

2）上游形成区的地形多为三面环山、一面出口的瓢状或漏斗状，地形比较开阔，周围山高坡陡，地形便于水和碎屑物质的集中。

3）中游流通区的地形多为狭窄陡深的峡谷，沟床纵坡坡度大，使泥石流得以迅猛直泻。

4）下游堆积区的地形多为开阔、平坦的山前平原或河谷阶地，便于碎屑物质的堆积。

（2）地质条件

1）地质构造：地质构造类型复杂、断裂褶皱发育、新构造运动强烈、地震烈度较高的地区，一般便于泥石流的形成。这类地区往往表层岩土破碎，滑坡、崩塌、错落等不良地质作用发育，为泥石流的形成提供了丰富的固体物质来源。

2）岩性：结构疏松软弱、易于风化、节理发育的岩层，或软硬相间成层的岩层，易遭受破坏，形成丰富的碎屑物质来源。

（3）水文气象条件

1）水能浸润、饱和山坡松散物质，使其摩阻力减小、滑动力增大；水流对松散物质的侧蚀、掏挖作用引起滑坡、崩塌等，增加了物质来源。

2）泥石流的形成与下列短时间内突然性的大量流水密切相关：

① 强度较大的暴雨；

② 冰川、积雪的强烈消融；

③ 冰川湖、高山湖、水库等的突然溃决。

（4）其他条件

如滥伐山林，造成山坡水土流失；开山采矿、采石，弃渣堆石等，往往增加了大量物质来源。

上述条件概括起来为：

（1）陡峻的便于集水、集物的地形；

（2）有丰富的松散物质；

（3）短时间内有大量水的来源。

此三者缺一便不能形成泥石流。

2. 泥石流的分类

（1）根据流域特征分类

沟谷型泥石流：面积大于 $1.0km^2$，水系发育完整，泥石流的形成、堆积和流通区段较明显。形成区又分为汇水动力区和固体物质供给区。流通区多为峡谷地形，纵坡较缓，堆积扇在宽谷段及主弱支强河段发育充分，其他河段发育不完全，有些被冲蚀缺失。

山坡型泥石流：面积多在 $1.0km^2$ 以下，流域尚未发育完全，轮廓呈哑铃形，一般无支沟。形成区山坡侵蚀、沟岸崩塌与沟谷下切均较强烈。流通区不易和形成区区分，沟道浅短，纵比降大，沟床比降与山坡坡度接近。

（2）根据物质特征分类

1）按物质组成分类

① 泥流：以黏性土为主，混少量砂土、石块。黏度大，呈稠泥状。

② 泥石流：由大量的黏性土和粒径不等的砂、石块组成。

③ 水石流：以大小不等的石块、砂为主，黏性土含量较少。

2）按物质状态分类

① 黏性泥石流：含大量黏性土的泥石流或泥流，黏性大，固体物质约占 $40\%\sim60\%$，最高达 80%，重度大于 $18kN/m^3$，水不是搬运介质而是组成物质，石块呈悬浮状态。

② 稀性泥石流：水为主要成分，黏性土含量少，固体物质约占 $10\%\sim40\%$，重度大于 $16\sim18kN/m^3$，有很大分散性，水是搬运介质，石块以滚动或跳跃方式向前推进。

3. 泥石流有关指标的测算

（1）密度的测定

1）称量法

取泥石流物质加水调制，请当时目睹者鉴别，选取与当时泥石流体状态相近似的混合物测定其密度。

2）体积比法

通过调查访问，估算当时泥石流体中固体物质和水的体积比，再按式（9-10）计算其密度。

$$\rho_m = \frac{(d_s f + 1)\rho_w}{f+1} \tag{9-10}$$

式中　ρ_m——泥石流全密度（t/m^3），其值参见表9-8；

　　　ρ_w——水的密度（t/m^3）；

　　　d_s——固体颗粒相对密度，一般取 $2.4\sim2.7$；

　　　f——固体物质体积和水的体积之比，以小数计。

泥石流体密度经验值 表 9-8

泥石流稠度	泥石流体密度(t/m^3)	泥石流稠度	泥石流体密度(t/m^3)
泥沙饱和的液体	1.1～1.2	黏性粥状	1.5～1.6
流动果汁状	1.3～1.4	加石块黏性大的浆糊状	1.7～1.8

（2）流速的计算

1）稀性泥石流流速的计算

① 西北地区经验公式，见式（9-11）：

$$v_m = \frac{1.53}{\alpha} R_m^{2/3} I^{3/8} \tag{9-11}$$

式中　v_m——泥石流断面平均流速（m/s）；

　　　R_m——泥石流流体水力半径（m），可近似取其泥位深度；

　　　I——泥石流流面纵坡比降（‰）；

　　　α——阻力系数，可直接从表 9-9 查取。

α 值、ρ_m、G_s 关系 表 9-9

α \ G_s	ρ_m(t/m³)													
	1.0	1.1	1.2	1.3	1.4	1.5	1.6	1.7	1.8	1.9	2.0	2.1	2.2	2.3
2.4	1.0	1.09	1.18	1.29	1.40	1.53	1.67	1.84	2.05	2.31	2.64	3.13	3.92	5.68
2.5	1.0	1.08	1.18	1.28	1.38	1.50	1.63	1.79	1.96	2.18	2.45	2.81	3.32	4.15
2.6	1.0	1.08	1.17	1.26	1.37	1.48	1.60	1.74	1.90	2.08	2.31	2.55	2.96	3.50
2.7	1.0	1.08	1.17	1.26	1.35	1.46	1.57	1.70	1.84	2.01	2.21	2.44	2.74	3.13

$$\alpha = \sqrt{\phi d_s + 1} \tag{9-12}$$

$$\phi = (\rho_m - \rho_w)/(\rho_s - \rho_w) \tag{9-13}$$

$$\rho_s = d_s \rho_w \tag{9-14}$$

式中　　　ϕ——泥石流泥沙修正系数；

ρ_m、ρ_w、ρ_s——分别为泥石流体密度、清水密度、泥石流中固体物质密度（t/m^3）。

② 西南地区经验公式，见式（9-15）：

$$v_m = \frac{1}{\alpha} \frac{1}{n} R_m^{2/3} I^{1/2} \tag{9-15}$$

式中　$\dfrac{1}{n}$——清水河槽糙率，可按表 9-10 中的 m_m 取值，其余符号意义同前。

泥石流粗糙系数 m_m 值 表 9-10

沟床特征	m_m 值		坡度
	极限值	平均值	
糙率最大的泥石流沟槽，沟槽中堆积有难以滚动的棱石或稍能滚动的大石块。沟槽被树木（树干、树枝及树根）严重阻塞，无水生植物，沟底呈阶梯式急剧降落	3.9～4.9	4.5	0.375～0.174

151

沟床特征	m_m 值		坡度
	极限值	平均值	
糙率较大的不平整泥石流沟槽,沟底无急剧突起,沟床内均堆积大小不等的石块,沟槽被树木所阻塞,沟槽内两侧有草本植物,沟床不平整,有洼坑,沟底呈阶梯式降落	4.5～7.9	5.5	0.199～0.067
较弱的泥石流沟槽,但有大的阻力。沟槽由滚动的砾石和卵石组成,沟槽常因稠密的灌木丛而被严重阻塞,沟槽凹凸不平,表面因大石块而突起	5.4～7.0	6.6	0.187～0.116
流域在山区中下游的泥石流沟槽,沟槽经过光滑的岩面;有时经过具有大小不一的阶梯跌水的沟床,在开阔河段有树枝、砂石停积阻塞,无水生植物	7.7～10.0	8.8	0.220～0.112
流域在山区或近山区的河槽,河槽经过砾石、卵石河床,由中小粒径与能完全滚动的物质所组成,河槽阻塞轻微,河岸有草本及木本植物,河底降落较均匀	9.8～17.5	12.9	0.090～0.022

2) 黏性泥石流流速的计算,见式(9-16):

$$v_m = \frac{1}{n_m} H_m^{2/3} I_m^{1/2} \qquad (9\text{-}16)$$

式中　H_m——计算断面的平均泥深(m);

　　　I_m——现石流水力坡度(%),一般可采用沟床纵坡比降;

　　　n_m——沟床糙率,用内插法由表9-11查取。

黏性泥石流糙率　　　　　　表9-11

序号	泥石流体特征	沟床状况	糙率值	
			n_m	$1/n_m$
1	流体呈整体运动;石块粒径大小悬殊,一般为30～50cm,2～5m粒径的石块约占20%;龙头由大石块组成,在弯道或河床展开处易停积,后续流可超越而过,龙头流速小,小于龙身流速,堆积呈垄岗状	沟床极粗糙,沟内有巨石和夹带的树木堆积,多弯道和大跌水。沟内不能通行,人迹罕见,沟床流通段纵坡为100%～150%,阻力特征属高阻型	平均值0.270,$H_m<2m$ 时为0.445	3.57 2.57
2	流体呈整体运动;石块较大,最大石块粒径20～30cm。含少量粒径2～3m的大石块;海体搅拌较为均匀,龙头紊动强烈,有黑色烟雾及火花;龙头和龙身流速基本一致;停积后,呈垄岗状堆积	沟床比较粗糙,凹凸不平,石块较多,有弯道、跌水;沟床流通段纵坡为70%～100%,阻力特征属高阻型	$H_m>1.5m$ 时0.033～0.050平均0.040$H_m>1.5m$ 时0.050～0.100平均0.067	20～30 25 10～20 15
3	流体搅拌十分均匀,石块粒径一般在10cm左右,夹有个别2～3m的大石块;龙头和龙身物质组成差别不大;在运动过程中龙头紊动十分强烈,浪花飞溅;停积后浆体与石块不分离,向四周扩散,呈叶片状	沟床较稳定,粒径10cm左右;受洪水冲刷,底不平而且粗糙,流水沟两侧较平顺,但干而粗糙;流通段沟底纵坡为55%～70%,阻力特征属中阻型或高阻型	0.1m<H_m<0.5m0.0430.5m<H_m<2.0m0.0772.0m<H_m<4.0m0.100	23 13 10

续表

序号	泥石流体特征	沟床状况	糙率值	
			n_m	$1/n_m$
4	同3	泥石流铺床后原河床粘附一层泥浆体,使干而粗糙的河床变得光滑平顺,利于泥石流体运动,阻力特征属低阻型	0.1m<H_m<0.5m 0.022 0.5m<H_m<2.0m 0.033 2.0m<H_m<4.0m 0.050	46 26 20

3）泥石流中石块运动计算方法，见式（9-17）：

$$v_s = \alpha\sqrt{d_{max}} \tag{9-17}$$

式中　v_s——泥石流中大石块的移动速度（m/s）；

d_{max}——泥石流堆积物中最大石块的直径（m）；

α——参数，其值介于3.5～4.5之间，平均4.0。

（3）流量的计算

泥石流峰值流量计算：

1）形态调查法，见式（9-18）：

$$Q_m = F_m v_m \tag{9-18}$$

式中　Q_m——泥石流断面峰值流量（m³/s）；

F_m——泥石流过流断面面积（m²）；

v_m——泥石流断面平均流速（m/s）。

2）配方法

按泥石流体中水和固体物质的比例，用在一定设计标准下可能出现的洪水流量加上按比例所需的固体物质体积配合而成的泥石流流量。按照式（9-19）和式（9-20）进行计算：

$$Q_m = Q_w(1+C) \tag{9-19}$$

$$C = \frac{1-\alpha}{\alpha - w_m(1-\alpha)}$$

$$\alpha = \frac{G_m - \rho_m}{G_m - 1}$$

$$Q_m = Q_w(1+P) \tag{9-20}$$

$$P = \frac{\rho_m - 1}{\frac{G_m(1+w)}{G_m w + 1} - \rho}$$

式中　Q_m——设计泥石流流量（m³/s）；

Q_w——设计清水流量（m²/s）；

C——泥石流修正系数；

α——泥石流体中水的体积含量；

w_m——泥石流补给区中固体物质的含水量，以小数计（可以实测，也可以由土壤

含水量分析得到);

P——考虑到土壤含水量而引进的泥石流修正系数;

w——土的天然含水量。

此法适用于我国西北地区泥石流的流量计算。

$$Q_m = Q_w(1+\phi) \qquad (9\text{-}21)$$

式中 ϕ——泥石流修正系数,$\phi = \dfrac{\rho_{m-1}}{G_m - \rho_m}$。

3)雨洪修正法云南东川经验公式,见式(9-22):

$$Q_m = Q_w(1+\phi)D_m \qquad (9\text{-}22)$$

式中 D_m——泥石流堵塞系数,根据东川七年中 40 个观测资料验证,D_m 值在 1～3 之间,可按表 9-12 选用,其余符号意义同前。

泥石流堵塞系数 表 **9-12**

堵塞程度	最严重堵塞	较严重堵塞	一般堵塞	轻微堵塞
D_m	2.6～3.0	2.0～2.5	1.5～1.9	1.0～1.4

4)一次泥石流过程总量计算,见式(9-23):

$$W_m = 0.26TQ_m \qquad (9\text{-}23)$$

式中 W_m——通过断面的一次泥石流总量(m^3);

Q_m——泥石流最大流量(m^3/s);

T——泥石流历时(s)。

5)一次泥石流冲出的固体物质总量计算,见式(9-24):

$$W_s = G_m W_m = (\rho_m - \rho_w)W_m/(\rho_s - \rho_w) \qquad (9\text{-}24)$$

式中 W_s——通过断面的固体物质总量(m^3),其余符号意义同前。

4. 泥石流的防治措施

1. 预防措施

(1)水土保持,植树造林,种植草皮,退耕还林,以稳固土壤不受冲刷,不流失。

(2)坡面治理:包括削坡、挡土、排水等,以防止或减少坡面岩土体和水参与泥石流的形成。

(3)坡道整治:包括固床工程,如拦沙坝、护坡脚、护底铺砌等;调控工程,如改变或改善流路、引水输砂、调控洪水等,用以防止或减少沟底岩土体的破坏。

2. 治理措施

(1)拦截措施:在泥石流沟中修筑各种形式的拦渣坝,如拦沙坝、石笼坝、格栅坝及停淤场等,用以拦截或停积泥石流中的泥沙、石块等固体物质,减轻泥石流的动力作用。

(2)滞流措施:在泥石流沟中修筑各种位于拦渣坝下游的低矮拦挡坝(谷坊),当泥石流漫过拦渣坝顶时,拦蓄泥沙、石块等固体物质,减小泥石流的规模;固定泥石流沟床,防止沟床下切和拦渣坝体坍塌、破坏;减缓纵坡坡度,减小泥石流流速。

(3)排导措施:在下游堆积区修筑排洪道、急流槽、导流堤等设施,以固定沟槽、约束水流、改善沟床平面等。

9.3　地震灾害

地震（earthquake）是在地下深处，由于某种原因导致岩层突然破裂、滑移、塌陷，或由于火山喷发等产生震动，并以弹性波的形式传递到地表的现象，是一种特殊形式的地壳运动，发生迅速，振动剧烈，引起地表开裂、错动隆起或沉降、喷水冒砂、山崩、滑坡等地质现象，并引起工程建筑的变形、开裂、倒塌，造成巨大的生命财产损失。

9.3.1　地震的特点

1. 破坏性大，成灾广泛

地震波到达地面以后会造成了大面积的房屋和工程设施的破坏（图9-9a），若发生在人口稠密的地区，也会造成大量的人员伤亡。

2. 突发性，令人猝不及防

地震发生是十分突然的，一次强震持续的时间往往只有几十秒，但能在成一座城市的毁灭（图9-9b），在如此短暂的时间内很难预防。

(a)　　　　　　　　　　　　　　　(b)

图 9-9　地震对基础设施的破坏

3. 防御难度比较大

一方面地震预测困难，另一方面建筑物抗震设防成本高。

4. 诱发次生灾害

地震诱发的次生灾害，包括火灾、滑坡、崩塌、泥石流、瘟疫等。

5. 影响持续时间比较长

一方面主震之后，还会有很长时间持续的余震，对人们造成较长时间恐慌；另一方面，地震造成的损失和对经济社会的冲击，需要很长时间才能恢复。

9.3.2　地震的破坏作用

一次强烈地震后，有大量建筑物和构筑物等设施遭受破坏，其破坏形态多种多样，极其复杂，但是我们可以从破坏性质和工程对策的角度区分为两种类型，即场地和地基的破坏作用和场地的震动作用。下面对两种破坏作用的性质、评价方法作以简要的讨论。

1. 场地和地基的破坏作用

场地和地基的破坏作用一般是指造成建筑物和构筑物破坏的直接原因是场地和地基稳定性引起的，也就是说地震时首先是场地和地基破坏，从而产生建筑物和构筑物破损并引起其他灾害。场地和地基破坏作用大致有地面破裂、滑坡和崩塌、地基失效等几种类型。

2. 场地的震动作用

场地的震动作用是指由于强烈地面运动引起地面设施振动而产生的破坏作用。强烈地震引起的结构破坏和倒塌是造成大量生命财产损失的最普遍和最主要的原因。根据破坏性地震的调查资料，大部分人员伤亡和建筑物破坏是直接由于地面震动造成的。此外，强烈的地面震动也是其他地震破坏作用如地基失效、滑坡等的外部条件。所以，影响范围广大的强烈地震动是所有地震破坏作用中最重要的。减轻地震灾害的主要途径是合理地进行抗震减震设计和采取抗震减震措施。为此，需要确定工程场地的设计地震动参数。从国内外多次地震引起的工程结构破坏来看，场地的震动作用大体有如下特点：

（1）近震与远震的震害有差异，破坏有选择性。有些地震动，特别是近震、小震，由于高频震动强烈，常使较低矮的、刚性较大的房屋结构破坏严重；而对于远震、大震，由于其低频振动相对较强，常使较高或较柔的房屋结构破坏严重。这样的例子是很多的，如1959—1985年的几次墨西哥强震，远在三四百公里以外的墨西哥市的破坏以软弱地基上高层楼房为主。

（2）在坚硬场地上的建筑物破坏通常是由地面震动作用造成的，软弱地基上建筑物的破坏原因则比较复杂。建筑物基础的水平和竖向位移、地基不均匀沉陷、因液化和强度骤然降低而引起的地基失效等往往是软弱地基上建筑物遭受破坏的主要原因；局部孤突场地上的房屋或发生地基滑动的房屋，震害也较重。

（3）若无地基失效，在覆盖层较厚的软弱场地上，高层房屋结构的震害较重；在坚硬场地上刚性房屋结构的震害较重。如1976年唐山大地，坚硬场地上砖烟囱的震害随震中距增加而迅速衰减，但在软弱场地土上衰减的则很缓慢。

（4）破坏的累积效应。一系列大余震往往会加重震害。1976年唐山地震时位于8度的深河公路桥虽然遭受破坏，但仍可通车，却在主震15h后的1次7.1级余震中塌落过半，这便是破坏的累积效应所致。

（5）若强震地面运动持续时间长，破坏或倒塌有时可能会发生于强烈地震动的后期。

综上所述地震破坏作用可以分两类，即场地和地基的破坏作用和场地的震动作用，前者是由于地基沉陷、地面失稳等导致结构开裂、倾斜（甚至倾倒）、下沉，使结构物遭受破坏。这类破坏数量相对较少，且有地区性，但修复和加固非常困难。为减轻这类灾害，有效的措施是通过各种方法消除不利因素（或者避开危险地段），主要不是依靠调整上部结构的地震作用。后者是地震作用效应超过结构材料允许强度或结构的变形能力而使结构遭受破坏，这种类型的震害是比较普遍的。为了减轻这类震害，应采用合理的结构布置和抗震措施，特别是还应根据地震环境和场地条件调整地震作用，即选择适宜的设计地震动参数进行设计。

9.3.3 抗震设防

抗震设防目标是指工程经抗震设计后，当遭遇到的地震影响相当于设防烈度时的预期要求，一般被概括地表述为"小震不坏、中震可修、大震不倒"，更通俗一点的说法就是"裂而不倒"。国家标准《建筑抗震设计规范》GB 50011 对抗震设防提出了 3 个水准的具体要求：当遭受低于本地区设防烈度的多遇地震影响时，一般不受损坏或不需修理可继续使用；当遭受本地区设防烈度的地震影响时，可能损坏，经一般修理或不需修理仍可继续使用；当遭受高于本地区设防烈度的预期大震影响时，不致倒塌或发生危及生命的严重破坏。这也就是通常所说的三水准设防。这里所说的小震即"多遇地震"，中震即"基本烈度地震"，大震则是"罕遇地震"，分别代表着不同要求的抗震设防水准。

按照《建筑结构可靠度设计统一标准》GB 50068 规定，工业与民用建筑结构的设计基准期为 50 年，抗震设计采用的小震烈度为在 50 年内地震烈度概率密度曲线峰点的烈度，即发生频度最大的地震烈度，称为"众值烈度"。（图 9-10）从地震烈度的重现期来看，众值烈度在 50 年内的超越概率为 0.632，我国的有关规范将众值烈度作为工业与民用建筑抗震设计小震水准。

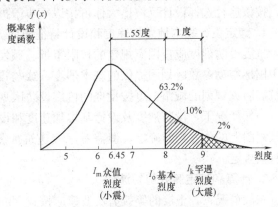

图 9-10　地震烈度概率密度示意

I_m—众值烈度，比 I_o 小 1.55 度；I_o—基本烈度；I_k—大震烈度

国际上常用超越概率为 10% 的地震动强度作为设计标准，我国的抗震规范也是这样规定的，称为"基本烈度"。对我国 45 个城镇的"基本烈度"与众值烈度差的平均值和标准值的统计结果表明，两者之差的平均值为 1.55 度，方差为 0.168，所以，抗震设计规范中的"小震"烈度（众值烈度）平均比基本烈度约降低 1.55 度。

强烈的地震作用给人们的生命财产造成了严重损害，因此，在抗震设计中，对于在设计基准期内可能发生的意外大震也是有必要加以考虑的，虽然这种罕遇地震的超越概率一般不大于 2%～3%。大震烈度比基本烈度高出的数值在不同基本烈度时是不同的。表 9-13 给出了不同基本烈度区罕遇地震加速度与该地众值烈度加速度的平均比值。

根据以上研究成果，《建筑抗震设计规范》GB 50011 中确定的三个设防水准的地震影响系数最大 α_{max} 见表 9-13。

大震、中震、小震　　　　　　　　　　　　　　　　表 9-13

烈度	超越概率	6 度	7 度	8 度	9 度
小震	63%	0.04	0.08(0.12)	0.16(0.24)	0.32
中震	10%	0.12	0.23	0.45	0.90
大震	2%～3%	—	0.50(0.72)	0.90(1.20)	1.40

注：括号中数值分别用于设计基本地震加速度为 0.15g 和 0.3g 的地区。

9.3.4　抗震设计反应谱的计算

众所周知，设计反应谱是工程结构抗震设计的重要参数之一，因此，合理地确定设计反应谱对工程结构抗震设计有着至关重要的影响。精确地测定设计地震动是一项难度很大的工作，对于一般的工程（一般指乙、丙、丁类建筑）可以采用适应目前对地震影响的认识水平，并具有大量强震观测记录和震害经验为基础的抗震设计规范规定的途径确定设计地震动。我国抗震设计规范采用的设计地震动是通过对地震环境和场地环境的分析判断和分类方法确定。按照该途径确定设计地震动的要求，工程勘察单位至少应提供以下资料或参数：一是有关地震环境方面的资料，包括设计基本地震加速度和设计特征周期等；二是场地环境方面的资料，包括覆盖层厚度、剪切波速测试结果、土层钻孔资料等。

《建筑抗震设计规范》GB 50011 是通过场地分类、设防烈度与设计反应谱相联系，因此，按该途径选择设计反应谱大体可按以下步骤进行：

1. 确定设计基本地震加速度和设计特征周期

抗震设防烈度应按国家规定的权限审批、颁发的文件（图件）确定。一般情况下可采用中国地震动参数区划图提供的基本烈度（或与设计基本地震加速度对应的烈度）；对做过抗震防灾规划的城市，可按批准的抗震设防区划（设防烈度或设计地震动参数）确定。

一般情况下，设防烈度及设计基本加速度和设计特征周期可根据场地在中国地震动参数区划图上的位置判断确定，但需考虑《建筑抗震设计规范》GB 50011—2010 中附录 A 的有关规定。

2. 计算和确定等效剪切波速

一般情况下，土层的等效剪切波速应按式（9-25）计算：

$$v_{se} = d_o/t \tag{9-25}$$

$$t = \sum_{i=1}^{n}(d_i/v_{si}) \tag{9-26}$$

式中　v_{se}——土层等效剪切波速（m/s）；

　　　d_o——计算深度（m），取覆盖层厚度和 20m 两者的较小值；

　　　t——剪切波在地面至计算深度之间的传播时间；

　　　d_i——计算深度范围内第 i 土层的厚度（m）；

　　　v_{si}——计算深度范围内第 i 土层的剪切波速（m/s）；

　　　n——计算深度范围内土层的分层数。

对丁类建筑及层数不超过 10 层且高度不超过 30m 的丙类建筑，当无实测剪切波速时，可根据岩土名称和性状，按表 9-14 划分土的类型，再利用当地经验在表 9-14 的剪切波速范围内估计各土层的剪切波速。

土的类型划分和剪切波速范围 表 9-14

土的类型	岩土名称和性状	土层剪切波速范围（m/s）
坚硬土或岩石	稳定岩石，密实的碎石土	$v_s > 500$
中硬土	中密、稍密的碎石土，密实、中密的砾砂、粗砂、中砂，$f_{ak} > 200$ 的黏性土和粉土，坚硬黄土	$500 \geqslant v_s > 250$
中软土	稍密实的砾砂、粗砂、中砂，除松散的细、粉砂外，$f_{ak} \leqslant 200$ 的黏性土和粉土，$f_{ak} > 130$ 的填土，可塑黄土	$250 \geqslant v_s > 140$
软弱土	淤泥和淤泥质土，松散的砂，新近沉积的黏性土和粉土，$f_{ak} \leqslant 130$ 的填土，流塑黄土	$v_s \leqslant 140$

注：f_{ak} 为由荷载试验等方法得到的地基承载力特征值（kPa）；v_s 为岩土剪切波速。

3. 确定场地覆盖层厚度

建筑场地覆盖层厚度的确定，一般情况下，应按地面至剪切波速大于 500m/s 的土层顶面的距离确定；当地面 5m 以下存在剪切波速大于相邻上层土剪切波速 2.5 倍的土层，且其下卧岩土的剪切波速均不小于 400m/s 时，可按地面至该土层顶面的距离确定；剪切波速大于 500m/s 的孤石、透镜体，应视同周围土层；土层中的火山岩硬夹层，应视为刚体，其厚度应从覆盖土层中扣除。

4. 场地类别确定

根据工程场地的等效剪切波速和覆盖层厚度按表 9-15 确定场地类别。当有可靠的剪切波速和覆盖层厚度且其值处于表 9-14 和表 9-15 所列场地类别分界线时，应允许按重值方法确定地震作用，计算所用的设计特征周期。

各类建筑场地的覆盖层厚度 （m）　　　　　　　　　　　　　表 9-15

等效剪切波速(m·s^{-1})	场地类别			
	I	II	III	IV
$v_{se}>500$	0			
$500 \geqslant v_{se}>250$	<5	≥5		
$250 \geqslant v_{se}>140$	<3	3~50	>50	
$v_{se} \leqslant 140$	<3	3~15	>15~80	>80

确定设计反应谱或地震影响系数：基于上述诸步确定场地类别、设防烈度、设计特征周期等，可按式（9-27）确定设计反应谱（地震影响系数 a，参见图 9-11）。

$$\alpha = \begin{cases} [0.45+10(\eta_2-0.45)T]\alpha_{\max} & \text{当 } T \leqslant 0.1s \\ \eta_2 \alpha_{\max} & \text{当 } 0.1s < T < T_g \\ \left(\dfrac{T_g}{T}\right)^{\gamma} \eta_2 \alpha_{\max} & \text{当 } T_g < T \leqslant 5T_g \\ [0.2^{\gamma}\eta_2 - \eta_1(T-5T_g)]\alpha_{\max} & \text{当 } T > 5T_g \end{cases} \qquad (9\text{-}27)$$

式中　α——地震影响系数；

$\alpha_{\max}$——地震影响系数最大值；

η_1——直线下降段的下降斜率调整系数；

γ——衰减指数；

T_g——特征周期；

η_2——阻尼调整系数；

T——结构自振周期。

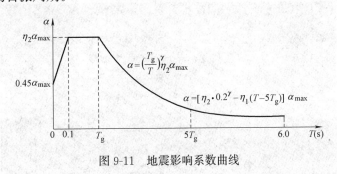

图 9-11　地震影响系数曲线

$\alpha_{\max}$ 与设防烈度（设计基本地震加速度）有关，不同设防标准和设计要求下，$\alpha_{\max}$

的取值见表 9-13，T_g 是与场地类别及设计地震分组有关的参数，不同情况下 T_g 的取值见表 9-16。应注意《建筑抗震设计规范》GB 50011 设计反应谱适用周期范围在 6s 以内，大于 6s 的设计反应谱应做专门研究。此外，计算 8、9 度罕遇地震作用时，特征周期应增加 0.05s。

特征周期值（s）　　　　　　　　　　　　　　　　　　　　　　表 9-16

设计地震分组	场地类别			
	Ⅰ	Ⅱ	Ⅲ	Ⅳ
第一组	0.25	0.35	0.45	0.65
第二组	0.30	0.40	0.55	0.75
第三组	0.35	0.45	0.65	0.80

（1）曲线下降段的衰减指数应按式（9-28）确定：

$$\gamma = 0.9 + \frac{0.05 - \xi}{0.5 + 5\xi} \tag{9-28}$$

式中　γ——曲线下降段的衰减指数；

　　　ξ——阻尼比。

（2）直线下降段的下降斜率调整系数应按（式 9-29）确定：

$$\eta_1 = 0.02 + (0.05 - \xi)/8 \tag{9-29}$$

式中　η_1——直线下降段的下降斜率调整系数，小于 0 时取 0。

（3）阻尼调整系数应按式（9-30）确定：

$$\eta_2 = 1 + \frac{0.05 - \xi}{0.06 + 1.7\xi} \tag{9-30}$$

式中　η_2——阻尼调整系数，当小于 0.55 时，应取 0.55。

9.4　火山

火山（volcano）是一个由固体碎屑、熔岩流或穹状喷出物围绕其喷出口堆积而成的丘或山。火山喷出口是一条由地球上的地幔或岩石圈到地表的管道，大部分物质堆积在火山口附近，有些被大气携带到高处而扩散到几百或几千公里外的地方，如图 9-12 所示。

图 9-12　火山喷发

9.4.1　火山的分布

世界上的火山主要分布于环太平洋陆地和海洋以及地中海——喜马拉雅山脉一带，世界上现有500多座活火山，我国有火山遗迹600多处，其中黑龙江的五大连池、吉林省的长白山、云南省的腾冲等地有完整的火山遗迹。

火山主要形成在板块交界处。这是因为在板块交界处，一个板块会俯冲到另一个板块之下，俯冲下去的那个板块的岩石会因为强大的压力而融化形成岩浆，岩浆会上升，有些在上升到一定程度就停住了，另外一些（大部分）会上升到地面从而形成火山，地球内部的放射性物质衰变释放出的热量也会使岩石融化上升到地表形成火山（大部分非板块交界处的火山）。世界主要火山带分布如图9-13所示。

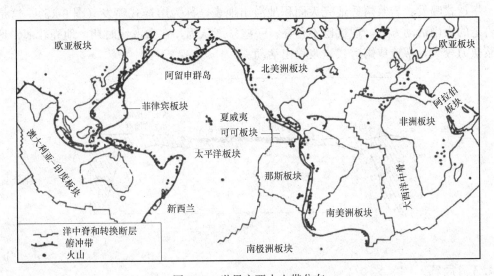

图9-13　世界主要火山带分布

9.4.2　火山的喷发类型

火山作用受到岩浆性质、地下岩浆库内压力、火山通道形状、火山喷发环境（陆上或水下）等诸因素的影响，使得火山喷发具有下列类型：

裂隙式喷发：岩浆沿着地壳上巨大裂缝溢出地表，称为裂隙式喷发。这类喷发没有强烈的爆炸现象，喷出物多为基性熔浆，冷凝后往往形成覆盖面积广的熔岩台地（图9-14）。现代裂隙式喷发主要分布于大洋底的洋中脊处，在大陆上只有冰岛可见此类火山喷发活动，故又称为冰岛型火山。

图9-14　火山熔岩台地

中心式喷发：地下岩浆通过管状火山通道喷出地表，称为中心式喷发。这是现代火山活动的主要形式，又可细分为三种：(1) 宁静式。火山喷发时，只有大量炽热的熔岩从火山口宁静溢出，顺着山坡缓缓流动，好像煮沸了的米汤从饭锅里沸泻出来一样。溢出的以基性熔浆为主，熔浆温度较高，黏度小，易流动。含气体较少，无爆炸现象，夏威夷诸火山为其代表，又称为夏威夷型。(2) 爆烈式。火山爆发时，产生猛烈的爆炸，同时喷出大量的气体和火山碎屑物质，喷出的熔浆以中酸性熔浆为主。(3) 中间式。属于宁静式和爆烈式喷发之间的过渡型。此种类型以中基性熔岩喷发为主。若有爆炸时，爆炸力也不大。可以连续几个月，甚至几年，长期平稳地喷发，并以伴有间歇性的爆发为特征。以靠近意大利西海岸利帕里群岛上的斯特朗博利火山为代表，该火山大约每隔 2～3min 喷发一次，夜间在 669km 以外仍可见火山喷发的光焰，故此又称斯特朗博利式。

熔透式喷发：岩浆熔透地壳大面积地溢出地表，称为熔透式喷发（图 9-15）。这是一种古老的火山活动方式，现代已不存在。一些学者认为，在太古代时期，地壳较薄，地下岩浆热力较大，常造成熔透式岩浆喷出活动。

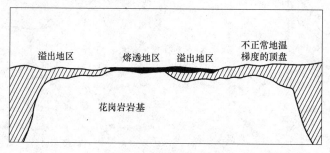

图 9-15　熔透式喷发

9.4.3　危害

火山泥石流：火山爆发喷出的大量火山灰和暴雨结合形成泥石流能冲毁道路、桥梁，淹没附近的乡村和城市，使得无数人无家可归。泥土、岩石碎屑形成的泥浆可像洪水一般淹没整座城市。岩石虽被火山灰云遮住了，但火山刚喷发时仍可看到被喷到半空中的巨大岩石。

火山碎屑流：火山碎屑流是主要的火山杀手之一，具有极大的破坏性和致命性。由于其速度很快，因而很难躲避。火山碎屑流是气体和火山碎屑的混合物。它不是水流，而是一种夹杂着岩石碎屑、高密度、高温、高速的气流，常紧贴地面横扫而过。它能击碎和烧毁在它流经路径上的任何生命和财物。火山碎屑流起因于火山爆烈式喷发或熔岩穹丘的崩塌。

熔岩流：在火山喷发后，有一定概率会形成熔岩流。呈液态在地表流动的熔岩被称为熔岩流，熔岩流冷却后形成固体岩石堆积有时也称之为熔岩流。呈液态流动的熔岩温度熔岩常含有气体，具有高速、高温特点，对流经范围环境影响较大。

碎屑污染：火山碎屑是火山喷出的岩浆冷凝碎屑以及火山通道内和四壁岩石碎屑。被喷射到空中的火山碎屑，粗重的落在火山口附近，轻而小的或被风吹到几百千米以外沉降，或上升到平流层随大气环流，对大气污染范围广。

山体滑坡：在火山喷发之后，火山喷发所产生的巨大震动，会导致火山周边的泥土松动，从而导致山体滑坡。

9.4.4　火山资源的利用

火山资源带来的不仅只有危害，也有对我们生活有价值的一面。一般来说，火山资源主要体现在它的旅游价值、地热利用和火山岩材料方面。

有火山的地方一般就有地热资源。地热能是一种廉价的新能源，同时无污染，因而得到了广泛的应用。从医疗、旅游、农用温室、水产养殖到民用供暖、工业加工、发电方面，都可见到地热能的应用。

火山活动还可以形成多种矿产，最常见的是硫磺矿的形成。陆地喷发的玄武岩，常结晶出自然铜和方解石；海底火山喷发的玄武岩，常可形成规模巨大的铁矿和铜矿。另外，我们熟知的钻石，其形成也和火山有关。

9.4.5　火山工程有关的措施

爆破法：破熔岩流的侧缘使其产生一个"缺口"而形成支流，引导一部分熔岩流流向另一个方向来减少主流前锋的物质，从而控制熔岩流向某一居民点的流动；爆破火山口的火山锥，使液态熔岩向四周扩散而不能汇聚成股状熔岩流，这种方法具有很大的冒险性。

筑堤法：人工设置障碍物，促使熔岩流转向来保护那些更具价值的财产。要求具有适宜的地形地貌条件；障碍物必须由具有较强的抗高温、抗冲击性能的材料建成。该方法适合于黏度低、冲撞力较小的熔岩流。

喷水冷却法：利用水冷却火山熔流可以减小灾害损失，但是要提前做好规划，防止发生次生危害。

9.5　水土整治

我国是世界上最早开始农业耕种的国家，水土流失（soil erosion）现象严重（图9-16），一部分地区已变成了不毛之地。我国沙漠、戈壁及沙漠化土地面积约占我国国土面积1/7，而且据估计，沙漠正以每年1560km² 的速度继续扩大。我国过度放牧造成的草场退化也十分严重（图9-17）。据北方以及青藏高原等10个牧业省区统计，中华人民共和国成立后，牧场放牧数量增加了2～3倍，这加速了草场退化。

图9-16　水土流失

图9-17　草场退化

9.5.1　水土流失类型

水土流失可分为水力侵蚀、重力侵蚀和风力侵蚀三种类型。

水力侵蚀：分布最广泛，在山区、丘陵区和一切有坡度的地面，暴雨时都会产生水力侵蚀。它的特点是以地面的水为动力冲走土壤。例如：黄土高原。

重力侵蚀：主要分布在山区、丘陵区的沟壑和陡坡上，在陡坡和沟的两岸沟壁，其中一部分下部被水流淘空，由于土壤及其成土母质自身的重力作用，不能继续保留在原来的位置，分散地或成片地塌落。

风力侵蚀：主要分布在中国西北、华北和东北的沙漠、沙地和丘陵盖沙地区，其次是东南沿海沙地，再次是河南、安徽、江苏几省的"黄泛区"（历史上由于黄河决口改道带出泥沙形成）。它的特点是由于风力扬起沙粒，离开原来的位置，随风飘浮到另外的地方降落。例如：河西走廊和黄土高原。

另外还可以分为冻融侵蚀、冰川侵蚀、混合侵蚀、风力侵蚀、植物侵蚀和化学侵蚀。

9.5.2　水土流失因素

主要有两方面的因素：自然因素和人为因素。

自然因素主要有地形、降雨、地面物质组成和植被 4 个方面：①地形。沟谷发育，陡坡；地面坡度越陡，地表径流的流速越快，对土壤的冲刷侵蚀力就越强，坡面越长，汇集地表径流量越多，冲刷力也越强。②降雨。产生水土流失的降雨，一般是强度较大的暴雨，降雨强度超过土壤入渗强度才会产生地表（超渗）径流，造成对地表的冲刷侵蚀。③地面物质组成。④植被。达到一定郁闭度的林草植被有保护土壤不被侵蚀的作用。郁闭度越高，保持水土的越强。

人为因素：人类对土地不合理的利用，破坏了地面植被和稳定的地形，以致造成严重的水土流失。具体有：①植被的破坏；②不合理的耕作制度；③不合理的开矿；④过度放牧。

9.5.3　水土流失的危害

水土流失的危害性很大，主要有以下几个方面：

使土地生产力下降甚至丧失。中国水土流失面积已扩大到 150 万 km^2，约占中国的 1/6，每年流失土壤 50 亿 t。土壤中流失的氮、磷、钾肥估计达 4000 万 t，与中国当时一年的化肥施用量相当，这必然会造成土地生产力下降。

淤积河道、湖泊、水库。浙江省虽然水土流失较轻，可是省内有 8 条水系的河床普遍增高了 0.1～0.2m，内河航行里程当前比 20 世纪 60 年代减少了 1000km。湖南省洞庭湖的湖水面已高出湖周陆地 3m，这就丧失了它应承担的长江的分洪作用。四川省的嘉陵江、涪江、沱江等几条流域水土流失也十分严重，约 20% 以上的泥沙淤积于水库。

污染水质影响生态平衡，水土流失是水质污染的一个重要原因。长江水质正在遭受污染就是典型例子。

9.5.4　治理与开发

1. 水土保持的基本措施

压缩农业用地，建设基本农田。重点抓好川地、塬地、坝地和缓坡梯田的建设。建立旱涝保收、高产稳产的基本农田。

扩大林草种植面积。水土保持林为主，因地制宜地营造防风固沙、经济林、薪炭林、用材林和四旁绿化。退耕25°以上的坡耕地，用以造林、种草（图9-18和图9-19）。

图9-18　三北防护林

图9-19　斜坡退耕还林与坡改梯

改善天然草场的植被。超载放牧的地方应适当压缩牲畜的数量，提高质量，并改善放牧管理，实行轮封轮牧，保护草场，以利于水土保持。

有计划做好煤矿的土地复耕工作。水土流失严重的黄土高原是我国最大的以煤炭为主的能源生产基地，避免由于煤炭开发而引起的大规模水土流失。

2. 小流域综合治理开发模式

小流域是指相当于坳沟或河沟的沟道流域，它在黄土高原上多达百万条以上，遍及整个地区，是黄土高原泥沙产生和输水输沙的源头（图9-20）。对小流域进行治理开发是水土保持的重要方法。

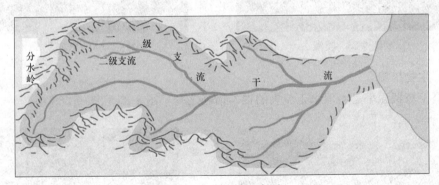

图9-20　小流域示意图

原则：调整土地利用结构，治理与开发相结合。

重点：保持水土，开发利用水资源，建立有机高效的农林牧业生产系统。

措施："三结合"——工程、生物、农技三大措施，有机结合，效益互补。工程措施见效快，养林草；林草治根本，固工程；提高土地生产率，农技是关键。

（1）工程措施

修建水平梯田改变坡面水流路线，降低水流速度；促进泥沙就地沉积。建淤地坝，小水库固沟灌溉（图 9-21 和图 9-22），这不仅改善生产条件，而且合理利用水土。

图 9-21　基本农田

图 9-22　抽引水灌溉打坝建库

（2）农业技术措施

开展平整土地、栽培种植、田间管理、增施肥料、轮作套种等农耕农业，同时精心选育良种、发展地膜及喷灌和滴灌技术、科学施肥等（图 9-23 和图 9-24），这提高了土地肥力，充分利用了光热。

图 9-23　喷灌

图 9-24　地膜覆盖

（3）生物措施

提高植被覆盖率是治理水土流失的根本措施之一（图 9-25 和图 9-26）。

图 9-25　经济混交林

图 9-26　沙棘果

黄土高原地区小流域综合治理采取"保塬、护坡、固沟"的基本方针。其经验是在黄土塬平整土地，建设条带状农田，造林种草。造林种草可以减少雨水和径流对地面的冲击，减缓水的流速，促进水下渗、泥下沉。在黄土塬下的缓坡修筑水平梯田，在陡坡退耕还林，造林种草；在坡下沟道中建设淤地坝、小水库种植防护林固沟（图9-27）。

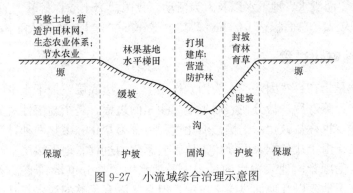

图 9-27　小流域综合治理示意图

9.6　盐渍土及土壤盐渍化

盐渍土（图9-28）一般是指地表下1m深的土层内易溶盐平均含量在3%以上的土，是盐土和碱土以及各种盐化土壤和碱化土壤的总称。

盐土是指含较多种类可溶性盐的低产土壤，常见的有钙、镁、钠、钾的碳酸盐类、硫酸盐类和氯化物等，按其成土过程和土壤特点可分为碱化盐土、沼泽盐土、草甸盐土、滨海盐土、洪积盐土、残余盐土六类。碱土是指含有危害植物生长及改变土壤性质的交换性钠的土壤，碱化度达15%～20%。盐渍土主要分布于内陆半干旱、干旱地区，滨海部分地区也有分布，目前世界盐渍土总面积约为897.0万km²，约占干旱区总面积的39%，占陆地面积的6.5%。中国大约有20万km²以上的盐渍土地，占国土面积的2.1%左右。

图 9-28　土地盐渍化

土壤盐渍化是目前世界上土地退化的主要类型之一，也是全世界都非常关注的世界性的资源枯竭问题。据联合国粮农组织的统计资料表明，目前世界所有盐碱地总面积约为$9.5 \times 10^8 \mathrm{hm}^2$，占陆地总面积的7.26%左右。中国目前盐渍土面积大约为$1.0 \times 10^8 \mathrm{hm}^2$，高达世界盐渍土总面积的十分之一。

土壤盐碱化又可称为土壤盐渍化或者土壤盐化，是指土壤中可溶性盐含量过高而导致农作物低产或者不能生长，其发生、发展是一个有水文、植被、气候及母质等诸多因素综合影响的复杂动力学过程。

盐渍土中的盐分积累是地壳表层发生的地球化学过程的结果，其盐分主要来源于矿物风化、降雨、盐岩、灌溉水、地下水以及人为活动。我国盐渍土或称盐碱土的分布范围颇广，类型繁多，面积较大，总面积达 1 亿 hm^2。其主要分布在干旱、半干旱和半湿润地区。

9.6.1 土壤盐碱化过程

土壤盐渍化是指在自然因素或人为因素作用下，土壤底层或地下水中的盐分随毛管水上升到地表，水分蒸发后，盐分在表层土壤中积累的过程，是指易溶性盐分在土壤表层积累的现象或过程，也称盐碱化。土壤盐渍化过程可分为盐化和碱化两种过程。

土壤盐化是指由于盐分积聚而导致土地缓慢恶化的过程。地下浅层水经毛细管输送到地表被蒸发掉，毛细管向地表输水的过程中，把水中的盐分也带到地表来，水被蒸发以后，盐分就留在了地表以及地面浅层土壤中，但是又没有足够的淡水将其稀释并排走，因此形成了土壤盐化。

碱化过程是指交换性钠不断进入土壤吸收性复合体的过程，又称为钠质化过程。碱土的形成必须具备两个条件：一是有显著数量的钠离子进入土壤胶体；二是土壤胶体内钠的水解。阳离子交换作用在碱化过程中起着非常重要的作用，特别是 Na-Ca 离子的交换。碱化过程通常通过积盐与脱盐频繁交替的途径进行。

土壤溶液中苏打的形成有若干途径：①岩石的风化作用：岩石风化产物使土壤和地下水中含 Na_2CO_3 和 $NaHCO_3$。②物理化学作用（碱交换作用）。

土壤盐化与碱化的区别：

盐化是指地表及地面浅层土壤中积累的盐分多了，又没有足够的淡水将其稀释并排走，就形成了土壤盐化。当土壤含盐量过高（超过 0.3%）时，就形成了盐渍土。但是盐渍土的 pH 值却不一定很高，土壤也不一定成强碱性。而土壤碱化是土壤表层碱性盐逐渐积累、钠离子饱和度逐渐增高的过程。碱化过程基本上与脱盐过程相伴发生，但脱盐却并不一定引起碱化。碱化过程是由于土壤脱盐时，土壤溶液中的钠离子与土壤胶体中的钙、镁离子相交换，使土壤胶体吸附较多的钠离子，土壤出现强碱性反应，且 pH 在 8.5～9以上，使土壤的物理性质恶化，离散度高；湿时膨胀，干时板结；通透性非常差，十分不利于作物的生长发育。

9.6.2 盐渍土的工程性质

土壤中易溶性盐含量是影响盐渍土基本性质的主要因素，主要有碳酸盐类、氯盐类和硫酸盐类三种，其基本性质见表 9-17。

易溶盐的基本性质 表 9-17

盐类名称	基本性质
氯化物盐类 ($NaCl$、KCl、$CaCl_2$、$MgCl_2$)	(1)溶解度大。 (2)有明显的吸湿性,如氯化钙的晶体能从空气中吸收超过本身重量 4～5 倍的水分,且吸湿水分蒸发缓慢。 (3)从溶液中结晶时,体积不发生变化。 (4)能使冰点显著下降

续表

盐类名称	基本性质
硫酸盐类 （Na_2SO_4、$MgSO_4$）	（1）没有吸湿性，但在结晶时有结合一定数量水分子的能力。 （2）硫酸钠从溶液中沉淀重结晶时，结合 10 个水分子形成芒硝（$Na_2SO_4 \cdot 10H_2O$），体积增大；在 32.4℃时芒硝放出水分，又成为无水芒硝（Na_2SO_4），体积减小；硫酸镁结晶时，结合 7 个水分子形成结晶水化合物（$MgSO_4 \cdot 7H_2O$），体积也增大；在脱水时逐渐转化为无水分子的结晶水化物 （3）硫酸钠在 32.4℃以下时溶解度随温度增加而增加，在 32.4℃时溶解度最大，在 32.4℃以上时溶解度下降
碳酸盐类 （Na_2CO_3、$NaHCO_3$）	（1）水溶液有很大的碱性反应。 （2）能使黏土胶体颗粒发生最大的分散

1. 盐渍土的工程特性

盐渍土的溶陷性：盐渍土中的可溶盐经水浸泡后溶解、流失，致使土体结构松散，在土的饱和自重压力下出现溶陷；有的盐渍土浸水后，需在一定压力作用下，才会产生溶陷。盐渍土溶陷性的大小，与易溶盐的性质、含量、赋存状态和水的径流条件以及浸水时间的长短等有关。盐渍土按溶陷系数可分为两类：当深陷系数 δ 值小于 0.01 时，称为非深陷性土；当深陷系数 δ 值等于或大于 0.01 时，称为溶陷性土。

盐渍土的盐胀性：硫酸（亚硫酸）盐渍土中的无水芒硝（Na_2SO_4）的含量较多，无水芒硝（Na_2SO_4）在 32.4℃以上时为无水晶体，体积较小；当温度下降至 32.4℃时，吸收 10 个水分子的结晶水成为芒硝（$Na_2SO_4 \cdot 10H_2O$）晶体，使体积增大，如此不断的循环反复作用，使土体变松。

盐胀作用是盐渍土由于昼夜温差大引起的，多出现在地表下不太深的地方，一般约为 0.3m。碳酸盐渍土中含有大量吸附性阳离子，遇水时与胶体颗粒作用，在胶体颗粒和黏土颗粒周围形成结合水薄膜，减少了各颗粒间的黏聚力，使其互相分离，引起土体盐胀。

盐渍土的腐蚀性：盐渍土均具有腐蚀性。硫酸盐盐渍土具有较强的腐蚀性，当硫酸盐含量超过 1％时，对混凝土产生有害影响，对其他建筑材料，也有不同程度的腐蚀作用。氯盐渍土具有一定的腐蚀性，当氯盐含量大于 4％时，对混凝土产生不良影响，对钢铁、木材、砖等建筑材料也具有不同程度的腐蚀性。碳酸盐渍土对各种建筑材料也具有不同程度的腐蚀性。腐蚀的程度，除与盐类的成分有关外，还与建筑结构所处的环境条件有关。

盐渍土的吸湿性：氯盐渍土含有较多一价钠离子，由于其水解半径大，水化胀力强，其周围会形成较厚的水化薄膜。因此，氯盐渍土具有较强的吸湿性和保水性。

有害毛细作用：盐渍土有害毛细水的上升会导致地基土的浸湿软化和次生盐渍土，致使地基土的强度降低，产生盐胀、冻胀等不良作用。影响毛细水上升高度和上升速度的因素，主要有土的矿物成分、粒度成分、土颗粒的排列、孔隙的大小和水溶液的成分、浓度、温度等。

盐渍土的起始冻结温度和冻结深度：盐渍土的起始冻结温度是指土中毛细水和重力水溶解土中盐分后，形成的溶液开始冻结的温度。起始冻结温度随溶液浓度的增大而降低，且与盐的类型有关。根据原铁道部第一勘测设计院的试验资料，当水溶液浓度大于 10%后，氯盐渍土的起始冻结温度比亚硫酸盐渍土低得多，当土中含盐量达到 5%以上时，土的起始冻结温度下降到 -20℃以下。

盐渍土的冻结深度，可以根据不同深度的地温资料和不同深度盐渍土中水溶液的起始冻结温度判定，也可以在现场直接测定。

2. 盐渍土含盐量类型和含盐量对土的物理力学性质的影响

（1）对土的物理性质的影响

1）氯盐渍土的含氯量越高，液限、塑限和塑性指数越低，可塑性越低。资料表明，氯盐渍土的液限要比非盐渍土低 2%~3%，塑限小 1%~2%。

2）氯盐渍土由于氯盐晶粒充填了土颗粒间的空隙，一般能使土的孔隙比降低，土的密度、干密度提高，但硫酸盐渍土由于 Na_2SO_4 的含量较多，Na_2SO_4 在 32.4℃以上时为无水芒硝，体积较小；温度下降到 32.4℃时吸水后变成芒硝（$Na_2SO_4 \cdot 10H_2O$），体积变大；反复作用后使土体变松，孔隙比增大，密度减小。

（2）对土的力学性质的影响

1）盐渍土的含盐量对抗剪强度影响较大，当土中含有少量盐分，在一定含水量时，使黏聚力减小，内摩擦角降低；但当盐分增加到一定程度后，由于盐分结晶，使黏聚力和内摩擦角增大。所以，当盐渍土的含水量较低且含盐量较高时，土的抗剪强度就较高，反之就较低。三轴试验表明：盐渍土土样的垂直应变达到 5%的破坏标准和达到 10%的破坏标准时的抗剪强度相差较大；10%破坏标准和抗剪强度要比 5%破坏标准小 20%左右。漫水对黏聚力影响较大，而对内摩擦角影响不大。

2）由于盐渍土具有较高的结构强度，当压力小于结构强度，盐渍土几乎不产生变形，但没水后，盐类等胶结物软化或溶解。模量显著降低，强度也随之降低。

3）氯盐渍土的力学强度与总含盐量有关，总的趋势是总含盐量增大，强度随之增大。当总含盐量在 10%范围内时，载荷试验比例界限（P_o）变化不大，超过 10%后 P_o 有明显提高。原因是土中氯盐含量超过临界溶解含盐量时，以晶体状态析出，同时对土粒产生胶结作用，使土的强度提高。相反，氯盐含量小于临界溶解含盐量时，则以离子状态存在于土中，此时对土的强度影响不太明显。

硫酸盐渍土的总含盐量对强度的影响与氯盐渍土相反，即盐渍土的强度随总含盐量增加而减小。原因是硫酸盐渍土具有盐胀性和膨胀性。资料表明，当总含盐量为 1.0%~2.0%时，即对载荷试验比例界限（P_o）产生较明显的影响，且 P_o 随总含盐量的增加而快速降低；当总含盐量超过 2.5%时，其降低速度逐渐变慢；当总含盐量等于 12%时，可使 P_o 降低到非盐渍土的一半左右。

9.6.3 盐渍土评价的内容和方法

1. 盐渍土的溶陷性评价

根据资料，只有干燥的和稍湿的盐渍土才具有溶陷性，且大都具有自重溶陷性。溶陷性的判定应先进行初步判定。符合下列条件之一的盐渍土地基，可初步判定为非溶陷性或不考虑溶陷性对建筑物的影响：①碎石类盐渍土中洗盐后粒径大于 2mm 的颗粒超过全重的 70%时，可判为非溶陷性土；②碎石土、砂土、盐渍土的湿度为很湿至饱和，粉土盐渍土的湿度为很湿，黏性土盐渍土的状态为软塑至流塑时，可判为非溶陷性土。当需进一步判别时，可采用溶陷系数 δ 值进行评价：溶陷性系数 δ 值等于或大于 0.01 的为溶陷性土；溶陷系数 δ 值小于 0.01 的为非溶陷性土。

溶陷系数可由室内压缩试验或现场浸水载荷试验求得。室内试验测定溶陷系数的方法与湿陷系数试验相同；现场浸水载荷试验得到的平均溶陷系数 δ 值可按式（9-31）计算：

$$\delta = \Delta S / h \tag{9-31}$$

式中　ΔS——盐渍土层浸水后的溶陷量（cm）；

　　　h——承压板下盐渍土的浸湿深度（cm）。

当无条件进行现场浸水载荷试验和室内压缩试验时，可采用液体排开法试验。具体试验方法可按行业标准《盐渍土地区建筑规范》SY/T 0317 执行。

根据《盐渍土地区建筑规定》SY/T 0317，地基分级溶陷量 Δ 可按式（9-32）计算：

$$\Delta = \sum_{i=1}^{n} \delta_i h_i \tag{9-32}$$

式中　δ_i——第 i 层土的溶陷系数；

　　　h_i——第 i 层土的厚度（cm）；

　　　n——基础底面（初勘自地面1.5m算起）以下至10m深度范围内全部溶陷性盐渍土的层数，其中 δ 值小于 0.01 的非溶陷性土层不计入。

根据分级溶陷量 Δ 将地基划分为 3 个溶陷等级，见表 9-18。

盐渍土地基的溶陷等级　　　　　　　表 9-18

地基的溶陷等级	分级溶陷量 Δ(cm)	地基的溶陷等级	分级溶陷量 Δ(cm)
I	$7 < 0 \leqslant 15$	III	> 40
II	$15 < 0 \leqslant 40$		

注：当 Δ 值小于 7cm 时，按非溶陷性土考虑。

2. 盐渍土的盐胀性评价

盐渍土的盐胀性主要是由于硫酸钠结晶吸水后，体积膨胀造成的。盐渍土地基的盐胀性是指整平地面以下 2m 深度范围内土的盐胀性。盐胀性宜根据现场试验测定有效盐胀厚度和总盐胀量。当盐渍土地基中的硫酸钠含量不超过 1% 时，可不考虑其盐胀性。根据资料，盐渍土产生盐胀的土层厚度约为 1.5m 左右，盐胀力一般小于 100kPa。

3. 盐渍土的腐蚀性评价

盐渍土的腐蚀性主要表现在对混凝土和金属材料的腐蚀。由于我国盐渍土中的含盐成分主要是氯盐和硫酸盐，因此，腐蚀性的评价以 Cl^-、SO_4^{2-} 作为主要腐蚀性离子；对钢筋混凝土，Mg^{2+}、NH_4^+ 和水（土）的酸碱度（pH 值）也对腐蚀性有重要影响，也作为评价指标，其他离子则以总盐量表示。盐渍土的腐蚀性，应依据地下水或土中的含盐量进行评价，见表 9-19。

4. 盐渍岩的承载力评价

盐渍岩的承载力应采用载荷试验确定，试验方法可按《建筑地基基础设计规范》GB 50007—2011 附录 H 执行；对完整、较完整和较破碎的盐渍岩，可根据室内饱和单轴抗压强度，按《建筑地基基础设计规范》GB 50007 规定的公式计算，但对折减系数宜取小值，并应考虑盐渍岩的水溶性影响。盐渍土在干燥状态时，强度较高、承载力较大，但在

盐渍土腐蚀性评价

表 **9-19**

介质	离子种类	埋置条件	指标值	钢筋混凝土	素混凝土	砖砌体
地下水中盐离子含量（mg/L）	SO_4^{2-}		>4000	强	强	强
			1000～4000	中	中	中
			250～1000	弱	弱	弱
			≤250	无	无	无
	Cl^-	间浸	>5000	强	中	中
			>500～5000	中	弱	弱
			≤500	弱	无	无
		全浸	>20000	强	弱	弱
			>5000～20000	中	弱	弱
			>500～5000	弱	无	无
			≤500	无	无	无
	NH_4^+		>1000	强	中	中
			>500～1000	中	弱	弱
			>100～500	弱	无	无
			≤100	无	无	无
	Mg^{2+}		>4000	强	强	强
			>2000～4000	中	中	中
			>1000～2000	弱	弱	弱
			≤1000	无	无	无
	SO_4^{2-}	干燥	>6000	强	强	强
			>4000～6000	中	中	中
			>2000～4000	弱	弱	弱
			≤2000	无	无	无
		潮湿	>4000	强	强	强
			>2000～4000	中	中	中
			>400～2000	弱	弱	弱
			≤400	无	无	无
	Cl^-	干燥	>20000	强	中	中
			>5000～20000	中	弱	弱
			>2000～5000	弱	无	无
			≤2000	无	无	无
		潮湿	>7500	强	中	中
			>1000～7500	中	弱	弱
			>500～1000	弱	无	无
			≤500	无	无	无

续表

介质	离子种类	埋置条件	指标值	钢筋混凝土	素混凝土	砖砌体
土中总盐量 （mg/kg）	正负离子总和	有蒸发面	＞10000	强	强	强
			＞5000～10000	中	中	中
			＞3000～5000	弱	弱	弱
			≤3000	无	无	无
		无蒸发面	＞50000	强	强	强
			＞20000～50000	中	中	中
			＞5000～20000	弱	弱	弱
			≤5000	无	无	无
水土酸度(pH)			＞4	强	强	强
			＞4～5	中	中	中
			＞5～6.5	弱	弱	弱
			≤6.5	无	无	无

注：1. 本表摘自《盐渍土地区建筑技术规范》GBT 50942—2014。

2. 以氯盐为主的盐渍土所含硫酸盐应按 $Cl^-_{总量}=Cl^-+0.25\times SO_4^{2-}$ 换算成氯盐后再按表进行评价。

3. 以硫酸盐为主的盐渍土所含氯盐应按 $SO_4^{2-}_{总量}=SO_4^{2-}+0.75\times Cl^-$ 换算成硫酸盐后，再按表进行评价。

4. 按本表进行评价时，应以各项指标中腐蚀性最高的确定腐蚀等级；当同时具备弱透水性土、无干湿交替、不冻区段三个条件时，盐渍土的评价，可降低一级。

浸水状态下，强度和承载力迅速降低，压缩性增大。土的含盐量越高，水对强度和承载力的影响越大，因此，盐渍土的承载力应采用载荷试验确定；对有浸水可能的地基，宜采用浸水载荷试验确定。有经验的地区也可采用静力触探、旁压试验等原位测试方法确定。表 9-20 是原铁道部第一勘测设计院提供的资料，可供参考。

静力触探比贯入阻力 P_s（MPa）与盐渍土承载力基本值 f_0（kPa）的关系　　　表 9-20

粉土和粉质黏土	P_s	0.4	0.7	1.0	1.5	2.0	2.5	3.0	3.5	4.0	4.5	5.0	5.5	6.0	6.5
	f_0	50	70	90	110	130	150	160	180	190	200	220	230	240	250
粉细砂	P_s	3.0	3.5	4.0	4.5	5.0	6.0	6.5	7.0	8.0	9.0	10.0	11.0	12.0	14.0
	f_0	160	170	180	190	200	210	220	230	240	250	260	270	280	300
饱和粉细砂	P_s	0.5	1.0	1.5	2.0	2.5	3.0	3.5	4.0	4.5	5.0	5.5	6.0	7.0	8.0
	f_0	50	70	90	100	110	120	130	140	150	160	170	180	190	200

9.6.4 盐渍土的处理措施

盐渍土对工程的危害主要是由含盐量、水分、土质决定的，因此，盐渍土地基工程的处理技术可分为去除土体中的盐分、固化剂处理、隔断水分、结构加固和生物改良五类。

1. 去除土体中的盐分

盐分是盐渍土产生危害的根本原因，因此，去除盐渍土土体中的盐分或把土体中的易溶性盐分转化为难溶或者溶解度较小的盐分，就能从根本上解决盐渍土地基工程问题。

换填垫层法：如图 9-29 所示，将浅层软弱土或不良土挖除，以换填材料填入进行分层碾压或夯实。作为建筑物基础的持力层，换填垫层与原土层相比，能部分或完全消除盐渍土地基的溶陷性，且具有良好的承载力和抗变形能力。对于溶陷性高且厚度不大的盐渍土层，采用换填垫层法是较为有效的。但当盐渍土土层较厚，工程量较大时，采用换填垫层法是不经济的，而且换填垫层的方法只能暂时性的消除盐渍土的不利影响，治标不治本。当地下水中的盐分随毛细作用上升至上部换填土体内时，容易造成次生盐渍化，危害工程建筑的稳定。

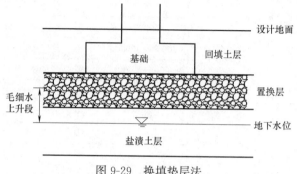

图 9-29　换填垫层法

　　浸水预溶法：指在工程建设之前，用矿化度较低的水浸灌盐渍土地基，把上部盐渍土地基中易溶的盐分溶解并排放到其他地方或者渗透到较深的土层中。上部土体中的易溶性盐分随水分溶解流失，上部土体空隙率增大，在自重作用下发生溶陷破坏。当土体内的易溶性盐分被大部分消除后，即使盐渍土地基再次浸水，也不会产生很大的沉降，从而达到解决盐渍土地基问题的目的。

　　化学处置法：一般是用来处理硫酸盐盐渍土。一种是用氯盐来抑制硫酸盐的盐胀。原铁道部曾经用在硫酸盐盐渍土中掺氯盐的方法来抑制其盐胀，通过试验研究发现，当土中氯离子含量与硫酸根离子含量的比值大于 6 时，抑制效果最显著。另一种是在盐渍土中加入氯化钙或者氯化钡，将土体中易溶性的盐分转化为难溶或不溶的硫酸盐，从而消除其盐胀，达到治理的目的。这种处置方法主要针对硫酸盐厚度较大的土体，成本及安全不可控，且对环境有一定的污染。

2. 固化剂处理

　　使用固化剂处理盐渍土地基可以将不良的土壤资源改良成满足工程要求的建筑材料。不仅解决了盐渍土地基的工程问题，显著提高地基的整体强度及稳定性，还可节约大量资源，具有良好的经济效益和广阔的发展前景。

　　无机固化剂：是指传统胶凝固化材料，如水泥、石灰、矿渣、粉煤灰等。试验发现水泥和磨细矿渣复合固化的效果明显优于单掺的情况，且固化后盐渍土的强度随磨细矿渣掺量的增多而逐渐提高。

　　高分子固化剂：是指将有机高分子材料（高聚物）和传统无机材料复合而成的固化剂。随着材料化学的发展，许多高分子材料被开发并应用于土壤固化领域中。

3. 隔断水分

　　盐渍土地基在自然干燥的情况下具有较高的强度，但是浸水后由于土体内易溶性盐分的溶解流失，导致地基的承载能力下降。假如能够做好充分的防水和排水措施，消除水分对盐渍土地基的影响，干燥条件下，盐渍土内的结晶盐反而会提高地基的强度。

增加地基高度：是减少地下水对地基稳定性影响的有效措施之一。在地下水位较高的盐渍土地区，地下水通过毛细作用携盐上升对地基造成的破坏和影响是十分严重的，很容易引起上部土体的次生盐渍化，再而引发溶陷、盐胀等地基病害。提高地基的标高，可增大地基与地下水的高差，减少地下水由于毛细作用携盐分上升至上部土引起的二次盐渍化以及翻浆、冻胀，从而减少盐渍土地基对工程的危害。但是单纯采用提高地基的方法，工程填方量很大，工程造价较高。

设置隔断层：盐渍土地区工程应尽量增加地基高度防止发生次生盐渍化，在不能增加地基高度或者其他措施造价较高的情况下，可以考虑采用设置隔断层的方法。砂砾石隔断层是天然砂砾石或级配砂砾石铺筑而成的隔断层。砂砾石隔断层能够有效隔断毛细水通道，阻断盐分随毛细水上升，且能提高地基的整体强度以及均匀性。在石料来源丰富的地区，采用砂砾换填并结合排水措施是经济、有效、简单可行的办法。土工布隔断层是指由土工合成材料构成的隔断层。土工布隔断层不仅能够有效隔断毛细水上升，还能很好的防止地表水下渗。实践证明，土工布作为一种建筑材料，不仅可以有效防止次生盐渍化，还施工简单，操作方便，有很高的应用推广价值。

4. 结构加固

强夯法：是用十几吨至上百吨的重锤从一定高度自由下落，反复对地基土体进行动力夯击，将土体进行强制压实，从而减小其压缩性，提高地基土体的整体强度以及均匀性，减少可能出现的不均匀沉降。早期的强夯法主要是对于碎石和砂土的简单处理，随着工程技术的提高，强夯法地基处理技术也得到了快速的发展，现如今已成为软弱性地基的一种主要处置措施。强夯法可以显著减少盐渍土地基的溶陷变形，对于含盐量低、非饱和的低塑性盐渍土，处理效果较好。

半刚性基层：是无机结合料稳定材料铺筑而成的基层，具有较高的刚度和良好的荷载扩散能力。

桩基：是由桩和连接桩顶部的承台组成的深基础。桩基的主要功能是穿过软弱的高压缩性土层，将上部结构荷载传递到承载能力较强、压缩性小的土层上。桩基础承载能力强、适用范围广，被广泛应用于桥梁、高层建筑等地基基础处理中。当盐渍土地基土层厚度较大，且地基承载能力不足，其他措施难以实施或是成本较高时，可以采用桩基来处理盐渍土地基。钻孔压浆桩的桩径、桩长均可以调节，地基溶陷不会影响桩的强度以及稳定，且造价相对于其他桩基础而言，更加经济有效，适用于作盐渍土地区建筑物的基础。

5. 生物改良盐渍土

生物改良包括选择耐盐作物、选择有效微生物、施用生物有机肥料等改良盐碱地。微生物是盐碱土生态系统的重要组成成员，在盐碱土生态效应、土壤理化性质形成和盐碱土质改良等过程中起着重要作用。微生物菌剂是切实可行的改良产品，它具有成本低、无二次污染等优点，能更有效的改良盐渍化土壤。

我国对微生物肥料改良土壤的研究在 20 世纪中后期发展较迅速，20 世纪 60 年代的"5406"抗生菌是具有促生、抗病等多种功能的微生物肥料；20 世纪 70 年代，根瘤菌对我国的农业生产带来极大的促进作用；20 世纪 80 年代，相继推广了硅酸盐菌剂、固氮菌、PGPR 等。微生物菌剂的品种随着微生物的研究和发展逐渐增多，我国的微生物肥料研究基本已形成规模，菌种类型在不断丰富。目前，多国学者已经分离出了多种具有降解污染能力的菌种，发现 20 多个种属的拥有防病害、促生长等潜在效果的根际微生物，并全面研究了它们的特性，且取得了不错的成果。

除此之外，微生物肥料还能激活土壤中的蔗糖酶、蛋白酶等有益的酶活性，提高土壤中的酶活性可以增强土壤肥力。微生物作为微生物肥料的核心，是构成土壤肥力的重要组成部分，在土壤中施用微生物肥料，可有效地改善和保持土壤肥力。

9.7　海岸灾害及岸坡保护

海岸灾害是指海岸自然环境发生异常或激烈变化，包括热带风暴、海浪、海冰、赤潮、海啸及冲刷等应力作用对海岸造成的破坏（图 9-30 和图 9-31）。

综合 20 年的统计资料，我国由风暴潮、风暴巨浪、严重海冰、海雾以及海上大风等海岸灾害造成的直接经济损失每年约 5 亿元，死亡 500 人左右。经济损失中，以风暴潮在海岸附近造成的损失最多，人员的伤亡主要是由于海上狂风恶浪。就目前的情况来看，海岸灾害给世界各国带来的损失呈上升趋势。全球热带海岸每年大约发生 80 多次台风，其中 3/4 左右发生在北半球的海岸上，而靠近我国的西北太平洋的海岸上则占了全球台风总数的 38%，居全球 8 个台风发生区之首（图 9-32）。

图 9-30　风暴潮对海岸淹没　　　　　　图 9-31　海浪对岸坡侵蚀

9.7.1　波浪

海面上的波浪（wave）是由海洋风暴形成的。海风在海水表面吹过，会产生摩擦力。由于海风的运动速度比海水快，海风能够将能量传播给海水，形成波浪，海浪将能量向海岸线传递。其规模取决于以下 3 个方面：

（1）风的速度：风速越大，波浪越大；

（2）风的历时：风暴历时越长，传递给海水的能量越多，产生的波浪越大；

（3）风在海面迂回的距离越长，形成的波浪越大。

波高（wave height）和波长（wave length）是波浪重要的参数。深海区漂浮时，波浪通过时可以感受到自身的运动状态，发现自己以圆形的轨道，向上、向下、向前和向后有规律地运动，最后返回了原地。浅水区时，在水底的运动轨迹可能成为一个非常窄小的椭圆形，或可近似看作是水平的运动轨道，剩下了向前和向后的运动，会感到海水反复地把你推向岸边后又拉向海里（图 9-33）。一定时段内 1m 高的波浪在 400km 长的海岸线（shoreline）释放的能量，几乎相当于一个一般规模的核电站在同样时段内所产生的能量。

图 9-32 台风的运动

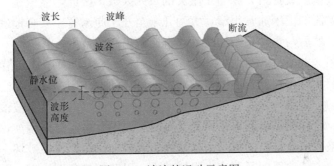

图 9-33 波浪的运动示意图

波浪的能量几乎与波高能量的平方成比例，比如，如果波高增长到 2m，那么波的能量则以 2^2 的比例增强。

9.7.2 海滩

海滩（beach）是由松散沙砾沿海岸线堆积形成的平缓地面。在海湾处，波浪相对温和。

海滩上的泥沙是动态的，在激浪带和溅浪带上，波浪作用经常保持着沙的运动。当波浪撞击海岸角的时候，就造成了垂直和平行海岸线的漂沙，即沿滩漂沙和沿岸漂沙。沿滩漂沙（beach drift）就是海滩碎屑物在溅浪带向上、向后的运动，造成沉积物沿着海滩方向呈抛物线运移；沿岸漂沙（longshore drift）是推进波撞击海岸角产生的，运动方向大致与海岸平行，形成了沿岸沉积物。沿滩漂沙和沿岸漂沙沿海岸共同形成了沿岸搬运（littoral transport），其宽度包括溅浪带和激浪带（图 9-34）。

9.7.3 激流

当一系列的大波浪在海岸破碎时，水流朝着岸边冲击，一旦水流涌入就无法后退，而

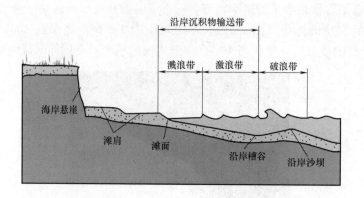

图 9-34　海岸沉积带剖面图

是完全进入海岸带，但它集中在狭窄的空间里，这就是激流（rip current）。它不是潮汐，不会把游客卷到水底，但会把人拉离海岸（图 9-35）。

在美国，每年有高达 200 人因激流而死亡，20000 人获救。以年平均计，美国因激流而死亡的人数超过地震或台风，相当于洪灾的致死人数，因此，激流是一种骇人的海岸灾害。幸运的是，激流的范围通常很窄，大约几米至几十厘米宽。安全地逃离激流，必须首先认出这种水流，然后与水流平行的游动，直至游出激流范围。

海岸侵蚀（图 9-36）：由自然因素和人为因素导致海洋动力增强和沿岸泥沙亏损而引起的海岸后退的破坏性过程。自然因素主要包括海洋动力作用的增强与全球变暖导致的海平面上升，海洋动力作用增强主要是由海水运动过程中产生的激流、波浪等共同作用增强了海岸侵蚀作用；全球变暖引起海平面上升短时间内不会引起海岸侵蚀，但长期来说，岸滩剖面会逐渐调整来适应升高的海平面，从而引起或加速海岸侵蚀破坏。人为因素主要包括地下资源开采导致陆地下沉及河流来水量减少。以黄河三角洲为例，随着石油等资源的开采，势必造成陆地和岸滩下沉，黄河三角洲区海岸的侵蚀后退；黄河泥沙是黄河三角洲形成的主要来源，多年来的平均径流量和平均来沙量的减少对三角洲海岸线后退有着非常大的影响。

图 9-35　海岸激流演化

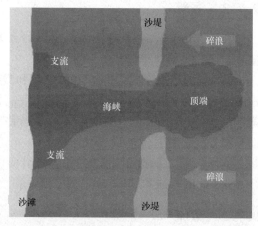

图 9-36　海岸侵蚀

　　海崖侵蚀：当海岸线分布有陡峭的海崖时，可能会出现海崖侵蚀（seacliff erosion）。不仅会受到波浪的作用，而且会受到土壤侵蚀的影响，比如陆地上的流水和海崖本身陡峭带来的崩塌和滑坡（图9-37）。

　　热带气旋（tropical cyclone）在太平洋沿岸等地被称为台风（typhoon），而大西洋则习惯称当地的热带气旋为飓风（hurricane）。在单个暴风雨中，热带气旋已有夺走数十万条生命的记载。台风或飓风产生于热带气流紊乱带，通常进入陆地后消散（图9-38）。这些风暴的风速超过119km/h，呈大型螺旋状围绕着一个相对宁静的中心运动。

图 9-37　海崖形成

图 9-38　热带气旋

9.7.4　海岸灾害的种类

　　风暴潮：风暴潮是由台风、温带气旋、冷锋的强风作用和气压骤变等强烈的天气系统引起的海面异常升降的现象，又称"风暴增水""风暴海啸"或"风潮"。风潮会使受影响的海区的潮位大大地超过正常潮位。如果风暴潮恰好与影响海区天文潮位高潮相重叠，就会使水位暴涨，海水涌进内陆，造成巨大破坏。

　　按其诱发的不同天气系统可分为三种类型：有热带风暴、强热带风暴、台风引起的海面水位异常升高现象，称之为台风风暴潮；由温带气旋引起的海面水位异常升高现象，称之为风暴潮；由寒潮或强冷空气大风引起的海面水位异常升高现象，称之为风潮。以上三种类型统称为风暴潮。

　　海啸：由海底地震、火山爆发、海底滑坡或气象变化产生的破坏性海浪。海啸的波速高达 700～800km/h，比大型喷气式客机的航速还快，在几小时内就能横过大洋。波长可达数百千米，能够传播几千千米而能量损失很小。在茫茫的大洋里波高不足1m，但当到达海岸浅水地带时，波长减短而波高急剧增高，可达数十米，形成含有巨大能量的"水墙"。

　　赤潮：又称红潮，国际上也称其为"有害藻类"或"红色幽灵"，是在特定的环境条件下，海水中某些浮游植物、原生动物或细菌爆发性增殖或高度聚集而引起水体变色的一种有害生态现象。赤潮一般发生在各国的近岸海域，面积可达几百、几千甚至上万平方公里，由表及里波及的海水厚度为3m左右。

灾害性海浪：是海岸中由风产生的具有灾害性破坏的海浪，其作用力可达 30～40t/m^2。

按破坏类型还可分为：侵蚀灾害、磨损灾害、坍塌灾害等。

9.7.5 海岸灾害的防治措施

加强海岸灾害研究，建立灾害预警防御系统；提高全民防灾减灾意识；加强国际的合作。海岸防护工程是指保护沿海城镇、农田、延长和岸滩，防治风暴潮的泛滥淹没，抵御波浪、水流的侵袭与冲刷的各种工程设施，包括海堤、丁坝、防浪堤和防波堤等。

海堤（seawalls）是一种与海岸带平行的建筑物，目的是有效地防止海岸侵蚀后退（图 9-39）。

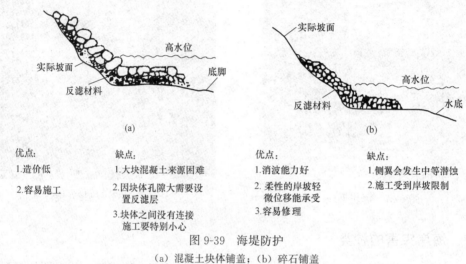

优点：
1. 造价低
2. 容易施工

缺点：
1. 大块混凝土来源困难
2. 因块体孔隙大需要设置反滤层
3. 块体之间没有连接施工要特别小心

优点：
1. 消波能力好
2. 柔性的岸坡轻微位移能承受
3. 容易修理

缺点：
1. 侧翼会发生中等潜蚀
2. 施工受到岸坡限制

图 9-39　海堤防护

（a）混凝土块体铺盖；（b）碎石铺盖

丁坝（groins）通常是一种与海岸线垂直相交的线型实体结构工程，目的是挡截沿岸搬运过程中的一部分泥沙，形成一个较为宽广的海滩，保护海岸线免遭侵蚀（图 9-40）。

防波堤（breakwaters）和防浪堤（letties）都是用来保护海岸线免受波浪侵蚀的海防工程（图 9-41）。

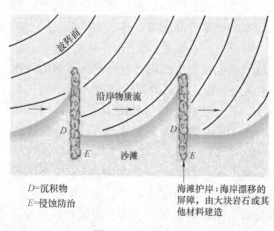

D=沉积物
E=侵蚀防治

图 9-40　丁坝防护

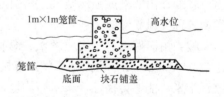

优点：
1. 是一种永久性的，对于岸坡很长是一种警戒的方法
2. 可根据需要设置
3. 不需要修理

缺点：
1. 需要专门的技巧和设备
2. 必须有足够的空地
3. 不能阻止冲刷

图 9-41　防浪堤剖面图

防波堤会堵塞海滩泥沙的天然沿岸搬运系统，导致海岸的形状发生局部地改变。这类结构工程必须谨慎地规划（图 9-42）。

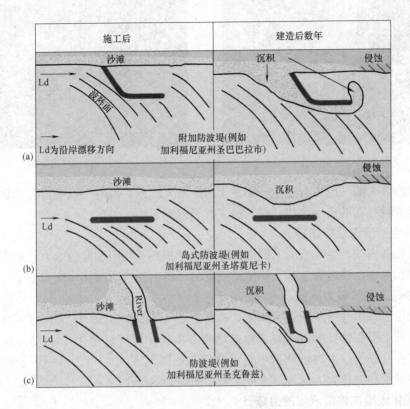

图 9-42　防波堤形式及泥沙沉积

9.8　海平面上升引起的环境岩土工程问题

海平面上升是由全球气候变暖、极地冰川融化（图 9-43）、上层海水变热膨胀等原因引起的全球性海平面上升现象。20 世纪以来，全球海平面已上升了 10～20cm，是一种缓发性的自然灾害。海平面的上升可淹没一些低洼的沿海地区（图 9-44），使风暴潮强度加剧频次增多。全球气候变暖已导致未来 100～200 年内海平面无法避免地上升至少 1m。

海平面上升对沿海地区社会经济、自然环境及生态系统等有着重大影响。首先，海平面的上升可淹没一些低洼的沿海地区，加强海洋动力向海滩推进，侵蚀海岸，从而变"桑田"为"沧海"；其次，海平面的上升会使风暴潮强度加剧，频次增多，不仅危及沿海地区人民生命财产，而且还会使土地盐碱化。海平面上升，海水内侵，造成农业减产，破坏生态环境。在中国，受海平面上升影响严重的地区主要是渤海湾地区、长江三角洲地区和珠江三角洲地区。

导致海平面上升的因素很多，如大洋热膨胀、山地冰川、格陵兰陆冰和南极冰盖的融化等，世界大多数山地冰川在近百年内呈退缩趋势。例如，青藏高原尽管在冰川时期不一

图 9-43　冰山融化

图 9-44　城市淹没

定像今天的南极大陆一样也有过统一的漫无边际的大冰盖，但有一点是肯定无疑的，那就是这里曾经大量存在的山地冰川在漫长的岁月里逐渐消融、消失。

1. 地基土的渗透破坏加重

渗透力在基底处产生竖直向上的应力，减少了基底上的附加有效应力，从而降低了建筑物的抗滑稳定性。渗透力达到土体抗渗强度时，将出现渗透破坏，例如流土、管涌等。

2. 浅基础地基承载力降低

地下水位上升引起地基承载力降低：砂性土最大降低率为 70%；黏性土一般为 50%。地下水位上升上界在基底面以下时，地基承载力单位深度降低率为 15.1%；地下水位上升起始位置在基底面以上时，地基承载力单位深度降低率为 44.7%。一般情况下，基础越深埋，地基承载力越大，受地下水位上升的削弱影响越小。

3. 可液化地层抗地震液化能力降低

地下水位变化对土层液化影响的一般规律：随着地下水位上升，液化强度比显著下降；地下水位在 2m 左右波动时，对砂土抗液化能力的削弱最为明显；地下水位上升，将提高土层含水量，扩大饱和土层范围，增加了对浅基础建筑物的危害。

4. 软土地基建筑物震陷增加

震陷：指地基土层动荷载作用下产生的附加沉降。地下水位上升，必然使得有效上浮压力减小，地震时超静孔隙水压力大，则其消散形成的再固结沉降，即震陷必然增大。

地下水位上升对震陷的影响：地下水位上升对震陷量起增大作用是必然趋势；地震作用越大，地下水位上升对震陷的影响越大；土层越疏松，地下水位上升对震陷量的影响越大；起始剪应比越小，地下水位上升对震陷量的影响越大。

5. 寒冷地区的地基土冻胀性增强

冻结作用促使地基土体的自由水、毛细水甚至结合水移动、集中而形成冰夹层或冰锥，出现地基土受冻膨胀、地面隆起、柱台隆起膨胀等现象。

冻土力学性质的不稳定性表现：温度上升后，强度及压缩模量降低率过大，含水量很大的土层冻融后内黏聚力仅为冻结时的 1/10，强度降低且压缩性增高，必然导致地基产生融陷、建筑物失稳或开裂。

对一些特殊土层的影响：遇水结构崩解、承载力大幅度降低、压缩性增强。

黄土的影响：孔隙比大，盐质胶结，天然状态下具有较好的自立能力，但遇水结构崩解，在自重或建筑物附加荷载作用下发生湿陷。

膨胀土的影响：一般强度较高，压缩性低，但吸水膨胀，失水收缩，对轻型建筑物危害较大。

盐渍土的影响：海水入侵范围增大，盐渍土面积及厚度增大；盐渍土在地下水位上升或降雨浸水时，溶陷破坏的范围及程度增大；由于地下水位上升，盐渍土的毛细水上界上升到基底甚至地表。

6. 地下水水质变化

海水将大量的 Na^+、Mg^{2+} 带入混合水中，在海水入侵过程中的水与岩土体阳离子交换作用：高浓度的 Na^+、Mg^{2+} 将岩土体原先吸附的 Ca^{2+} 替换下来，从而使得海水入侵范围内地下水 Ca^{2+} 富集，硬度发生变化。海水入侵使得地下水含盐量增大、化学性质改变，影响岩土体的胶结状况和力学性质，而且地下水的腐蚀性增加。

课后习题

1. 山洪的主要特性有哪些？
2. 山洪和泥石流的区别是什么？
3. 滑坡与泥石流的区别是什么？
4. 地震的预测方法有哪些？
5. 中国地震带的分布有哪些？
6. 简述火山喷发过程。
7. 一个地方能否形成火山主要具备什么条件？
8. 水土保持有哪些特点？
9. 水土整治的意义是什么？
10. 简述盐渍土的成土条件。
11. 阐述海岸侵蚀的主要过程。
12. 人类活动如何影响海岸侵蚀？
13. 简述海平面上升的主要原因。
14. 我国应该如何应对海平面上升？

第 *10* 章
温室效应及CO₂地下储存

10.1　温室效应及其影响

10.1.1　什么是温室效应

　　根据 2009 年 11 月 25 日《中国气象报》，太阳是地球气候的根本能源，太阳主要在可见光区或近可见光区（一般电磁波谱波长很短的谱曲）发射能量，其中大部分会被地球表面吸收。与此同时，地球也必然以长波热辐射的方式向太空发射同样数量的能量，其中的大部分热辐射被大气圈（包括云，以及 CO_2 和痕量气体）所吸收，并通过逆辐射返回地球，这一热辐射过程使其下大气层和地面加热，称为温室效应（图 10-1）。宇宙中任何物质都会向外辐射电磁波，物体自身温度则会影响其辐射波长。太阳表面温度达到 6000 K，它发射电磁波长很短，而地表因温度相对较低会向外辐射长波。地球大气对太阳短波辐射和地表长波辐射的吸收能力存在明显差别。太阳短波辐射几乎能完全透过大气直达地球表面，而地表长波辐会被大气吸收。大气由于其本身温度较地表更低，它发射电磁波波长相对更长，其向地表发射的辐射称为逆辐射，地表接受逆辐射后会引起地表升温，这体现了大气对地面的保温作用。

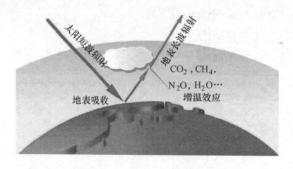

图 10-1　温室效应示意图

　　大气中并非每种气体都对地表长波辐射有很强的吸收能力，地球大气中起温室作用的气体称为温室气体，主要有二氧化碳（CO_2）、甲烷、臭氧、一氧化二氮、氟利昂以及水汽等。CO_2 以外的其他温室气体在大气中的浓度比 CO_2 小得多，有的要小好几个量级，因此，它们对大气温室效应的贡献都比 CO_2 低一个量级以上。2018 年 11 月，世界气象组织（WMO）发布《温室气体公报》。依据报告内容，全球大气中温室气体浓度再创新纪录，2017年全球平均CO_2浓度达到405.5ppm，高于2016年的403.3ppm和2015年的400.1ppm，是工业化前（1750年前）水平的146%。甲烷和一氧化亚氮的浓度也有所上升，其中，2017年甲烷的浓度达到1859ppb，创下新高，是工业化前时期的257%。尽管这些气体在大气中所占比例极少，但它们轻微的增加都会导致温室效应的效果加剧。当今社会，由于全球工业化的不断发展，人类活动消耗大量化石燃料，如煤炭、石油和天然气，会产生大量的温室气体，尤其以CO_2为最多，并不加限制地排入大气。随着人类向大气中排入的CO_2等吸热性强的温室气体逐年增加，大气的温室效应也随之增强，其引发的一系列问题已引起了世界各国的关注。

10.1.2　温室效应的影响

人类活动若不加限制的排放温室气体，温室效应的加剧必然导致全球变暖，这一气候变化已成为影响人类生存和发展的重要因素，温室效应对人类生存环境的影响主要表现在以下几个方面：

1. 冰川消退，海平面上升

温室效应加剧的直接结果就是全球温度的整体升高，近100年来全球平均气温升高了约0.5℃。极地或者高山的冰川受温度升高的影响，引起冰川消退、冰块溶解，进而将导致海平面上升，海平面上升又会造成岛屿国家和沿海低洼地区的土地被淹没、海岸线被侵蚀，岛屿国家和近海岸线城市面临被淹没的危险。另外，沿海区域往往是各个国家经济发展的重点区域，往往人口密集，也将受到海平面上升的直接影响。据相关研究，近100年来海平面已经上升了15cm左右，若海平面上升1m以上，一些海滨大都市，如纽约、伦敦、悉尼、上海等将面临浸没的灾难；而一些人口集中的河口三角洲地区更是最大的受害者，特别是印度和孟加拉间的恒河三角洲、越南和柬埔寨间的湄公河三角洲，以及我国的长江三角洲、珠江三角洲和黄河三角洲等。

2. 对生态环境的影响

温室效应导致全球气温升高，将会引起气候变化，并对生态环境产生巨大影响。气候是决定生物群落分布的主要因素，气候变化能改变一个地区不同物种的适应性并能改变生态系统内部不同种群的竞争力。如果物种迁移适应的速度落后于环境的变化速度，则该物种可能濒于灭绝。图10-2所示为受生态环境恶化影响北极熊生存面临巨大挑战，由于全球气候异常温暖，北极熊往常活动地区冰层变薄，导致它们只能在海岸附近寻找食物，当然北极熊也喜欢进入村庄看看人们如何生活并寻找食物的，而这将使当地原居民不得不撤离。

气温升高，北半球气候带也将北移。据估计，若气温升高1℃，北半球的气候带将平均北移约100km。随着气候带不断北移，我国北方城市如徐州、郑州冬季气温也将与现在武汉或杭州差不多。

全球变暖也为病虫害防治提出了新的要求，气候变暖很可能造成某些地区虫害与病菌传播范围扩大，昆虫群体密度增加，并使多世代害虫繁殖代数增加，一年中危害时间延长，从而加重农林灾害。

图 10-2　受温室效应影响北极熊生存环境恶化

3. 对农业影响

高 CO_2 浓度和更温暖的气候将使全球稻米、小麦和大豆等粮食作物增产和植物生长的更快速和高大，但是酷热将使热带和亚热带的其他作物减产。世界不同地区的气候急剧变暖、变冷或其他极端天气的加重，会导致世界粮食生产的稳定性和分布状况的很大变化，使更多的人面临自然灾害带来的饥馑，尤其是发展中国家遭受的打击最大。

4. 对人类健康的影响

良好的生态环境有助于人类健康，温室效应加剧使地球上的病虫害增加，严重威胁人类。有科学家认为，全球气温上升使北极冰层融化，被冰封十几万年的史前致命病毒可能会重见天日，导致全球陷入疫症恐慌，人类生命受到严重威胁。另外，暖湿的气候将使蚊虫鼠蚁大量繁衍，导致鼠疫、疟疾、登革热和黄热病等传染病肆虐。

10.2　CO_2 地下储存技术

CO_2 是温室气体的主要组成部分，也是引发温室效应的主要因素。相关研究表明，CO_2 最主要的产生方式包括工业生产、汽车尾气、火力发电、日常活动及人口增长和不断退化的森林植被。为了减缓温室效应的影响，必须采取相应的技术手段和措施减缓当前大气中 CO_2 浓度的快速增长。一种可行的办法是将产生的 CO_2 收集起来并进行 CO_2 地下储存，从而实现 CO_2 与大气环境隔离。燃煤电厂是煤的主要用户，具有 CO_2 排放量大、排放相对集中的特点，对其控制易于实现 CO_2 的减排。CO_2 地下储存，也就是碳捕集与封存（carbon capture and storage，简称 CCS），是指将大型发电厂所产生的 CO_2 收集起来，并用各种方法储存以避免其排放到大气中的一种技术。图 10-3 所示为工业工厂 CO_2 的 CCS 过程示意图。目前，较为理想的 CO_2 储存场所主要有深部含咸水层，枯竭或开采到后期的油田、气田，不可采的贫瘠煤层和海洋等。选择不同的 CO_2 封存场地，CO_2 储存效果不同，而且伴随 CO_2 储存过程也会有增采煤层气、增采石油或者增采地热等优势。对此，国内外已经开展了大量的现场试验来验证 CO_2 地下储存技术的可行性，CO_2 地下储存技术已经趋于成熟。下面按储存场所介绍相应的储存技术。

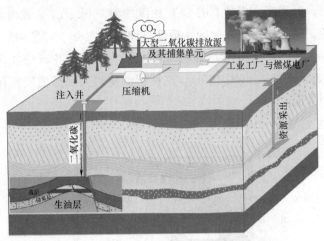

图 10-3　工业工厂 CO_2 的 CCS 过程示意图

10.2.1　CO_2 储存场地

1. 深部咸水层封存

在地质学上含水层常指土壤通气层以下的饱和层，其介质孔隙完全充满水分。含水层种类有许多种，如含水层上下被不透水地层直接覆盖，地下水充满两层不透水层简称为受局限含水层。若地下水面之上无不透水层，则水面即为地下水位，称为非局限含水层。地下咸水（盐水）就是指矿化度大于或等于 2.0g/L 地下水的统称，而含有地下咸水的地质层的综合体统称为咸水层。其中，地下水的矿化度又叫做水的含盐量，即单位体积地下水中可溶性盐类的质量，常用单位为 g/L 或 mg/L，它是水质评价中常用的一个重要指标。深部咸水层是指地质条件下埋深较大（一般大于 800m）的一种咸水层。20 世纪 90 年代以来，深部咸水层地下储存 CO_2 技术受到了广泛关注，至今已经形成了较为完整的技术体系。图 10-4 所示为地下咸水层 CO_2 储存技术体系，主要包含了 4 个方面，分别是储存机理、潜在场所与储量计算、地下储存关键技术、存在的风险与检测。

（1）储存机理

将 CO_2 注入地下后，要防止 CO_2 返回地表以及往别处迁移，需整个储存空间在成千上万年都能保持为密闭状态，因此，研究 CO_2 深部咸水层储存机理尤为重要。

1）CO_2 基本物理性质

在研究储存机理前，首先需要了解与储存相关的 CO_2 基本性质，在大气中 CO_2 是以气体的形式稳定存在的，但当 CO_2 环境温度超过 31.1℃，环境压力超过 7.38MPa（此时的温度和压力称 CO_2 超临界温度和压力）时，CO_2 将以超临界的状态存在，介于气体和液体之间，具有密度大、黏度大、流动性好和扩散性强等特点。当咸水层埋藏

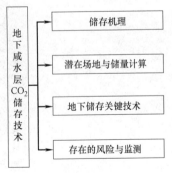

图 10-4　地下咸水层 CO_2 储存技术体系

深度超过 800m，静水压力将超过 CO_2 临界压力，此时 CO_2 可能以超临界流体的形式存在，密度与水相当。图 10-5 展示了随着温度和压力的变化，CO_2 存在气态、液态、固态

和超临界 4 种状态。处于超临界状态的 CO_2 密度约为 $750kg/m^3$，此时，二氧化碳以气体状态充满岩石空隙，同时又具有液体的黏稠性，即其状态介于气态和液态。地表 $1000m^3$ 的 CO_2 注入地下，在地下约 800m 达到超临界状态，在地下 2km 的注入深度，其体积从地表的 $1000m^3$ 锐减到 $2.7m^3$（图 10-6）。这种特性使得大规模地质封存二氧化碳具有很大的吸引力和应用价值。

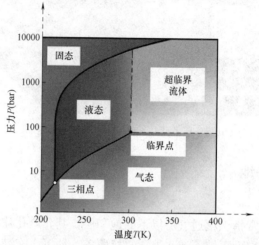

图 10-5 CO_2 的温度—压力相图

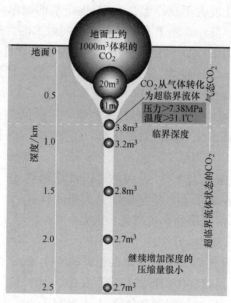

图 10-6 CO_2 储存体积随着埋深变化

2）深部咸水层 CO_2 封存的机理

深部咸水层不能作为饮用水，开采价值不大。CO_2 储存在地下深部咸水层机理主要有以下 3 种：地质构造封存、溶解封存与矿物质封存。

地质构造封存，也叫做地质圈闭。将 CO_2 以气体或者超临界流体的形态注入地层中后，CO_2 会进入岩石空隙，而这些岩石空隙往往被咸水充满，所以在注入压力下，CO_2 会挤压咸水，充满岩石空隙，并和咸水混合。因为 CO_2 的密度要低于咸水，所以处于超临界状态的 CO_2 会受浮力的作用向上移动，直到 CO_2 上升到低渗透率岩层下部而被阻挡，这种阻挡 CO_2 继续在地层上升的岩层称为盖层，在有地质褶皱或隆起的地方，盖层下面就会逐渐累积起大量的 CO_2，选择合适的低渗的盖层能够将注入的 CO_2 数万或者数百万年的封存于地下，这是目前咸水层封存 CO_2 技术的主要研究方向。

溶解封存。对于无大规模地质圈闭的情况，其储存方式以溶解储存为主。CO_2 注入咸水层后，将随着溶解相的扩散和对流呈羽状随地层水运移，由于深部咸水层的渗透系数往往在 $10^{-3} \sim 10^{-2}$ m/a 量级，因此，溶解后 CO_2 的滞留时间相当长，基于这一原理在计算咸水层储量时可直接利用溶解度法。

矿物质封存。CO_2 注入咸水层后，能直接与咸水层中化学组分和岩石矿物成分发生化学反应，其中咸水层中的硅铝酸盐等矿物在与地下水溶液中氢离子反应后释放出的钙、镁等阳离子和溶解于水中的 CO_2 发生反应生成碳酸盐矿物沉淀。注入的超临界 CO_2 在浮力和水动力作用下呈羽状随咸水层运动，其中部分 CO_2 将上升至咸水层顶部，并受盖层阻挡在顶部汇集而不能继续上升，若存在小规模的地质圈闭如褶皱或隆起，则 CO_2 在此汇集，而其余部分则随地层水流动。超临界 CO_2 在注入岩石孔隙和在孔隙中流动过程中，也会不断溶解于咸水层并与周围岩石矿物发生化学反应，形成碳酸盐岩矿物沉淀。

从上面分析可知，CO_2 注入深部咸水层后一般呈现超临界状态，咸水层主要通过 3 种机制来固定超临界 CO_2，深部咸水层储存 CO_2 的总储存容量包括小规模地质圈闭孔隙中的自由状态、咸水层中的溶解状态和形成的碳酸盐矿物中的矿物态 3 部分组成，图 10-7 是深部咸水层储存 CO_2 的 3 种封存状态示意。其中矿物态可永久性储存于地下，但化学反应的过程非常缓慢，需要数千年，且溶解是发生化学反应的先决条件；滞留于局部小规模地质圈闭中的 CO_2 往往会全部溶解于地层水中。

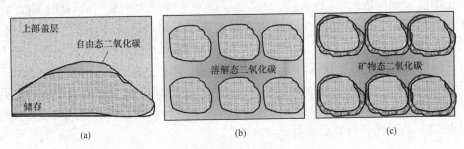

图 10-7　深部咸水层储存 CO_2 的 3 种封存状态示意

(a) 地质构造封存；(b) 储存溶解封存；(c) 矿物质封存

（2）CO_2 咸水层封存的潜在场地与储量计算

CO_2 注入地下后，超临界 CO_2 在咸水层流动，在此过程中超临界 CO_2 以上面提到的 3 种机制不断被固定和封存，不同的封存机制超临界 CO_2 也呈现不同的状态。选择合适的深部咸水层（也就是封存场地）十分重要，这不仅要考虑咸水层自身的储存能力，而且还与 CO_2 深部储存存在的风险有关。例如，深部咸水层储存能力与咸水层自身赋存和属性参数有关，包括咸水层埋深、孔隙率、渗透率、盖层稳定性和是否有地质断层等。CO_2

深部咸水层储存也存在着环境风险，封存在地下呈自由态的 CO_2 可能经地质断层上升并窜入地下水层，对地下水质产生污染。另外，注入 CO_2 到深部咸水层也可能会诱发地震。

1）深部咸水层封存潜在场地

深部咸水层 CO_2 储存场地的选择一般需要满足以下几个条件：咸水层埋深至少 800m 以上，既要保证注入的 CO_2 以超临界状态存在而且要避免 CO_2 泄漏到地层上部污染地下可饮用的水资源；储存地层需要有足够大的孔隙度和渗透率，尤其是注入井附近；咸水层需要有足够的厚度，也就是有充足的储存空间，而且咸水层上覆盖层厚度也应足够大和渗透率足够低，满足盖层稳定性和低渗的要求；注入场地应该选择在 CO_2 集中排放源附近，如燃煤电厂，从而能够减少 CO_2 的运输费用。

选择合适的深部咸水层储存场地过程中，一个重要的参考指标是咸水层的储量。一般在评价和估计具体的深部咸水层的储量前，都需要调查大量的地质资料并选择合适的评价范围，这一合适的地质储量评价范围也叫做地质选区。

2）咸水层储存容量的评价

中国科学院武汉岩土力学研究所李小春研究员基于咸水层对 CO_2 的溶解度提出了一种咸水层储存容量的评价方法。溶解方式储存 CO_2 的容量是指能够溶于咸水层中最大的 CO_2 量，也就是咸水层吸收 CO_2 至完全饱和状态时所能溶解的 CO_2，由于原始咸水层在未注入 CO_2 前本身就含有少量 CO_2，因此，在计算咸水层 CO_2 储存容量是要去掉原有的碳含量，否则会出现计算结果偏高的情况。另外，从理论上来讲，整个咸水层范围内都能进行 CO_2 储存，要对地质选区进行储量评价，需要考虑地质选区内可能存在导水断层、城市、采矿以及地热开发等，并不是整个地质选区都可以用来储存 CO_2。如果要确定选区内可用于储存容量计算的平面面积，需要对详细的地质资料进行分析来确定，如果缺少详细的资料，则难以确定平面计算范围。此时可参考相关文献的研究结果，取可用于储存 CO_2 的平面分布面积为地质选区总面积的 1%。地质选区的储量评价还要考虑地层厚度的影响，正如前面分析指出，CO_2 注入的咸水层埋深至少应大于 800m，此时 CO_2 在静水压力下处于超临界状态，因此，地质选区储量计算的时候应该选择合适的地层埋深范围，一般选择的计算深度大于 1km；此外，地质选区储量评价还应考虑最大埋深，因为随着咸水层埋深增大，地层温度和压力都会上升，而且地质储层的孔隙度和渗透率也会不断下降，显然埋深越大，CO_2 注入面临的困难就越大，注入成本也会相应地增加，也会增大注入技术的投入，所以，最大的储层埋深的选择应该充分考虑技术和经济的可行性。利用咸水层中 CO_2 溶解法，计算公式见式（10-1）：

$$S_{CO_2} = aAh\eta nR\rho_w M_{CO_2} \tag{10-1}$$

式中　S_{CO_2}——CO_2 咸水层储存容量（g）；

　　　a——可用于储存 CO_2 的咸水成平面分布范围占总地质选区的比例，如果无详细的现存地质调查资料可取经验值 0.01；

　　　A——地质选区面积（m^2）；

　　　h——沉积层厚度（m），依据该选区沉积层厚度等值线确定；

　　　η——咸水层厚度占总沉积层厚度的比例；

　　　n——孔隙度，一般咸水层孔隙度取值 0.05～0.25；

　　　R——咸水层中 CO_2 的溶解度（mol/kg），是地温、压力、NaCl 浓度和 pH 值的函数，这些参数来自相关的水文地质资料；

　　ρ_w——地质选区内咸水层在其埋深条件下饱和 CO_2 的咸水密度（kg/m³），为咸水层矿化度的函数；

　　M_{CO_2}—— CO_2 的摩尔质量，取 44g/mol。

考虑咸水层溶解 CO_2 的量作为地质选区的储量，相应的计算方法称为溶解度法，为了更好地理解这个方法，可作进一步说明如下。深部咸水层储量计算的精确度依赖于真实可靠的地质调查资料，地质选区内咸水层的储量 S_{CO_2} 可用式（10-2）表示：

$$S_{CO_2}=R\times m \tag{10-2}$$

式中　m——深部咸水层孔隙咸水的质量（kg）；

　　　R——前面提到的 CO_2 溶解度，是地温、压力、NaCl 浓度和 pH 值的函数。

咸水的质量 m 是咸水层孔隙体积和咸水密度的乘积，其中咸水层孔隙体积是可用式（10-3）表达：

$$V=\int aAn\,\mathrm{d}h \tag{10-3}$$

式中　dh——地质选区范围内咸水层在地层厚度方向上的一段微元（m）。

深部咸水层饱和咸水的质量见式（10-4）：

$$m=\rho_w\times V=\int\rho_w aAn\,\mathrm{d}h \tag{10-4}$$

地质选区的 CO_2 储量见式（10-5）：

$$S_{CO_2}=\int r\rho_w aAn\,\mathrm{d}h \tag{10-5}$$

上面是从数学积分的角度去考虑储存容量的求解，分析和解算过程完全是依据咸水层属性参数和 CO_2 的溶解度，如果测量条件和测量技术允许，我们可以测量每一微段上的各个参数，利用传感元件将数据输入计算机。通过现场试验得到的有效实验数据直接代入上面的积分公式，利用数据处理软件处理数据结果，可以在一定程度上减少运用相关参数经验值计算深部咸水层储量的过程中产生的误差，能够提高地质选区储量的计算精度。通过对深部咸水层研究的不断深入，人们会掌握更多的关于咸水地层的资料，更高精度的计算可以派上用场了，可见深部咸水层 CO_2 储量评价的准确性与获取的地质选区地质资料成正比。

2. 枯竭或者开采到后期的油气田

枯竭或者开采到后期的油气田，单纯的降压开采已经不能达到产量的需求，因此，可通过将 CO_2 注入储层中把残留的油气驱替出来，以提高油气采收率，这一技术手段也被称为 CO_2-EOR（CO_2 Enhance Oil Recovery）。在油气储层中，CO_2 压力越大，其溶解度也越大，CO_2 大量溶解在储层油气中，将使得原有的油气发生体积膨胀，流体黏度减小，变得更易于流动，从而更有利于残留在储层中的油气向生产井方向流动。向储层中注入的 CO_2 其中大部分 CO_2 会被溶解于残留的储层油气中或者被储存在地层岩体原始的孔隙中，只有少量的 CO_2 会随着油气的开采从储层中回到地面，经生产井排出，重新返回地面的 CO_2 依然可以通过现有的分离、提纯和压缩技术再次注入地下储层中。CO_2-EOR 技术既能实现地下出现 CO_2 的目的，又能增采储层油气，一举两得，是一种非常经济实用的方法。

3. 不可采的贫瘠煤层

我国是"富煤、贫油、少气"的国家，这一特点决定了煤炭将在一次性能源生产和消费中占据主导地位且长期不会改变。目前我国煤炭可供利用的储量约占世界煤炭储量的 11.67%，位居世界第三。我国是当今世界上第一产煤大国，煤炭产量占世界的 35% 以上。我国也是世界煤炭消费量最大的国家，煤炭一直是我国的主要能源和重要原料，在一次能源生产和消费构成中煤炭始终占一半以上。

煤炭资源的地理分布极不平衡。中国煤炭资源北多南少，西多东少，煤炭资源的分布与消费区分布极不协调。从各大行政区内部看，煤炭资源分布也不平衡，如华东地区的煤炭资源储量的 87% 集中在安徽、山东，而工业主要在以上海为中心的长江三角洲地区；中南地区煤炭资源的 72% 集中在河南，而工业主要在武汉和珠江三角洲地区；西南煤炭资源的 67% 集中在贵州，而工业主要在四川；东北地区相对好一些，但也有 52% 的煤炭资源集中在北部黑龙江，而工业集中在辽宁。

在煤系地层中，比较普遍存在着薄煤层或者煤岩夹杂的煤线，煤炭赋存不规律或者因技术经济原因而被放弃开采的煤层，可以称为不可采的贫瘠煤层，这些储层也是地下储存 CO_2 的理想场所。将 CO_2 注入不具有开采价值的贫瘠煤层中，CO_2 与煤层相互作用，在储层内部发生 CO_2—煤—气水两相流固耦合过程，煤体一般可以视作孔隙—裂隙构成的双重孔裂隙介质，在储层孔隙内发生解吸—扩散物理过程，在储层裂隙内发生渗流过程。地层煤体在初始状态下吸附了大量的瓦斯，也可称作甲烷，在 CO_2 注入煤体后，原始煤体吸附的瓦斯会大量解吸，注入的 CO_2 被选择性的吸附，对储层煤体来讲 CO_2 吸附优先性高于甲烷，而且单位体积的 CO_2 吸附后会置换出多倍的甲烷气体，这体现了 CO_2 吸附能力比甲烷高得多。依据这一特性，注入 CO_2 驱替煤层气技术被发展和应用，这一技术也称为 CO_2-ECBM 技术（CO_2 Enhance Coalbed Methane）。这一技术的前景也非常广阔，不仅能够应用于不可采煤层的 CO_2 封存，还可以注入 CO_2 提高煤层气的采收率，具有经济利用价值。

4. 海洋

将 CO_2 注入海洋深部也是一种新兴的地下储层技术。不同于现有的地层储层技术，直接通过注入高压 CO_2，通过物理密闭或者化学溶解方式进行储层，深层海洋储层 CO_2 是以 CO_2 固体水合物的形式存在，固体水合物形式主要是 $CO_2 \cdot nH_2O(6 < n < 8)$。这种水合物是由 CO_2 分子与 H_2O 分子在范德华力的作用下形成的混合物。当海洋深部储层达到 3000m 时，CO_2 的密度会比海水的密度还要大，最终 CO_2 水合物会自动沉积在海洋底部，达到 CO_2 海洋储层的目的。

上述 4 个储存场所都能够实现 CO_2 的地下封存，从技术上都是可行的，在选择具体的封存技术时一般要结合实际工程的具体情况。

10.2.2 地下储存关键技术

1. 地质选区的现场调查

进行地质选区的水文地质资料调查，是深部咸水层 CO_2 地质储存技术的关键步骤。场地水文地质资料调查需要围绕着地质选区的储存容量评估、分级和筛选所需要的参数及指标进行，通过相关调查工作期望能获取到详细的关于咸水层和盖层的赋存特征、岩性、地质构造和物理参数等数据，为建立地质选区内层状地质模型和准确评估地质选区储存能力提供详细的调查数据，同时为CO_2流体模型的建立、风险评价和监测提供基础资料。

在地质选区确定阶段，需要充分依据储存场地的规划要求，调查内容应该包括碳排放源分布情况、地面居住区分布情况、地下资源分布和开发情况。地质选区需要尽可能靠近集中的碳排放源，远离地面居住区。地下资源的开发如地热、煤炭开采或者地下其他工程可能会对储存区造成巨大的扰动，所以，在进行地质选区调查时要充分评估这些影响。

2. 现场勘测技术

除了现场调查的勘察形式，一些探测技术也是获取储量评价参数的关键手段，特别对于深部超过1000m的咸水层，目前相应的勘查技术也较为成熟，例如地震技术、钻探技术和测井技术是最具有针对性的技术方法。地震勘探是利用地下介质弹性和密度的差异，通过观测和分析大地对人工激发地震波的响应，推断地下岩层的性质和形态的地球物理勘探方法。它利用人工方法激发的弹性波来定位矿藏，获取工程地质信息（图10-8）。地震勘探是地球物理勘探中最重要，解决油气勘探问题最有效的一种方法。它是钻探前勘测石油与天然气资源的重要手段，在煤田和工程地质勘查、区域地质研究和地壳研究等方面，也得到广泛应用。钻探技术（图10-9）是利用钻机、钻具和一整套工艺措施，在地层内钻凿出圆柱形孔，取出岩矿（岩芯）样品，探明矿产的赋存状态和分布规律，或者实现其他地质和技术的目的，比如地热能、天然气水合物、干热岩、页岩油、核能、油页岩等非常规能源领域的勘探。国内钻探技术经过几十年的发展，已经由常规钻进技术向定向钻进技术发展，采用一些科学的可控的技术方法与机具有目的地控制钻孔轨迹，钻进到目标储层，而且随着传感器技术和无线通信技术的发展，钻头携带传感器便可直接测量钻头方位角及相关地层参数，如电阻率和伽马射线等，并能通过无线传输系统把这些数据从测量端传输到地面，以实现钻头的精确控制。测井，也叫地球物理测井（图10-10），是利用岩层的电化学特性、导电特性、声学特性、放射性等地球物理特性，测量地球物理参数的方法，属于应用地球物理方法之一。测井方法近年来得到广泛的应用，特别是在煤、石油、金属与非金属矿藏及水文地质、工程地质的钻孔中，可用来详细研究钻孔地质剖面、探测有用矿产、详细提供计算储量所必需的数据，如油层的有效厚度、孔隙度、含油气饱和度和渗透率等，以及研究钻孔技术情况等任务，已成为不可缺少的勘探方法之一。

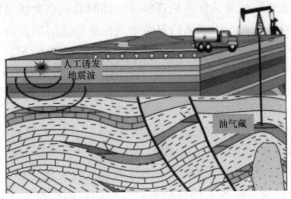

图10-8　地震勘探在定位矿藏和获取地质信息中的应用

图 10-9　钻探技术在定位矿藏和获取地质信息中的应用

图 10-10　测井技术在定位矿藏和获取地质信息中的应用

结合上述 3 种测试手段来评价深部咸水层储存能力，考虑溶解度法需要的参数情况，可先通过 2D 地震方法查明地质选区内构造特征，预测和识别地质圈闭，然后通过局部高精度 3D 地震方法，可以获得地质选区内复杂地质构造和盖层的埋藏深度、结构以及其他相关物理特征资料等，而后从钻探技术和测井技术得到的技术资料，可以获得深部咸水层详细的赋存特征、结构和构造、地层岩性、孔隙度和渗透性、温度、压力以及咸水矿化度、pH、水文地球化学特征等关键参数。为准确评价地质选区内深部咸水层 CO_2 的储存能力，需要利用上面 3 种技术手段的勘查数据建立地质体的结构模型，并根据测井和岩芯数据获得的孔隙度和渗透系数值，添加到地质结构模型中，同时地质结构模型还应考虑勘查和测井数据获得的咸水矿化度、pH、温度和压力值，以计算不同相态时 CO_2 的密度，最后运用建立的地质选区结构模型和相关参数实现选区内咸水层 CO_2 储量评价。

此外，CO_2 地下储层关键技术还包括封存过程的数值模拟、盖层稳定性评价及注入设备的安装维护等。

3. CO₂ 地质封存过程中的数值模拟技术

封存过程的数值模拟依赖于计算机技术的发展，近年来，随着计算机技术的突飞猛进，数值仿真模拟技术得以快速推进。封存过程的数值模拟，就是利用计算机软件实现封存过程中各种物理过程的再现。封存过程数值模拟的步骤与普通物理过程的数值模拟技术类似，首先需要作出合理假设，并在假设的基础上对封存过程设计的多物理过程进行建模，而建模过程不仅应该包含几何模型的设定，还应该包括数学模型的建立；其次选择合适的数值分析软件，日新月异的计算技术的发展已经在岩土工程的实践应用，单一软件的应用和拓展以及不同软件的功能的增强，都便于我们进行相关物理数学方程的求解，正如我们所了解的，计算方法的发展诞生了很多实际和实用的算法，如有限元法、有限体积法、有限差分方法、边界元法、离散元法以及物质点法等，这些计算方法全部或者部分已经成熟的集成在商业软件中，将为我们开展封存过程的数值模拟带来极大的便利，其中，有限元法已经有大量成熟的商业软件，如 ABAQUS、COMSOL 和 ANSYS 等，这些软件算法简单易懂而且便于实现，对学生学习的基础要求不高，所以应用及其广泛。有限体积软件如 FLUENT，也是较为成熟的商业软件，现在已经集成在 ANSYS 系列软件中，已在模拟流体流动相关物理过程中得到成功应用。有限差分软件如 TOUGH、FLAC 以及 FLAC3D 软件，已经广泛地应用在地热存储工程、核废料处理、水文学、地质、二氧化碳储存（碳封存）、边坡、煤矿以及金属矿山等领域中进行风险分析。离散元软件如 UDEC、PFC 和 3DEC 等商业软件，往往用于分析其他算法难以实现的岩土破碎、岩石崩落和裂隙扩展等物理过程。这些商业软件都有一定的应用范围和应用领域，在模拟封存过程中涉及的物理过程，很多学者基于自己推导的数学模型选择相应的数值分析软件，如建立封存过程流固耦合模型、流固热耦合模型、流固热化耦合模型以及多相流的流固模型等，模拟相应过程的数值分析软件常见的有 COMSOL、ABAQUS 以及 TOUGH-FLAC 联合应用。最后，需要获取 CO₂ 封存过程对应数学方程的参数和地质数据，数值模型的参数和数据有三维地质结构模型、储存体和盖层的参数，主要包括：①地质体的参数，地质条件下的温度、压力、孔隙度、渗透率、相对渗透曲线、毛细压力曲线；②盖层的主要参数，包括盖层岩体的渗透率实际测量值、毛细压力；③流体的相关参数，主要包括 CO₂ 组分（如果为混合气体，则为混合气体的组分情况）、地下水的咸度、不同温度和压力下 CO₂ 的相态变化情况。

成功地开展数值模拟分析，主要的工作是研究人员对物理数学过程的建模，不同的算法可能导致模型上存在差异，比如考虑裂隙与否、裂隙形态特征以及模型的边界条件假设等，下面我们将基于基本的弹塑性力学并结合渗流力学的知识对涉及 CO₂ 地下封存过程中的物理过程进行模型化研究。这里涉及一些经典的力学模型，在列举模型之前，有必要回顾一下传统经典力学模型建模过程中所作的一些假设条件：研究区域内地质储层是线弹性材料；储层服从均质、各项同性及小变形假设；气体在地质储层中的流动遵从 FICK 第一扩散定理及达西定律。

应力平衡方程，见式（10-6）：

$$\sigma_{ij,j} + F_i = 0 \tag{10-6}$$

变形协调方程，见式（10-7）：

$$\varepsilon_{ij} = \frac{1}{2}(u_{i,j} + u_{j,i}) \tag{10-7}$$

储层有效应力方程，见式（10-8）：

$$\sigma_{ij}^{e} = \sigma_{ij} - \beta_{f} p_{f} \delta_{ij} \tag{10-8}$$

式中　σ_{ij}^{e}——有效应力；

　　　σ_{ij}——总应力；

　　　F_{i}——储层在 i 方向对应的体力；

　　　ε_{ij}——总应变张量的分量；

　　　δ_{ij}——Kronecker 符号张量；

　　　β_{f}——裂隙的有效应力系数；

$u_{i,j}$、$u_{j,i}$——位移的偏微分分量；

　　　p_{f}——裂隙内孔隙压力。

基于弹性力学的储层应力应变的本构关系见式（10-9）：

$$\sigma_{ij} = 2G\varepsilon_{ij} + \frac{2Gv}{1-2v}\varepsilon_{v}\delta_{ij} - \beta_{f} p_{f} \delta_{ij} \tag{10-9}$$

式中　G——剪切模量；

　　　ε_{v}——总的体积应变；

　　　v——泊松比。

流体在裂隙中流动服从达西定律，达西定律的一般表达式见式（10-10）：

$$V = -\frac{k}{\mu}\nabla p_{f} \tag{10-10}$$

式中　V——达西速度；

　　　k——流体渗透率；

　　　μ——流体的黏度。

FICK 第一扩散定律描述了物质依赖于浓度的扩散情况，在单位时间内通过垂直于扩散方向的单位截面积的扩散物质流量（称为扩散通量 diffusion flux，用 J 表示）与该截面处的浓度梯度成正比，也就是说，浓度梯度越大，扩散通量越大。

$$J = iJ_{x} + jJ_{y} + kJ_{z} = -D\left(i\frac{\partial c}{\partial x} + j\frac{\partial c}{\partial y} + k\frac{\partial c}{\partial z}\right) = -D\nabla C \tag{10-11}$$

式中　i、j、k——x、y、z 方向的单位矢量；

　　　J——扩散通量；

　　　D——扩散系数；

　　　C——浓度；

　　　∇——梯度算子。

4. 泥岩盖层稳定性的评价

盖层稳定性的评价也是 CO_2 封存过程中的关键技术。依据相关研究，影响盖层质量及空间分布的地质因素有：①盆地沉积演化对盖层的控制作用；②构造格局、坳陷分布区、构造活动情况；③沉积环境；④成岩作用影响；⑤盖层的岩性；⑥盖层韧性的影响；⑦盖层的连续性。对于盖层密封机理，早期提出的物性、压力和烃浓度封闭机理较为流行。物性封闭机理（毛细管封闭机理）：储盖层之间的毛细管压力差，主要考虑排替压力、渗透率、孔隙度、密度、比表面积和微孔隙结构等参数。考虑到排替压力与孔隙度、渗透率、密度、孔隙中值半径和比表面积存在函数关系，故上述参数综合由排替压力代替。压力封闭：只存在于欠压实现象的泥岩盖层中。盖层中的异常孔隙流体压力与下伏储集层中剩余压力差越大，盖层封闭能力越强。烃浓度封闭：只存在于具有生烃能力的盖层中，且只对呈分子扩散相运移的油气构成封闭，其能力大小主要取决于盖层与下伏储集层孔隙水中含气浓度的差值大小，差值越大，盖层烃浓度封闭能力越强。

根据上述提出的 3 种封闭机理的评价参数，分别给出各个参数的参考值，并综合给出整体封闭能力参数，见表 10-1。

盖层封闭能力评价指标及参考值 表 10-1

封闭机理	评价指标	等级划分（权值）			
		好(4)	较好(3)	中等(2)	差(1)
物性密封	盖层排替压力与储层剩余压力差(MPa)	>2.0	2.0~0.5	0.5~0.1	<0.1
压力封闭	盖层与储层压力系数之差	>0.3	0.3~0.2	0.2~0.1	<0.1
烃浓度封闭	是否进入生烃门限	已进入生烃门限	已进入生烃门限	已进入生烃门限	已进入生烃门限
	是否具有异常压力($P_异$)	具异常压力	具异常压力	不具异常压力	不具异常压力
	异常压力是否大于气体饱和压力($P_饱$)	$P_异 > P_饱$	$P_异 > P_饱$	—	—

（1）泥岩盖层的试验

1）泥岩岩石特征分析技术

其包括 X-CT 扫描、X 衍射、离子交换（CEC）技术、电镜分析及三维可视化技术（FIB/SEM）、压汞及吸附分析。此外，还有泥岩的专项分析，如岩石力学分析。随泥岩力学分析新技术的不断提出，如采用刻划实验技术（scratch test）、纳米刻痕技术（nano-indentation test）、高压及流体条件下的三轴应力试验，同时进行岩石物理测量，如纵横波的测量及围压下的渗透率测量，针对泥页岩性质的实验分析技术也愈加完善。

CT（Computed Tomography），即电子计算机断层扫描，它是利用精确准直的 X 线束、γ 射线、超声波等，与灵敏度极高的探测器一同围绕人体的某一部位作一个接一个的断面扫描，具有扫描时间快，图像清晰等特点，可用于多种疾病的检查。根据所采用的射线不同可分为：X 射线 CT（X-CT）以及 γ 射线 CT（γ-CT）等。

1912 年，劳厄等人根据理论预见，证实了晶体材料中相距几十到几百皮米（pm）的原子是周期性排列的，这个周期排列的原子结构可以成为 X 射线衍射的"衍射光栅"。X 射线具有波动特性，是波长为几十到几百皮米的电磁波，并具有衍射的能力。物质结构的分析尽管可以采用中子衍射、电子衍射、红外光谱、穆斯堡尔谱等方法，但是 X 射线衍射是最有效的、应用最广泛的手段，而且 X 射线衍射是人类用来研究物质微观结构的第一种方法。X 射线衍射的应用范围非常广泛，现已渗透到物理、化学、地球科学、材料科学以及各种工程技术科学中，成为一种重要的实验方法和结构分析手段，具有无损试样的优点。

电子显微镜，简称电镜，英文名 Electron Microscope（简称 EM），经过五十多年的发展已成为现代科学技术中不可缺少的重要工具。电子显微镜技术的应用是建立在光学显微镜的基础之上的，光学显微镜的分辨率为 $0.2\mu m$，透射电子显微镜的分辨率为 $0.2nm$，也就是说透射电子显微镜在光学显微镜的基础上放大了 1000 倍。

压汞实验用来测定粉末和固体重要的物理特性。实验的最高工作压力目前可达 60000PSI，孔径分析范围 440um～3.6nm。适用于粉末或多孔材料的孔径分布、孔体积、比表面积、堆积密度、表观密度、孔隙度、颗粒分布及相关特性的测试。

真三轴试验装置的开发，便于分析岩石试件处于三个主应力不相等（即 $\sigma_1 > \sigma_2 > \sigma_3$）的应力组合状态下的三轴压缩试验。真三轴试验可以研究中间主应力（σ_2）对岩石变形及强度特性的影响。

渗透率是指在一定压差下，岩石允许流体通过的能力，是表征土或岩石本身传导液体能力的参数。其大小与孔隙度、液体渗透方向上孔隙的几何形状、颗粒大小以及排列方向等因素有关，而与在介质中运动的液体性质无关。渗透率（k）用来表示渗透性的大小。渗透率单位是长度的平方，即与面积的单位相同，但我们称之为达西，常用的单位为毫达西（md）或平方米（m^2）。岩石渗透性的好坏，以渗透率的数值大小来表示，有绝对渗透率、有效渗透率和相对渗透率 3 种表示方式。

绝对渗透率（absolute permeability）当单相流体通过横截面积为 A、长度为 L、压力差为 ΔP 的一段孔隙介质呈层状流动时，流体黏度为 μ，则单位时间内通过这段岩石孔隙的流体量见式（10-12）：

$$Q = K\Delta PA/\mu L \tag{10-12}$$

式中 Q——单位时间内流体通过岩石的流量（cm^3/s）；

A——液体通过岩石的截面积（cm^2）；

μ——液体的黏度（$Pa \cdot s$）；

L——岩石的长度（cm）；

ΔP——液体通过岩石前后的压差（MPa）；当单相流体通过孔隙介质呈层状流动时，单位时间内通过岩石截面积的液体流量与压力差和截面积的大小成正比，而与液体通过岩石的长度以及液体的黏度成反比。

岩石的绝对渗透率是岩石孔隙中只有一种流体（单相）存在，流体不与岩石起任何物理和化学反应，且流体的流动符合达西直线渗滤定律时，所测得的渗透率。由于气体受压力影响十分明显，当气体沿岩石由高压力流向低压力时，气体体积要发生膨胀，其体积流量通过各处截面积时都是变数，故达西公式中的体积流量应是通过岩石的平均流量。

有效渗透率（effective permeability）是指在非饱和水流运动条件下的多孔介质的渗透率。多相流体在多孔介质中渗流时，其中某一项流体的渗透率叫该项流体的有效渗透率，又叫相渗透率。

相对渗透率（relative permeability）是指多相流体在多孔介质中渗流时，其中某一项流体在该饱和度下的渗透系数与该介质的饱和渗透系数的比值叫相对渗透率，是无量纲量。作为基数的渗透率可以是：①用空气测定的绝对渗透率；②用水测定的绝对渗透率；③在某一储层的共存水饱和度下油的渗透率。与有效渗透率一样，相对渗透率的大小与液体饱和度有关。同一多孔介质中不同流体在某一饱和度下的相对渗透率之和永远小于 1。根据测得的不同饱和度下的相对渗透率值绘制的相对渗透率与饱和度的关系曲线，称相对渗透率曲线。

2）泥岩化学多孔弹性实验研究

化学多孔弹性（chemopro-mechanical）研究最新的进展是通过小尺度实验方法研究泥岩对钻井流体化学响应的定量分析方法。以往主要通过三轴应力分析取得泥岩的多孔弹性力学参数，对泥页岩而言常受大取样尺寸的限制。最新的研究方法是通过 MicroRx 小样品实验来替代三轴应力分析（autonomous triaxial cell），得到样品在不同条件下的弹性顺度、反射系数和化学力学耦合系数，并进行不同实验结果的对比，建立 MicroRx 小样品实验与常规三轴应力测试所取得的多孔弹性参数分析之间的联系，实现从毫米级的泥岩样品分析而得到泥岩的多孔弹性参数，进而分析钻井过程中泥岩地层与钻井泥浆成分之间是如何相互作用的，其结果可直接用于钻井泥浆成分配比与钻井稳定性分析。

3）泥岩热水力学性质研究（thermo-hydro-mechanics——THM）

泥岩热水力学实验研究源于非常规能源的勘探与开发、地热资源的利用、危险废弃物的处置。泥岩的热水力学性质需要采用新的实验技术研究泥页岩不同水饱和度与温度条件下的应力与应变行为。近年来，许多学者提出了较新的泥岩热水力学参数耦合模型，用于解决多孔介质中热流及流体多相流动与岩石变形与应力问题，使实验室尺度以及现场大尺度的物理与化学过程的模拟结果能在实际地质研究中得到应用。另外，对包括不同温度与抽吸条件下页岩的实验仪器的开发、页岩等温与非等温条件下的饱水特征、高应力加载条件下的体积应变、抽吸下的泥岩膨胀与收缩响应等的研究都是泥岩热水力学性质研究的基础。

4）泥页岩岩石物理实验技术

NMR（Nuclear Magnetic Resonance）为核磁共振，是磁矩不为零的原子核，在外磁场作用下自旋能级发生塞曼分裂，共振吸收某一定频率的射频辐射的物理过程。核磁共振波谱学是光谱学的一个分支，其共振频率在射频波段，相应的跃迁是核自旋在核塞曼能级上的跃迁。核磁共振适合于液体、固体。如今的高分辨技术，还将核磁用于半固体及微量样品的研究。核磁谱图已经从过去的一维谱图（1D）发展到如今的二维（2D）、三维（3D）甚至四维（4D）谱图，陈旧的实验方法被放弃，新的实验方法迅速发展，它们将分子结构和分子间的关系表现得更加清晰。在世界的许多大学、研究机构和企业集团，都可以听到核磁共振这个名词，在化工、石油、橡胶、建材、食品、冶金、地质、国防、环保、纺织及其他工业部门用途日益广泛。

5）泥岩岩石物理模型

目前对孔隙微结构、黏土矿物、定向分布函数模拟页岩弹性性质的研究较多，可这些模型需要大量测试参数，但在实际中通过有限的实验样品得到的分析数据是很有限的，模拟的结果在统计学上的可靠性就存在着较大的不确定性。所以，麻省理工学院的 Ulm 教授和 Abousleiman 教授提出了一个模型来模拟页岩弹性性质，主要依据 2 个参数：粉砂含量与黏土堆积密度（CPD），并把该模型进一步用于声波测井速度，其所需参数粉砂含量与黏土堆积密度可通过常规的测井或元素捕获谱测井得到。澳大利亚联邦科学与工业研究组织（CSIRO）的 Pervukhina 专家等通过假定黏土弹性系数与黏土堆积密度的线性相关修正了该模型，更好地反映了泥页岩的基质—包体微结构特征：泥页岩是粉砂包体嵌入于黏土基质的纳米混杂物，并称之为黏土—粉砂模型，可更好地利用黏土堆积密度与粉砂含量预测泥页岩的声波速度并进一步预测页岩超压带。

（2）泥岩盖层的封闭机理

从岩性角度出发，目前较为适合作为CO_2地质封存盖层的岩性为泥岩。泥岩盖层具有特殊性，泥岩盖层对于各种相态气体的封闭机理如下：

游离态：毛细管直接密封（排替压力）和异常孔隙流体压力的间接封闭（使泥岩盖层四周致密层毛细管封闭能力增强）。水溶性：泥岩盖层中黏土矿物颗粒对水的吸附作用来阻止水溶相气体的运移。扩散相：具有生烃能力的泥岩盖层，才能对扩散相气体形成封闭作用。抑制浓度封闭作用：盖层中具有异常孔隙流体压力，其生成的气体溶于孔隙水中，形成了较正常压实地层异常高的含气浓度，在此处形成向下递减的含气浓度梯度，气体在此浓度梯度的作用下向下扩散，抑制了下伏扩散相气体向上扩散而形成封闭作用。替代浓度封闭作用：其内不存在异常孔隙流体压力，含气浓度向上递减，由于盖层本身生成的气体向上扩散运移，就代替了下伏扩散扩散相气体的向上扩散，从而对下伏扩散相气体形成封闭作用。

（3）泥岩盖层评价技术

泥岩盖层评价技术目前尚未取得大的突破，主要是因为泥岩在矿物组成、结构构造与分析技术的特殊性。近年来相关学者提出了新的泥岩盖层评价技术方法与思路，基于对我国不同时代、不同地区、不同成岩阶段的大量野外与井下泥岩样品的分析，从泥岩盖层特性、物质组成和成岩作用阶段、盖层物性、封盖能力的量化、岩石力学性质和泥岩的强度、泥岩盖层评价6个方面进行分析，在具体应用上结合构造运动与埋藏史进行盖层的综合评价。

1）泥岩盖层的特性

泥岩盖层的主要赋存特征包括泥岩厚度、砂质含量、埋藏深度和黏土矿物及其含量等。泥岩盖层的特性对于其自身封闭能力存在显著影响，主要表现如下：

泥岩盖层厚度大：①反映沉积环境稳定，沉积物均质性好；②盖层不易被小断裂错开，遇大断裂也容易形成侧向封堵性；③微孔隙、微孔洞、微裂隙等微渗漏空间不易沟通；④即使纯度不高，也可以减少或堵截较大连通孔隙在垂直方向上的连通性，从而提高排替压力、增强封闭能力；⑤由其所形成的流体越不易排出，越易形成流体压力封闭；⑥分布面积越大，集气面积越广，形成大气藏的可能性越大；⑦可大大降低气藏中气体扩散速度（在评价薄层泥岩封闭能力时，不能仅以实验数据为准，还应考虑其埋藏深度、区域稳定性和该区的构造破碎程度等）。

泥岩盖层的砂质含量对盖层特性的影响：砂质含量对泥岩盖层的影响视埋深而定，埋深不大的情况下，泥岩盖层排替压力随砂质含量增加而降低；埋深较深的情况下，由于大地静压力较大，砂质含量对泥岩盖层影响较小。

埋藏深度：盖层的埋深控制泥岩盖层的成岩作用。由于泥岩盖层成岩的后生变化情况是影响泥岩盖层封闭性能的主要因素之一，对于不同岩石类型，影响盖层封闭能力的成岩作用效应不同；对于同一种岩性的岩体，不同的成岩作用阶段对盖层封闭性能的成岩作用效应也不同。例如，鄂尔多斯盆地泥岩、粉砂岩、过渡岩石内的埋深分别为1900m、2900m、1900～2900m时才具有封闭能力。对于沉积岩盖层，由于大的埋深情况，一般相应地层的温度和压力都很大，在地层温度及压力影响下，发生一系列成岩作用，盖层中孔隙与裂隙结构以及矿物质组成等将产生相应的变化。压实作用对于沉积岩盖层的形成和封闭性的变化都至关重要。随着压实作用的增强，岩石的各项物理参数及黏土矿物组成均产生相应的变化，由此，对岩石的封闭能力也产生非常重要的影响。泥岩的封闭性能一般来说取决于其可塑性。泥岩盖层埋深增大，盖层进入紧密压实带，该赋存条件下泥岩的各项物理参数，如孔隙度、渗透率、孔隙中值半径等参数不同于中等或者浅埋深条件下的变化规律，加之大埋深条件下高温高压的脱水作用，泥岩盖层极其容易失去可塑性，此时，泥岩盖层向脆性转变，易产生裂缝并成为假盖层。尽管这里只是分析了沉积岩盖层与泥岩盖层，其实对于任何岩石类型来说，它的封闭能力都是相对的。对于同一个盆地，地层压力和地温梯度是关键控制因素，由于地层压力和地温梯度的差异，泥岩盖层由封闭盖层转变为渗透层的厚度有所不同。另外，对于泥岩盖层，可能存在封闭能力突然增强的异常区域，可能是由于在盖层压实过程中由于某种原因产生孔隙流体异常高压带，在该高压带范围内盖层封闭能力要大得多。据研究，辽河盆地在2800m以下均存在一个异常的高压带，在西部凹陷为2400～4000m，东部凹陷为2600～5100m，其顶部大致层位相当于沙河街组上部，该压力异常带的存在大大地提高了泥岩盖层的封闭能力，这也是辽河盆地内主要的气藏均分布在沙一段及其以下层位的因素之一。因此，在对沙河街组泥岩盖层封闭效果作具体评价时，应该将异常体产生的地层压力作为对下伏气藏的遮盖动力之一。

黏土矿物及其含量对泥岩盖层封闭能力有显著影响。泥岩的矿物组成主要是黏土矿物和少量砂级矿物碎屑。黏土矿物的组成和含量、含砂量的多少，以及次要矿物的成分，如碳酸盐含量等直接影响着其封闭能力的大小。

自然界中存在着各种不同类型的沉积物和沉积岩，黏土矿物（clay minerals）一般都赋存在沉积物和沉积岩中，黏土矿物是一种次生矿物。黏土矿物呈层状构造的基本特点，其主要由含水铝硅酸盐矿物组成，黏土矿物也是黏土岩和土壤的主要组成成分，如黏土矿物中高岭石、蒙脱石、伊利石等在黏土岩和土壤中大量赋存。按照矿物组成进行分类，最为常见的黏土矿物属于层状构造的硅酸盐矿物，类别主要有下列几种：高岭石、多水高岭石、水云母、蒙脱石、海绿石、伊利石、绿泥石等。除层状构造的硅酸盐矿物外，黏土矿物还包括非晶质黏土矿物和链状构造矿物，对应的类别分别为水铝英石和海泡石等。黏土矿物按照化学成分进行研究，其化学成分主要为SiO$_2$、Al$_2$O$_3$和水，但是对于黏土矿物的每一种具体的组成成分，三种化学成分又有差别，具体表现为：高岭石一般含有更高的Al$_2$O$_3$，海泡石矿物组分中又以MgO为最高，而水云母中的化学成分K20最多。黏土矿物的组成和结构成分十分复杂，我们往往依据不同黏土矿物的形状特点、晶体结构特征、矿物物理特性上的差异来鉴定不同的黏土矿物成分。黏土矿物具有很强的吸附性能，自然赋存的黏土矿物一般能够有从周围介质中吸附离子，在吸附离子的过程中，一方面黏土质岩石矿物的性质会发生变化，另一方面当吸收一定有用元素后，黏土矿物会转变为有价值的矿床。组成黏土矿物的矿物颗粒粒径一般很小，呈鳞片状，尺寸直径大多小于0.01mm，所以黏土矿物具有可塑性、耐火性和烧结性等显著优点，这些优点决定了黏土矿物广泛的应用场景。例如，常见的工业原料包括耐火材料、水泥、陶瓷、造纸、油漆、石油化工材料、纺织材料等的制作，离不开黏土矿物。地下油气成藏的主要储集是砂岩储层，而黏土矿物组成是影响砂岩储层储集能力的重要因素，黏土矿物的绝对含量、矿物组分成因、化学成分、晶体形态及矿物产状等都与砂岩储层的储集性能有一定的关系。现有的研究表明，砂岩具有不同的成熟度，不同成熟度的砂岩其储层储集性能受黏土矿物的影响有差异。当储层砂岩有更高的成熟度时，若储层中含有绝对含量更高的黏土矿物组成，砂岩储层储集能力会有所降低，砂岩储集能力的降低主要是由储层渗透率降低引起，但储层砂岩达到高成熟度时，由于高岭石和充填状黏土矿物的含量更高，所以砂岩储层的物性相对变好。当储层砂岩中黏土矿物的结构和成分成熟度比较低时，黏土矿物成分组成对砂岩储层储集能力影响较小，砂岩储层储集能力主要取决于砂岩本身的成分和结构特性。此外，同一种黏土矿物，但是不同形态也会影响砂岩储层储集能力，如不同形态的伊利石对砂岩的物性影响也不同，伊利石呈片状富集在砂岩储层中这有利于改善储层物理属性，而在砂岩储层中若较多的伊利石呈纤维状和发丝状时则会使砂岩储集物性降低或变为非储层。

黏土矿物对岩石封闭性能的影响可总结为以下几点：①黏土矿物的可塑性；②润湿性及吸水性；③矿物颗粒的结构与排列方式。

可塑性影响盖层的塑性变形能力，在岩体出现构造变形的情况下能够抵制次生裂缝的发育。吸水性强。吸水后黏土矿物出现大的膨胀从而缩小矿物中孔隙孔道，同时由于吸水影响，使得气—水界面与矿物颗粒接触角度变小，相应的孔隙毛细管压力增大，盖层具有更好的封闭性能。相关研究表明，黏土矿物的可塑性表现为蒙脱石＞伊/蒙混层＞伊利石＞绿泥石＞高岭石，吸水膨胀性为蒙脱石＞伊/蒙混层＞高岭石＞伊利石，蒙脱石具有最强的吸水能力，对水的吸附量可达 300mg/g，所以矿物组成和含量会影响岩石盖层的封闭能力。如吐哈盆地含油气层系为中侏罗统三间房组（J_2S）和士可台组（J_2Q），油气层上覆盖层为区域性盖层，为上侏罗统齐古组（J_3Q），由于黏土矿物组成不同，上覆盖层封闭能力也不同，具体表现为埋藏较浅（＜2000m）的泥岩盖层由于蒙脱石含量较高（平均含量达到 70%），伊利石含量较低，其对应的突破压力值反而是埋藏深度更大（＞2000m），但蒙脱石含量低（平均仅占比 18%）、伊利石含量高的泥岩盖层的 2 倍多，这一结果说明蒙脱石含量影响了泥岩盖层的封闭性能。

泥岩盖层中含砂量对盖层封闭能力的影响，一般来说，随着岩石中含砂量的增加，泥岩的孔隙度和渗透率都会增大，进而导致泥岩封闭能力变差。例如，在俄罗斯西部西伯利亚泥岩盖层中砂质—粉砂质含量超过了 20% 时，泥岩盖层的渗透率显著增高。在我国鄂尔多斯东部上古生界浅湖相泥岩盖层的封闭性能随着含砂量升高，渗透率明显增大，相应的盖层密封性能降低。

硅酸盐含量也会影响盖层封闭性能。硅酸盐矿物是一类由金属阳离子与硅酸根化合而成的含氧酸盐矿物，在自然界分布极广，是构成地壳、上地幔的主要矿物，估计占整个地壳的 90% 以上，在石陨石和月岩中的含量也很丰富。已知的硅酸盐矿物约有 800 个，约占矿物种总数的 1/4。许多硅酸盐矿物如石棉、云母、滑石、高岭石、蒙脱石、沸石等都是重要的非金属矿物原料和材料。在地壳中无论是内生、表生，还是变质作用的，几乎所有成岩、成矿过程中普遍都有硅酸盐矿物的形成。在岩浆作用中，随着结晶分异作用的演化发展，硅酸盐矿物的结晶顺序有自岛状、链状、向层状、架状过渡的趋势。岩浆期后的接触交代作用和热液蚀变作用所产生的硅酸盐矿物与原始围岩的成分密切相关。变质作用（主要指区域变质作用）形成的硅酸盐矿物，一方面取决于原岩成分，另一方面取决于变质作用的物理化学条件。硅酸盐矿物及其组合在变质作用中的演变是变质作用的重要标志。表生作用形成的硅酸盐矿物以黏土矿物为主，多属于层状硅酸盐，它们在表生作用条件下是最稳定的。硅酸盐矿物在泥岩盖层中以胶结物形式存在，因而常堵塞泥岩中的原始孔裂隙，使岩石变得坚硬致密，有利于增加盖层的封闭性能。

2）泥岩微观结构、成岩作用

相关学者通过分析大量的不同时代的泥岩矿物组成、结构构造与成岩作用阶段，采用X衍射与扫描电镜对泥岩结构与矿物组成综合分析，划分出5种泥岩盖层成岩阶段与结构表现形式：伊利石型—定向型—裂缝型、伊利石型—定向型—微孔型＋裂缝型、伊蒙混层R＝3型—定向型＋微孔型、伊蒙混层R＝1型—均匀型＋微孔型、伊蒙混层R＝0型—均匀型＋微孔型。初步提出泥岩伊利石结晶度指标及与泥岩盖层封盖能力好坏的关系：伊利石结晶度小于0.25，为极低变质阶段，泥岩封盖性能较差；伊利石结晶度在0.25～0.42，为高成岩阶段，泥岩封盖性能一般；伊利石结晶度在0.42～0.50，为中等成岩阶段，泥岩封盖性能良好；伊利石结晶度大于0.50，为弱成岩阶段，泥岩封盖性能较好。成岩阶段的划分是盖层评价的基础，一般认为，较低的成岩阶段，岩体的物性参数是盖层评价的主要指标；对于高成岩阶段，岩体的物性参数表现出较好的封存能力，此时评价盖层封盖能力的关键指标是岩体的力学性能以及是否易于产生裂缝等，这又与岩体成岩过程经历的埋藏历史以及构造演化有关。

3）泥岩盖层物性参数

泥岩盖层最常用以及最主要的评价指标是孔隙度和渗透率，这也是泥岩盖层常规的物性参数。另外，盖层突破压能够反映盖层的封盖气柱高度，所以它是盖层评价中最有效的参数。泥岩的孔隙度和渗透率也与泥岩的成藏过程和赋存情况有关，一般来说，地层条件下泥岩的物性与实验室内进行常规分析方法得到的结果相比存在着一定的差异，比如在地质赋存条件下的泥岩，由于特定的埋深条件以及饱和水条件，其泥岩的渗透率往往比较低，相关实验也表明泥岩在饱和盐水条件下扩散系数比常规烘干样品要低2～3个数量级，如果在泥岩盖层封盖能力评价过程中忽略了泥岩在相应地质的赋存条件，很可能造成较大的误差，泥岩盖层在地层条件下具有更好的封盖能力。对于盖层的突破压，早期的研究认为盖层突破压力随着盖层的厚度增大而增大，然而，相关实验表明，盖层突破压力实际与泥岩盖层的厚度无关，泥岩盖层的厚度不会影响突破压力，但是会导致更长的突破时间。泥岩盖层由于其本质存在一定的孔隙度和渗透率，也就意味着泥岩盖层的渗流和扩散是必然存在的，是泥岩盖层的固有物理过程，但是在泥岩盖层厚度较大时，盖层封存的气体渗流和扩散需要更多的时间。

对于CO_2地下封存过程，CO_2在盖层中的泄漏方式主要有：①通过在完整岩石中渗流或分子扩散的方式泄漏；②通过盖层中的断层或裂隙体系发生泄漏；③通过废弃钻井泄漏；④其他方式。对于完整盖层岩石，其泄漏方式主要是分子扩散和缓慢渗流，缓慢渗流是CO_2突破盖层中的静水压力和毛管压力的束缚，从而导致CO_2的长期泄漏。CO_2渗流是CO_2压力P_{CO_2}与静水压力P_W之差超过CO_2与水之间的毛管压力之后发生的，这个临界值就是CO_2的突破压，如图10-11所示。突破压是盖层发生泄漏时，上下游压力差的最小值。为避免CO_2形成贯穿盖层的连续通道，要求储层CO_2压力低于盖层中静水压力与突破压之和。因此，突破压越大，盖层密封性能越好，反之则越差。在CO_2地质封存工程中，突破压作为主要的岩芯尺度基础参数，为评价盖层的密封能力以及封存场地筛选和封存容量评估提供依据。

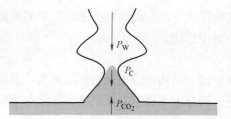

图 10-11　盖层孔喉内部毛管密封
机制示意图

4）泥岩盖层与保存条件

泥岩盖层的保存条件是指泥岩盖层所处的地球化学条件。例如，盖层所处地质条件存在金属矿化和热液异常等地球化学异常活动，这些异常的地质储存条件不利于地下封存 CO_2。在油气盖层与保存条件评价中，泥岩及其储层中的方解石脉、石英脉体等的地球化学信息可以提供较多的盖层封盖性能及保存条件的地质信息。流体化学组成对油气封盖及保存条件也具有较好的判别作用，如矿化度指数、变质系数、盐化系数和脱硫系数，但需要有较多的地层水资料，并需要进行各个不同地质单元的地球化学成分的对比分析。

5）泥岩盖层的力学分析

泥岩盖层封闭性能的评价，特别是对于成岩作用阶段较高的泥岩，需要对泥岩产生裂隙的可能性进行分析研究，因此，对泥岩的岩石力学分析至关重要。但是目前，针对泥岩盖层的力学参数分析，一般评价指标集中在杨氏模量与泊松比等参数，并没有更有效的泥岩盖层岩石力学评价指标体系。在评价泥岩盖层的封闭性能过程中，岩石的力学属性是非常重要的，泥岩盖层下覆储层在注入 CO_2 后，储层内部孔隙压力必然增大，增大的孔隙压力又会对上覆泥岩盖层产生应力影响，泥岩盖层在注入压力作用下会产生变形，如果局部变形过大则容易产生裂缝或者破裂，从而导致泥岩盖层完整性被破坏。一般来说，在注入压力影响下，盖层会整体向上弯曲变形，分析泥岩盖层弯曲变形特征与性能，是对盖层岩石力学分析的关键，而泥岩盖层弯曲变形产生的破断或者裂缝一般体现盖层的脆性特征，因此，评价盖层的脆性变形特征并基于盖层脆性特征建立盖层破裂准则十分必要。目前，在盖层评价中基于盖层脆性指数的评价方法选择的泥岩盖层脆性指数主要有挠度和抗弯模量，泥岩脆性参数的测定可使用泥岩脆性测定仪，按照材料力学的挠度理论，对盖层取样后的泥岩样品进行载荷作用下强度、挠度以及抗弯模量的测量，得到泥岩盖层的脆性参数，并建立泥岩盖层的划分标准，见表 10-2。

基于泥岩盖层的挠度、抗弯模量的分类标准　　　　　　　　　表 10-2

盖层类别	挠度（mm）	抗弯模量（MPa）
Ⅰ类	＞0.4	＜1000
Ⅱ类	0.3～0.4	1000～2000
Ⅲ类	0.2～0.3	＞2000

另外，在得到泥岩盖层脆性参数的基础上，也可以将挠度和抗弯模量分别归一化为一均值，即脆性指数，然后与盖层突破压力值相结合，建立泥岩盖层评价的脆性指数，突破压力评价模板，用于盖层评价。需要说明的是归一化方法有两种形式，一种是把数变为（0～1）的小数，一种是把有量纲表达式变为无量纲表达式。主要是为了数据处理方便，把数据映射到0～1范围之内处理，更加便捷快速。

上面分析了成岩阶段较高的泥岩盖层失效的主要原因是容易发生脆性失稳、破坏，它可能出现的脆性破坏特性直接取决于岩石的力学属性，因此，能够正确认识泥岩盖层的力学属性并能够有效预测泥岩及盖层的破裂失效是盖层评价的关键。泥岩盖层在应力作用下导致的失效需要与地层赋存条件的温度、压力等状态结合分析，一般通过实验手段来研究不同温度和压力作用下泥岩样品加载过程的应力应变规律，进而研究泥岩盖层受温度与压力影响的失效形式、脆性—塑性转化特征以及破裂准则等。泥岩盖层在不同温度与压力影响下存在脆性—塑性转换过程，大量的实验表明，泥岩盖层并不能单纯的看做脆性材料或者塑性材料，从泥岩盖层不同温压条件下力学分析可知，泥岩介于塑性与脆性之间，存在脆延转换过程。泥岩在温度、压力增大的条件下会发生脆性转化。脆性转换点是评价泥岩盖层的重要参数。在脆性转换点以下，重点以盖层物性评价为主；而在脆性转换点以上要结合实际地质条件，以是否产生裂缝进行评价。通过不同成岩阶段泥岩的力学性质与脆性特征分析，结合现有地应力或盖层埋藏史，就可以有效地分析或预测泥岩盖层的封盖能力与保存条件。

目前，对泥岩盖层的评价主要依据成岩作用阶段、岩石的细观结构特征、泥岩的物性参数以及岩石的力学性质，依靠常规的物性参数如孔隙度、渗透率及突破压力值等对泥岩盖层进行评价是不全面的，还需要考虑泥岩在应力作用下是否会发生力学破坏失稳。会发生脆性破坏是泥岩盖层的一个关键特征，除了脆性破坏特征，在泥岩赋存的原始地层温度和压力条件下，泥岩盖层也可能出现脆性转换，是否发生脆性转换也是评价泥岩盖层的重要参数。

6）泥岩盖层封闭能力评价

① 盖层突破压的测试方法

CO₂突破压是CO₂地质封存中盖层密封性评价的重要指标之一，它主要通过室内试验获取。目前，室内测试常用的方法包括间接法和直接法，间接法主要采用压汞法，直接法主要采用连续法、分步法、驱替法和脉冲法。研究盖层的突破压力值，最早是为了确定天然气地质储存的最大储存压力值，经过数十年的研究，盖层突破压力已经得到广泛的应用，对于CO₂地质封存，盖层突破压是评价盖层密封能力的最有效和最直接的指标之一。下面对几种主要的盖层突破压力测试方法和原理进行介绍。

A. 间接法

间接法测定盖层突破压力原理是利用压汞来确定毛细管压力曲线，具体的操作过程如下：首先将待测岩石样品进行干燥并准确称重干燥后的样品；其次将干燥后的岩样放入膨胀计中，在真空条件下进行充汞后，进行高压进汞，在这一过程中，保持岩样较大的外部压力有利于汞能够进入岩样孔隙内部；最后记录汞的饱和度以及相应的进汞压力，绘制汞饱和度和进汞压力的关系曲线，可取岩石样品汞的饱和度达到10%对应的进汞压力作为盖层的突破压力。压汞实验过程中，形成了汞—空气—岩石与汞—水—岩石的接触结构，通过计算其表面张力和接触角，可以推算出CO₂在饱和水的岩石中的突破压力。

脱水方法也可能会影响盖层突破压力，对于富含蒙脱石、伊利石和石膏等矿物的盖层岩石，由于不同的矿物成分具有不同的吸水能力，这个矿物质在脱水后内部晶体结构可能发生变化，因此，采用不同的脱水方法会对岩石孔隙结构形成不同的影响，一般来说，硬化岩石在常温下风干对盖层突破压力的测试结果影响较小。

压汞法测试盖层突破压力是一种间接测试方法，在进汞实验过程中，需要将汞压力充入到盖层的孔隙内，由于盖层孔隙直径一般在纳米量级，因而需要汞在高压下与盖层岩石样品相互作用，进汞压力一般为数十甚至上百兆帕，在如此高压下，岩石孔隙结构不可避免的会发生改变，所以测试的突破压力也会发生相应的变化，利用压汞法测试突破压力难以还原现场储层条件的初始地应力状态。

测试盖层岩石的突破压力还需要考虑盖层岩石是否存在比较明显的各向异性，这是由于岩层在成岩过程中存在层状沉积，横向的突破压力要小于纵向的突破压力，采用压汞法时汞会优先从层理面进入岩石内部孔隙，与地下封存的 CO_2 在突破过程中存在差异。地下 CO_2 突破过程一般是从下而上而且与渗流方向一致，所以，在岩样存在明显各项异性的情况下，压汞法的实验结果会偏离真实值。

B. 直接法

压汞法无法较为真实的还原现场盖层对应的应力情形，测试精度也不高，盖层突破压力的直接测定方法由于具有更高的测试精度得到了广泛应用。直接法还具有另外一个优点，即突破压测试流程更为接近 CO_2 实际突破过程。直接法主要包括分步法、连续法、驱替法和脉冲法等。

分步法通过逐步增大 CO_2 压力实现，在岩石突破压实验过程中，将岩样饱和水后置于样品罐内，在岩样一端施加设定的水压力，在岩样另一端注入 CO_2，并逐步增大 CO_2 压力，逐步增大后稳定一段时间，并记录岩样水压力端排出水的情况，由于 CO_2 在岩样内部渗流，当增大 CO_2 压力到某个确定值后，在观察时间内可以在水压力端观测到 CO_2 气泡排出，此时岩样两端对应的压力差就是该岩样的突破压力。从分步法测试原理可知，实验过程更符合现场情况，即 CO_2 突破并开始驱替孔隙水的过程，驱替过程发生时，压差就表示突破压力，分步加压的方法在每一个压力步内斗需要有足够的时间使得孔隙内流体渗流并趋于稳定。从理论上来说，利用分步法得到的突破压力值较为接近真实值，但分步法一般需要进行多次试验才能确定一个稳定而且相对准确的突破压力，因此，测试单个岩样所需的时间较长。提高每步的压力增量是缩短试验周期的有效手段，但是增大每步压力增量又会导致测量精度较低，形成较大的测量误差。

连续法也是一种突破压力的直接测量方法，通过实现饱和水后的岩样放入试样罐内，设定相应的围压，试验过程中保持样品一段水压力恒定，在样品的另一端以恒定的较低流速持续的注入 CO_2，随着 CO_2 的持续注入，试样注入端的压力会增大，由于试样另一端的压力被设定为恒定值，当一端压力增大到样品上下游压力差超过样品的进气压力时，CO_2 则会进入到岩样孔隙内部，岩样另一端将会有水排出，此时岩样上下游压力差可定义为岩样的进气压力。岩样进气后，仍不断注入 CO_2，CO_2 在岩样内部形成连续流体，当观测到岩样下游有流体流出时，可以停止 CO_2 的注入，并不断地监测样品上下游压力差和流量变化，直到观测到的下游 CO_2 排出流量接近为 0 时，此时的压力差为突破压力。采用连续法测量盖层突破压力，如果获得足够的精度一般需要 CO_2 注入速率足够慢，因为高的注入速率会导致更大的渗透阻尼，当测试低渗泥岩时，即使采用较低的注入速率，在停止注入 CO_2 后仍然需要很长的时间才能观察到 CO_2 排出流量降为 0。如果为了缩短时间实验，提高 CO_2 注入速率是关键方法，但是 CO_2 速率越大流体的渗流阻尼也就越大，也会降低突破压力的测试精度，所以，连续法测试盖层的突破压力，也难以统筹测试效率和实验结果的精度。

驱替法因为较为广泛，是目前油气行业用来确定油气田盖层突破压力或者称为排替压力的重要方法。驱替法的实验步骤如下：首先将烘干、抽真空后的岩样充分饱和煤油，然后置于高围压的岩心夹持器内，根据岩样的砂质含量、压实程度等，选取某一压力的气体直接驱替饱和在岩样孔隙中的煤油，当发现气体从岩样另一端逸出时，记录下该外施气体压力为岩石的突破压。由于外部施加气体的压力和气体突破岩石的时间具有相关关系，因此，外加气体压力越大，岩样突破所需要的时间就越短。由于驱替法测试过程简单，对设备要求较低，可以快速得出岩石突破压，在目前国内油气盖层密封性研究中有十分广泛的应用。

脉冲法，又称残余毛管压力法（residual capillary pressure method）。脉冲法类似于分步法，分步法中 CO_2 注入压力是分步施加，脉冲法是将分步施加的压力改为施加一个较大的、超过岩样突破压力的初始压力差，并通过检测压差的变化规律，得到突破压力值。具体的实验步骤如下：岩样的一端注入水，并保持体积固定，岩样另一端注入 CO_2，CO_2 的注入压力高于突破压力与注水端设定的压力，并保持 CO_2 注入压力不变。随着 CO_2 在岩样中渗流，注水端压力则会升高，直至岩样两端的压力差保持稳定，对实验的压力差进行修正即可得到岩样的突破压力。由于脉冲法将分步法的逐级加压改为一步加压，因此，大大加快了 CO_2 突破过程，有效节省了试验时间。然而，由于高压力梯度会对岩样孔隙结构造成一定程度的破坏，故降低了试验结果的准确度。

上述列出的盖层突破压力的测试方法有其优缺点，其中连续法和分步法一般适用于中渗或者高渗的岩样；驱替法和脉冲法适用的范围更广，特别适用于低渗岩石，具有测试过程简单和高精度的特点。但是目前关于盖层突破压力的研究依然存在着一些不足，主要包括以下几个方面：①常见的盖层为泥岩，而泥岩等低孔低渗岩石的毛管压力曲线和饱和度的关系研究对于研究盖层对 CO_2 封存能力及泄漏规律的研究意义重大；②不同试验条件，例如温度和压力条件，对 CO_2 突破压测试的影响规律需要更进一步的探究；③ 为了更深入地理解超临界 CO_2 在盖层中的迁移规律，实现对泥岩等低孔低渗岩石突破压测试过程的可视化技术非常重要。

② 盖层封闭能力评价

A. 基于油气储藏能力的评价

借鉴油气储层储藏能力的评价方法，泥岩盖层对游离相气体封闭能力的综合评价：根据改进后的达西定律，盖层内游离相气体在压力差（P_1-P_2）作用于 t 时间内通过面积为 S 的泥岩该层的渗滤运移（Q_s）见式（10-13）：

$$Q_s = \frac{K(P_1-P_2)St}{\mu_g H} \tag{10-13}$$

由式（10-13）可得到一个假想的游离相气体通过泥岩盖层的渗滤速度（V_s，单位时间内通过单位面积的气体渗滤量），见式（10-14）：

$$V_s = \frac{K(F-f)}{\mu_g H} \tag{10-14}$$

V_s 越小，泥岩盖层对游离相气体封闭能力越强。

对水溶相气体封闭能力的评价：相关研究表明，泥岩盖层对水的吸附能力主要与其渗透性和厚度大小有关，即厚度越大，渗透率越低，泥岩盖层对水的吸附阻力越强。水溶相气体在压力差（ΔP）的作用下通过泥岩盖层发生渗滤运移散失，其渗滤散失的水溶气量

(Q_w) 也可用达西定律来描述，见式（10-15）：

$$Q_w = \frac{K\Delta PSt}{\mu_g H} \cdot C_g \tag{10-15}$$

由于 ΔP、S、t 很难获取，故将式（10-15）改写为水溶相气体在单位压差作用下于单位时间内通过单位面积泥岩盖层的渗滤运移速度（V_w），见式（10-16）：

$$V_w = \frac{K}{\mu_g H} C_g \tag{10-16}$$

V_w 越小，表明泥岩盖层对水溶相气体的封闭能力越强。

对扩散相天然气封闭能力的评价：可由 FICK 定律确定，盖层内气体在浓度差 $C-C_0$（C 为下伏气层孔隙水中气体浓度；C_0 为泥岩盖孔隙水中气体浓度）作用下于时间 t 内通过厚度为 H、面积为 S 的泥岩盖层的扩散损失量（Q_d），见式（10-17）：

$$Q_d = D \cdot \frac{(C-C_0)}{H} \cdot S \cdot t \tag{10-17}$$

故单位时间内通过单位面积泥岩盖层的气体扩散量，见式（10-18）：

$$V_d = D \cdot \frac{(C-C_0)}{H} \tag{10-18}$$

上述评价方法基于达西渗流定律与 FICK 扩散定律，分别对游离相和扩散相气体在盖层内运移情况进行量化研究，研究方法具有代表性。

B. 盖层封盖能力综合评价

泥岩盖层若要在整个油气成藏体系中实现对油气的有效封盖，必须同时满足两个条件，即具有较强的微观封闭能力和一定的宏观展布范围，这两个条件也是泥岩盖层封盖性能的具体反映。因此，泥岩盖层封盖性能评价应包括微观封闭能力评价和宏观展布评价。

泥岩盖层中毛细管封闭是普遍存在的，但是压力封闭和烃浓度封闭则只存在于相对特殊的泥岩盖层中，这主要是因为不同的泥岩盖层，其形成的地质条件往往不同，所以具有的封闭机理和能力也有差异。所以，泥岩盖层的微观封闭性能取决于其存在的封闭机理以及能力大小。泥岩盖层微观封闭能力的评价有 3 种封闭机理，即毛细管封闭、压力封闭和烃浓度封闭。泥岩盖层的微观评价中，毛细管封闭选择的评价参数为泥岩盖层与储集层之间的排替压力差；压力封闭的微观评价参数为异常孔隙流体压力；在烃浓度封闭机理中起关键作用的参数为异常含气浓度。盖层微观封闭能力评价参数及其等级划分标准见表 10-3 所示。

盖层微观封闭能力评价参数等级划分标准 表 10-3

封闭机理	评价指标	等级划分（权值）			
		好	较好	中等	差
毛细管封闭	盖层排替压力与储层剩余压力差（MPa）	>2.0	2.0~0.5	0.5~0.1	<0.1
压力封闭	异常孔隙流体压力	>2.0	2.0~0.5	0.5~0.1	<0.1
烃浓度封闭	异常含气浓度（m^3/m^3）	>1.0	1.0~0.5	0.5~0.1	<0.1

泥岩盖层宏观展布评价参数及其等级划分，一般可取沉积环境、泥岩单层厚度和断层封闭性作为宏观展布评价参数，这些参数决定了泥岩盖层展布面积的大小。表 10-4 中为

盖层宏观展布评价标准表。

盖层宏观展布评价标准表　　　　表 10-4

评价参数	等级划分（权值）			
	好（4）	较好（3）	中等（2）	差（1）
沉积环境	半深-深湖相	台地相	台地边缘相	河流相
	盆地相	滨-浅湖相	滨岸相 三角洲	
	广海陆棚相	三角洲前缘相	分流平原亚相	冲积扇相
泥质岩单层厚度（m）	＞20	20～10	10～2.5	＜2.5
断层封闭性	好	较好	中等	差

泥岩盖层封闭性能的综合评价应该体现微观评价参数和宏观展布评价参数。依据上述微观和宏观盖层封闭性能评价参数及等级划分，可以计算泥岩盖层封闭性能的综合评价权值，见式（10-19）：

$$Q = \sum_{i=1}^{n} a_i q_i \tag{10-19}$$

式中　a_i——各评价参数的权重系数；

　　　q_i——评价参数；

　　　n——评价参数个数。

表 10-5 为泥岩盖层封盖性能等级划分表。

泥岩盖层封盖性能等级划分表　　　　表 10-5

泥岩盖层封盖性能等级划分	好	较好	中等	差
Q	＞3.5	3.5～2.5	2.5～1.5	＜1.5

10.2.3　存在的风险与监测

1. CO₂ 地下储存的环境风险

CO₂ 地下储层的环境风险是指 CO₂ 捕集、利用与封存过程中产生的环境风险，特别在地下封存过程中，可能由于工艺原因或者盖层破裂，在封存现场出现 CO₂ 突发性或缓慢性泄漏，从而引发地下水污染、土壤酸化、生态破坏等一系列环境问题。

在 CO₂ 向储层注气期间，储层压力达到最大值，在注气结束后一段时间，CO₂ 与储层原有固液相发生物理化学反应过程最为活跃，因而，在这两个阶段都存在 CO₂ 泄漏的高风险，也就是 CO₂ 地下储层的注气阶段与注气结束后短期阶段。而 CO₂ 封存环节发生泄漏的途径主要包括：通过断层和断裂，通过完井、封井质量差或老化的井筒等。

由于研究数据和开发利用较为充分，开采枯竭的油藏和气藏，是 CO₂ 地质封存较为安全和理想的场所。许多天然气层本身就含有大量的 CO₂，给 CO₂ 在这类地层中的封存增强了信心。但是，由于开采枯竭的油藏和气藏的区域会存在很多钻井，其中包括废井，因此，这类地层的风险是 CO₂ 可能通过钻井而泄漏，特别是那些未被发现或者未能妥善处理的废弃钻井，是开采枯竭的油藏和气藏的重要风险源。

石油行业的经验表明，由于操作不当或者油井套管、封隔器或者灌注水泥等的退化，废弃油井往往是重要的泄漏途径之一。油井完整性的缺失长期以来一直被认为是 CO_2 地质封存最有可能的泄漏途径，尤其是当存在废弃油井或者老油井时。深部咸水层封存的 CO_2 泄漏途径也主要是上述途径，它与枯竭油气藏的差异，一是其盖层对 CO_2 的密闭性没有经过时间考验；另一个是当 CO_2 注入深部咸水层时，会引起储层压力的增加，因为只有将咸水层岩石空隙中的咸水挤压出来，才有空间储存 CO_2。

高压条件下的 CO_2，如注入设备、注入管线、采出设备、采出管线等高压的 CO_2，一旦发生泄压情况，CO_2 大量吸热造成设备、管线表面结霜，若发生泄漏，泄漏的 CO_2 会在泄漏处形成干冰，会造成泄漏部位压力圈闭，在应急处置时易发生次生伤害。

CO_2 地质封存和地质利用的环境风险可以分为两大类：全球风险和局部风险。全球风险是如果部分 CO_2 从封存地层泄漏到大气中，泄漏的 CO_2 可能影响气候变化。另外，CO_2 泄漏会对局部地区人类、生态系统和地下水等产生危害，即局部风险。关于全球风险，基于对当前的 CO_2 封存场址、自然系统、工程系统和模型的观察和分析，大于99%的 CO_2 很可能（90%～99%的概率）保留在恰当选择和管理的储层里100年以上，且有可能（66%～90%的概率）大于99%的 CO_2 能保留1000年以上。在更长的时间里，相似比例的 CO_2 有可能保留在储层里，因为矿化机制提供的额外捕获使得泄漏的风险预期随时间降低。关于局部风险，CO_2 的泄漏包含两种情景，即突发性泄漏和逐步泄漏。突发性泄漏是指由于注入井破裂或通过废弃井造成的 CO_2 的突然和快速释放。逐步泄漏是 CO_2 通过未被发现的断层、断裂或泄漏井释放。相比而言，逐步泄漏是更平缓、弥散地释放到地表。

2. CO_2 地下储存的现场监测

CO_2 地下储存的现场监测是及时发现 CO_2 泄漏并阻止其进一步的诱发环境风险的关键。通过 CO_2 监测技术可以获得的关键信息有：储层中 CO_2 的羽状影像；监测 CO_2 在地质储层内部运移情况；监测 CO_2 通过盖层泄漏到地下浅部的迁移情况；监测地表的变形情况；监测大气和地表水中 CO_2 浓度。

总体来说，CO_2 地质储存的监测依据从地表向下不同的监测范围可以分为两类情况：一种为浅层监测技术，所谓浅层监测就是指对地表浅层、土壤或者海底的监测，通过测量浅部区域 CO_2 浓度确定是否存在 CO_2 泄漏的情况，目前应用的主要技术有遥感技术、地球化学方法和生物技术等。浅层监测的目的是防止深部岩层封存的 CO_2 突破盖层束缚，进入地表，进而造成此生的环境灾害，所以浅层监测十分重要，泄漏到浅层的 CO_2 将直接对人类活动的产生不利影响。除了浅层监测，深部岩层的监测也是十分必要，深部岩层的监测主要是能够提供储存的 CO_2 向浅部岩层运移的预警，还能够依据 CO_2 的数量和运移情况的监测，对地质储层中 CO_2 的运移规律进行模型调整，以便对 CO_2 运移作出更为准确的预测。涉及深部岩层 CO_2 运移情况的监测技术有：4D地震技术、多分量地震技术、微地震技术、地表微重力监测技术和基于井的监测技术等。

10.2.4 工程应用

1. 中国神华煤制油深部咸水层 CO_2 地质封存示范项目

中国神华煤制油深部咸水层二氧化碳地质封存示范工程是中国首个，也是世界上规模最大的全流程煤基 CO_2 捕获和深部咸水层地质封存示范项目（图10-12）。该示范工程位于鄂尔多斯盆地北部，内蒙古鄂尔多斯市伊金霍洛旗东南约 40km 处。示范工程的碳源是从煤制氢装置变换单元的尾气中截流后，经气液分离、除油、脱硫、净化、精馏等工艺，将纯度为 88.83% 的 CO_2 提纯至 99.95% 以上，然后用低温罐车将 CO_2 运至封存区后，首先导入缓冲罐内，再经加压、加热后注入地下。缓冲罐、灌注井、监测井内压力、温度等监测数据实时传输至综合办公楼内。示范工程于 2011 年 5 月 9 日实施灌注实验，截至 2015 年 4 月中旬，完成 30 万 t 灌注目标。

图 10-12　中国神华煤制油深部咸水层 CO_2 地质封存示范工程

中国神华煤制油深部咸水层 CO_2 地质封存示范工程建立的 CO_2 地质封存监测平台，对 CO_2 在地下空间的扩散运移状态及其环境影响进行了监测与评价。构建了"大气—地表—地下" CO_2 地质封存立体监测技术方法体系，提出了 CCUS 环境影响与安全风险评价方法。CO_2 地质封存关键技术包括：储存工程场地勘查技术；储存评价物性参数实验室测试技术；灌注井布设设计技术；灌注井灌注控制技术；CO_2 地下运移地球物理监测技术；CO_2 地质封存数值模拟技术深层 pH 值原位监测技术；深部井下狭窄空间原位流体采样技术。经过 5 年多的监测运行，已获得一批 CO_2 背景值，对该区 CO_2 背景值及影响规律取得初步认识。具体的环境监测评价结果如下：

（1）运移扩散监测

针对注入后 CO_2 扩散去向问题，项目执行期间实施了 3 次 VSP 地震监测，描绘了 CO_2 在地层中的分布状态，盖层以上地层三期 T0 图差异基本为零，时差小于 0.1ms，说明该处没有检测到 CO_2 运移信号。目标储层中 CO_2 运移半径在 450m 左右，CO_2 基本上是均匀向外扩散。

（2）地质构造影响评价

针对在注入过程中可能产生的地面隆起问题，采用 InSAR 监测，以 CO_2 封存场地为中心，以 10km×10km 为监测范围，研究目标为此监测范围的地表变形特征。项目运行前到运行期间累计获取了 18 期 RADASAT-2 数据，注入影响区累计地表形变量统计结果表明，与封存前相比，典型监测点的最大抬升变化值仍在厘米量级波动，形变波动幅度与封存前基本一致，因此认为，封存期间场地周边无明显的地面变形。

（3）土壤环境影响评价

为更好地监测 CO_2 对土壤的环境影响，不仅设置了覆盖封存点周边 10km 范围内的机动土壤通量监测点、1 个 10m 深的原位土壤通量监测设施，还在注入井附件设置了 7 口 20m 深的取样井。监测结果显示，土壤 CO_2 通量的变化范围为 $0\sim0.68g/(m^2 \cdot h)$，主要随季节表现出一定差异，注入期间与背景值变化规律基本相当。水样分析离子组成也没有发生明显变化。监测结果距离指南说明中"土壤动物 CO_2 浓度达到 2% 就会出现生理负面效应"的环境影响相差甚远，没有发现对土壤环境造成影响，土壤环境风险级别为低。

（4）地下水环境影响

通过不定期在 CO_2 注入点周边 $10km^2$ 范围内的浅层地下水水井取样，考察新鲜的浅层地下水中 pH 值、电导率、Ca^{2+}、Mg^{2+} 等随时间的变化。监测显示监测点的 pH 值集中在 $7\sim8$ 之间，电导率在 $300\sim500\mu s/cm$ 的范围内，Mg^{2+} 浓度在 $7\sim15mg/L$ 的范围内，Ca^{2+} 浓度在 $50\sim80mg/L$ 的范围内。监测水质呈碱性，Ca^{2+}、Mg^{2+} 等随时间变化趋势与背景值相当，没有发现对地下水造成影响，地下水环境风险级别为低。

（5）大气环境影响评价

采用便携式红外 CO_2 分析仪，以 CO_2 注入井为中心，在其周边 $10km^2$ 即半径为 2km 的范围内监测 CO_2 浓度变化，实际监测显示在 2011—2014 年的整个观测期内，大部分观测点近地表 CO_2 浓度的变化范围为 $377\sim453ppm$。采用开路式涡度相关系统，测量地表与大气间的通量交换，监测结果显示 CO_2 浓度总体变化趋势均在当地典型生态系统的变化范围内，大气通量的变化趋势也符合净生态系统碳交换规律。监测结果显示没有发现对大气环境造成影响，大气环境风险级别为低。

2. 二氧化碳驱替煤层气先导性试验

中国是继美国和加拿大后世界上第 3 个进行煤层处置 CO_2 试验的国家。2002 年 3 月 15 日，中国商务部与加拿大的国际发展部签署了合作开发煤层处置 CO_2 以及 CO_2-ECBM 的协定，双方各出资约 300 万美元，选择在山西省沁水盆地进行 CO_2 地质处置以及 CO_2-ECBM 试验工作，历时约 5 年，完成了约 192.8t 的 CO_2 封存。本次先导性试验的 CO_2 来自附近的中原油田，为液态纯 CO_2。2007 年，中联煤层气有限责任公司在沁水盆地柿庄北区块 SX-001 井自主开始了单井注入/埋藏 CO_2 提高煤层气采收率试验，实现 CO_2 埋存量为 230t；2011—2015 年在沁水盆地柿庄北区块开展了深煤层井组（SX006 井组）注入 CO_2 的现场试验，共由 11 口井组成，注入井 3 口，生产井 8 口，累计注入 3963t CO_2。2011 年 9 月—2012 年 3 月，中联煤层气有限责任公司和澳大利亚联邦科工（CSIRO）在山西吕梁市柳林区块合作进行了 AAP CO_2-ECBM 项目的现场注气试验，共注入 460t CO_2。图 10-13 为 AAP CO_2-ECBM 项目的现场注气情况。

3. 中国石油吉林油田 CCS-EOR 项目

中国石油吉林油田以实现长岭气田伴生 CO_2 零排放为减排目标，以 CO_2 驱提高低渗透油藏采收率和单井产量为增效目标，率先应用 CO_2 驱油与埋存技术，建立了中国第一

(a)   (b)

图 10-13　AAPCO₂-ECBM 项目现场情况

个 CCS-EOR 项目的示范区，包括长岭气田净化处理厂、黑 59 原始油藏 CO_2 驱油先导试验区、黑 79 南中等含水及高含水前期 CO_2 驱油扩大试验区、黑 79 北高含水后期及特高含水 CO_2 驱油小井距试验区和黑 46CCS-EOR 工业化推广应用试验区。覆盖地质储量 1288 万 t、注气井组 61 个、采油井 253 口。

长岭天然气处理厂是中国石油第一座含 CO_2 天然气净化处理厂，包括集气、脱碳、脱水及 CO_2 压缩、储存等多种功能。它占地面积超过 10 万 m^2，目前已经形成日捕集 CO_2 1500t 的能力。

黑 59 原始油藏 CO_2 驱油先导试验区 2008 年 4 月建成投产，日注 CO_2 能力 200t，注入井 6 口，采油井 25 口，采用连续液态注入＋水气交替方式注入，注气总量 0.5HCPV，与水驱相比平均单井产量提高 30%，预测提高采收率 11%。目前驱替过程中直接埋存 50 万 t CO_2。

黑 79 南中等含水及高含水前期 CO_2 驱油扩大试验区 2010 年 6 月建成投产，日注 CO_2 能力 600t，注入井 18 口，采油井 60 口，采用连续液态注入＋水气交替方式注入＋伴生气循环注入，注气总量 0.5HCPV，与水驱相比平均单井产量提高 30%，预测提高采收率 14.5%。目前驱替过程中直接埋存 39 万 t CO_2。

黑 79 北高含水后期及特高含水 CO_2 驱油扩大试验区 2012 年 9 月建成投产，日注 CO_2 能力 100t，注入井 10 口，采油井 27 口，为了快速认识 CO_2 驱油的效果，缩小井距，形成 2 个中心评价井组。采用连续液态注入＋水气交替方式注入＋伴生气循环注入，注气总量 0.55HCPV，与水驱相比平均单井产量提高 4 倍，预测提高采收率 20%，其中核心区可提高采收率达到 25%。目前驱替过程中直接埋存 17 万 t CO_2。

黑 46CCS-EOR 工业化推广应用试验区于 2014 年 9 月建成投产，日注 CO_2 能力 1200t，注入井 27 口，采油井 141 口。采用连续超临界态注入＋水气交替方式注入＋伴生气循环注入，注气总量 0.07HCPV，与水驱相比平均单井产量提高 46.7%，预测提高采收率 12%，其中核心区可提高采收率达到 25%。目前驱替过程中直接埋存 8 万 t CO_2。

4. 国外开展的 CCS 项目

Weyburn 项目是位于加拿大萨斯喀彻温省的 CO_2 强化石油开采项目。该项目是目前世界上在运行的最成功例子之一，其 CO_2 源为北达科他州的 Great Plains Synfuels 煤制气工厂（隶属于美国达科他气化公司），CO_2 捕集后利用管道输送至加拿大 Weyburn 油田和 Midale 油田进行强化采油。该项目的总耗资估计为 8 千万美元，由美国和加拿大政府共同承担。CO_2 捕集和强化采油于 2000 年启动，输送 CO_2 的管道长度为 329km，平均封存深度 1500m。截至 2012 年，已有 3000 万 t 的 CO_2 注入 Weyburn 油田和 Midale 油田中（其中 2000 万 t 预计将在油田开采完成后长期封存在油田中）。因煤制气工厂产生的 CO_2 的纯度很高（96%），大大降低了 CO_2 捕集端的成本。2011 年，在考虑原油采收率的增加对成本的抵偿后，项目成本为 20 美元/t CO_2。该项目每天可使 Weyburn 油田增产 16000~28000 桶原油，使 Midale 油田增产 2300~5800 桶原油。该项目预计将使两个油田总共增产 1.3 亿桶原油，延长 Weyburn 油田开采期 25 年。

美国 Decatur CO_2 封存项目是由美国中西部地质封存联盟、美国 Archer Daniels 公司、斯伦贝谢公司共同牵头的 CO_2 封存工业示范项目。该项目向位于美国伊利诺伊州 Decatur 镇地下的 CO_2 储层——Mt Simon 砂岩层共注入了 100 万 t 的 CO_2。二氧化碳的注入于 2011 年 11 月 17 日正式开始，于 2014 年 11 月结束。CO_2 的来源是 Archer Daniels 公司的发酵制乙醇工厂。该项目的目标是验证 Mt Simon 砂岩层具有足够大的 CO_2 储量，CO_2 的注入速率不会随注入量的增加而显著衰减，且注入的 CO_2 不会从储层逸出。该项目建立了完备的地下和地表监测、信号二次确认和分析系统，制定了周期性取样和信号采集方案（包括水样采集、钻孔取芯、钻孔测井、地球物理测量信号收集等）。通过把样品分析及信号采集结果与先进的 3D 微震监测及地质地图技术相结合，获得了翔实的支撑大尺度数值模拟的储层地质数据。

CLEAN（CO_2 Large scale EGR in the Altmark Natural-gas field）项目是位于德国北部盆地的 CO_2 强化天然气开采工程。该天然气田面积约为 $1400km^2$，从 1968 年开始产气，但是自 1987 年开始，由于地层压力下降，产气量开始减少。其 CO_2 来自周围褐煤电厂富氧燃烧的捕集，封存深度为 3000m。CLEAN 项目开展了范围很广的安全封存研究，主要包括井的完整性、地质过程评估、储盖层模拟、环境及过程监测等。

10.3 CO_2 地质封存与利用技术（CCUS）

10.3.1 二氧化碳强化石油开采（CO_2-EOR）

二氧化碳强化石油开采（简称强化采油，CO_2 Enhanced Oil Recovery，CO_2-EOR），是指将 CO_2 注入油藏，利用其与石油的物理化学作用，实现增产石油并封存 CO_2 的工业工程（图 10-14）。在油田开发后期，注入 CO_2，能使原油膨胀，降低原油黏度，减少残余油饱和度，从而提高原油采收率，增加原油产量。

CO_2-EOR 的研究与应用始于 20 世纪 50 年代。该技术以其适用范围大、驱油效率高、成本较低等优势，作为一项成熟的采油技术受到世界各国的广泛重视。目前美国注入

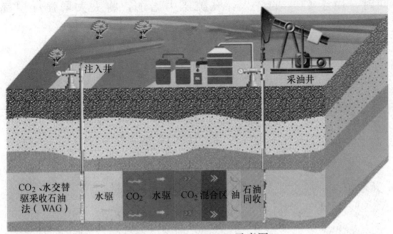

图 10-14　CO$_2$-EOR 示意图

油藏的 CO$_2$ 量约为 2000 万～3000 万 t/年，其中约有 300 万 t 来源于煤气化厂和化肥厂的废气。

1999 年中国提高石油采收率潜力评价结果表明，通过注 CO$_2$ 气驱提高采收率获得的石油开采量在地质储量中约占 13.2%，此外，1998—2003 年期间，6 年增加 45.7 亿 t，初步估计有 50% 适合注 CO$_2$ 气驱提高采收率。在新发现的储量 63.2 亿 t 的低渗油藏中，以目前成熟技术有 50% 没能得到有效开发，通过注 CO$_2$ 气驱将可以对这些新发现低渗油藏进行有效开发。

将回收的 CO$_2$ 注入油藏提高原油采收率，不仅可以长期储存 CO$_2$、履行减排义务，而且还可以更好地提高原油的采收率，取得经济效益。根据初步评价，中国强化采油的 CO$_2$ 封存容量在 20 亿 t 以上，可增采原油 7 亿 t 以上。渤海湾、松辽、塔里木、鄂尔多斯、准噶尔等 9 个盆地是开展强化采油技术潜力最大的盆地。CO$_2$ 强化采油技术在国际上已经处于商业应用水平，在中国处于工业应用的初期到中期水平。

10.3.2　二氧化碳驱替煤层气（CO$_2$-ECBM）

二氧化碳驱替煤层气技术（简称驱煤层气，CO$_2$-Enhanced Coalbed Methane Recovery，CO$_2$-ECBM），是指将 CO$_2$ 或者含 CO$_2$ 的混合气体注入深部不可开采煤层中，以实现 CO$_2$ 长期封存同时强化煤层气开采的工业过程（图 10-15）。驱替煤层气技术是一项有望大幅提高煤层气采收率、缩短开采周期、降低开采成本的下一代 CO$_2$ 捕集、利用与封存技术。驱替煤层气技术在国际上已经处于工业应用的初期水平，在中国处于技术示范的初期水平。

在煤系地层中，普遍存在着不可采的薄煤层或埋藏超过终采线的深部煤层等，这些无法开采的煤层是封存 CO$_2$ 的另一个潜在地质场所。当 CO$_2$ 注入此类煤层后，在煤层的孔隙中扩散、渗流、吸附，最终以吸附态、游离态赋存于煤层中，当压力、温度达到超临界条件时，CO$_2$ 还可以超临界流体存在。由于 CO$_2$ 在煤层中的吸附能力比甲烷高，煤体表面对 CO$_2$ 的吸附能力大约是对甲烷吸附能力的 2～10 倍。因此，在煤层气的强化开采过程中，注入煤层的 CO$_2$ 将优先被吸附，甲烷则从吸附态转化

215

为游离态。同时，由于 CO_2 的注入，孔隙压力增加，将大大增强煤层气的产出率，提高煤层气的回收率。

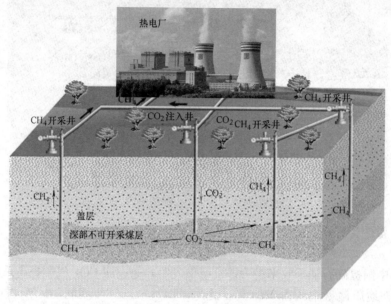

图 10-15 CO_2-ECBM 技术示意图

中国 68 个主要煤层区可储存 CO_2 约 $120 \times 10^8 t$，各大煤盆地的 CO_2 储存潜力不一。鄂尔多斯、吐鲁番－哈密盆地和准格尔盆地的煤层 CO_2 储存潜力最大，三者占全国储存总量的 65.49%，鄂尔多斯盆地的 CO_2 煤层储存潜力达到 $44.52 \times 10^8 t$，约占全国的 36.86%；约 98% 的储存潜力分布在中国的北方；华北地区储存场地于主要排放源的空间分布基本一致，便于 CO_2 的运输；华南地区 CO_2 储存潜力仅占全国的 2%，其 CO_2 储存应采用含水层或油气田等方式。

中国是继美国和加拿大后世界上第 3 个进行煤层处置 CO_2 试验的国家。自 2002 年以来，中联煤在山西沁水盆地开展了一系列的现场试验。除此之外，澳大利亚、波兰、日本也相继开展了 ECBM 试验。

美国是世界上最早实施煤层 CO_2 处置或者 CO_2-ECBM 工程的国家。位于新墨西哥州西北部和科罗拉多州交界的 Burlington-Allison Unit CO_2-ECBM 试验场是全球煤层处置 CO_2 的首个示范地，该试验场始建于 1995 年，位于全球著名的煤层气产地 SanJuan 盆地。当初选择 Allison Unit 作为 CO_2 处置场地的原因主要是其已经具备了成套的煤层气生产装置，并且靠近一条 CO_2 输送管道。该气田目前包括 9 口煤层气生产井和 4 口 CO_2 注入井。在 CO_2-ECBM 工程实施前，该气田已经通过生产井降压的方式进行了多年的煤层气开采。

10.3.3 二氧化碳增强地热系统（CO_2-EGS）

二氧化碳增强地热系统（CO_2-Enhanced geothermal systems，CO_2-EGS），是将 CO_2 注入深部地热储层，并通过生产井回采，以 CO_2 为工作介质的地热开采利用过程（图 10-16）。二氧化碳增强地热系统具备了传统增强地热系统不具备的优势：①超临界 CO_2 具有接近于水的密度但更低的黏度，在相同的多孔介质条件下受到更小的流动阻力，具有更大的渗透系数；②与水相比，CO_2的压缩系数和膨胀系数较高，容易维持更大的浮动力，循环泵的耗电量可显著降低；③超临界态CO_2不易将地层矿物质溶解并将大量水溶性盐运输到地表，不会产生设备结垢、污染浅层地下水等问题。CO_2-EGS技术目前总体还处于研发测试阶段。美国能源部已支持了若干旨在推进CO_2-EGS技术商业化的研究。中国CO_2-EGS尚处于基础研究阶段，已启动了多个与CO_2-EGS相关的基础研究项目，工作主要集中在地热资源勘探与评价技术、CO_2-EGS机理、EGS流体与储热岩层的相互作用、换热机理及能量转换技术等方面。

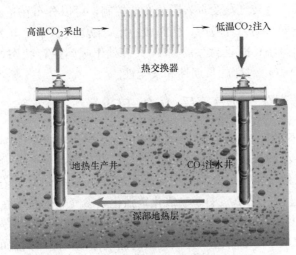

图 10-16 二氧化碳增强地热系统原理图

10.3.4 二氧化碳增强页岩气开采（CO_2-ESGR）

二氧化碳增强页岩气开采（简称页岩气增采，CO_2-enhanced shale gas recovery，ESGR），是指以超临界或液相CO_2代替水力压裂页岩，利用CO_2吸附页岩能力比CH_4强的特点，置换CH_4，从而提高页岩气产量和生产速率并实现CO_2地质封存（图 10-17）。

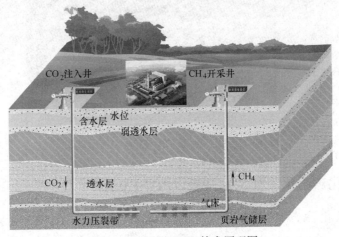

图 10-17 CO_2-ESGR 技术原理图

CO_2-ESGR 技术主要包括储层改造、一次开采、二次开采、CO_2 地质封存（储层再利用）等阶段。CO_2 在以上各个阶段中均发挥了不同的作用，其中超临界相或液相 CO_2 可代替水作为压裂液对页岩储层进行压裂处理，提高储层渗透率，减少压裂耗水量及对储层的损害，同时由于 CO_2 压裂的强造缝能力，也能提高单井页岩气开采量，提高页岩气一次开采效率。当页岩气井达到单井经济开采阈值时则需要采取措施进行页岩气二次开采，例如储层二次压裂或利用注入 CO_2、N_2 或混合气体增采页岩气。通过 CO_2 与 CH_4 在页岩储层中的竞争性吸附作用促进 CH_4 的进一步解吸，从而提高页岩气的采收率。

采用超临界 CO_2 钻井能够提高钻井速度，缩短建井周期，且其破岩压力要显著低于水射流。安全性方面，页岩气藏受页岩层分布的控制，可以分布在正向构造或负向构造圈闭、盆地边缘或中心弱水动力环境中，构造较稳定，断裂不发育，出现地震等灾害事件概率小，大规模泄漏风险小；而且封存的 CO_2 大多处于吸附赋存状态，难以流动，相对来说较稳定，可以保证 CO_2 封存的长期性和安全性。

10.3.5　二氧化碳强化天然气开采（CO_2-EGR）

二氧化碳强化天然气开采（简称强化采气，CO_2-enhanced natural gas recovery，CO_2-EGR），是指注入 CO_2 到即将枯竭的天然气气藏底部恢复地层压力，将因自然衰竭而无法开采的残存天然气驱替出来从而提高采收率，同时将 CO_2 封存于气藏地质结构中以实现 CO_2 减排的过程（图 10-18）。二氧化碳强化天然气开采技术在美国（Rio Vista 项目）、荷兰（K12B 项目）和德国（CLEAN 项目）等国家地区开展了先导性试验项目，中国还处于理论研究和示范规划阶段。天然气藏的储气性以及圈闭封盖的完整性在长期天然气赋存阶段和开发阶段已得到充分的地质验证，可作为 CO_2 封存的良好场所，减排潜力可观，同时气田采气井及地面集输管道网等基础设施齐全，有利于节约 CO_2 注入成本。

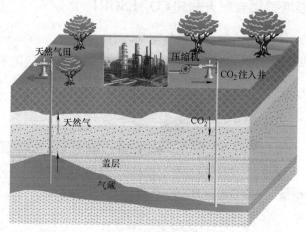

图 10-18　天然气田 CO_2-EGR 技术原理图

10.3.6　二氧化碳强化深部咸水开采（CO_2-EWR）

二氧化碳强化深部咸水开采（简称驱水技术，CO_2-enhanced water recovery，CO_2-EWR），是指将 CO_2 注入深部咸水层或卤水层，驱替高附加值液体矿产资源（如锂盐、钾盐、溴素等）或深部水资源的开采，同时实现 CO_2 长期封存的一种过程。强化采水技术依据结果不同分为两类：①利用 CO_2 驱替高附加值液体矿产资源技术或 CO_2 驱替卤水技术；②利用 CO_2 驱替深部咸水并淡化利用技术或 CO_2 驱替咸水技术。目前中国并没有 CO_2-EWR 项目，尚处于基础研究阶段，即将在新疆准噶尔盆地开展试验项目。对于西部地区的利用潜力，可以考虑煤化工的用水补给；东部地区具备缓解和修复地面沉降的潜力；南部地区具备卤水资源等液体矿床的开发潜力。

10.3.7　二氧化碳铀矿地浸开采（CO₂-EUL）

二氧化碳铀矿地浸开采（简称二氧化碳地浸采铀，CO_2-enhanced uranium leaching，CO_2-EUL），是指将 CO_2 与溶浸液注入砂岩型铀矿层，通过抽注平衡维持溶浸流体在铀矿床中运移，并与含铀矿物选择性溶解，采出铀矿同时实现 CO_2 封存的过程。二氧化碳铀矿地浸开采的原理主要有两方面：①通过加入 CO_2 调整和控制浸出液的碳酸盐浓度和酸度，促进砂岩铀矿床中铀矿物的配位溶解，提高铀的浸出率；②CO_2 的加入可控制地层内碳酸盐矿物的影响，避免以碳酸钙为主的化学沉淀物堵塞矿层，此外还可部分地溶解铀矿床中的碳酸盐矿物，提高矿床的渗透性，由此提高铀矿开采的经济性。

中国铀矿地浸开采已经实现商业应用，但不以 CO_2 封存为主要目的，主要应用于中国北方沉积盆地内，如鄂尔多斯、吐哈、松辽、塔里木盆地等。

10.3.8　生物质二氧化碳地质封存（CO₂-BECCS）

IPCC 第五次评估报告（2014 年）中强调了生物质能源技术和 CCUS 结合起来的新型 CCUS 技术（BECCS），包括生物质燃料发电、热电联产、造纸、乙醇生产、生物质制气等，将生产排放的 CO_2 利用 CCUS 技术消减掉。BECCS 最大的特点是可以实现 CO_2 负排放，因为生物生长吸收 CO_2，而 CCUS 技术又能把工业生产过程排放的 CO_2 储存在地下，从而实现了 CO_2 的净吸收（负排放）（图 10-19）。

图 10-19　生物质＋CCUS 技术原理图

参 考 文 献

[1] 钱学德，施建勇，刘晓东等. 现代卫生填埋场的设计与施工 [M]. 北京：中国建筑工业出版社，2011.

[2] 钱学德，朱伟，王升位等. 填埋场和污染场地防污屏障设计与施工（上册）[M]. 北京：科学出版社，2017.

[3] 钱学德，朱伟，徐浩青等. 填埋场和污染场地防污屏障设计与施工（下册）[M]. 北京：科学出版社，2017.

[4] Baghci A. Design, construction and monitoring of sanitary landfill [J]. New York：A Wiley Interscience Publication，1990.

[5] 钱学德，施建勇，刘慧等. 垃圾填埋场多层复合衬垫的破坏面特征 [J]. 岩土工程学报，2011，33（6）：840-845.

[6] 何海杰. 生活垃圾填埋场液气产生、运移及诱发边坡失稳研究 [D]. 杭州：浙江大学，2018.

[7] 叶剑. 填埋场渗沥液产量计算与水平导排盲沟渗流分析 [D]. 杭州：浙江大学，2015.

[8] 徐辉. 高厨余垃圾生化—水力-力学相互作用大型模型试验及应用 [D]. 杭州：浙江大学，2016.

[9] 缪林昌，刘松玉. 环境岩土工程学概论 [M]. 北京：中国建材工业出版社，2005.

[10] 席永慧. 环境岩土工程学 [M]. 上海：同济大学出版社，2019.

[11] 高武，詹良通，兰吉武等. 高渗滤液水位填埋场的填埋气高效收集探究 [J]. 中国环境科学，2017，37（4）：143 -1441.

[12] Qian X, Koerner R M. Modification to translational failure analysis of landfills incorporating seismicity [J]. Journal of Geotechnical and Geoenvironmental Engineering，2010，136（5）：718-727.

[13] GB 51220—2017，生活垃圾卫生填埋场封场技术规范 [S].

[14] GB 50869—2013，生活垃圾卫生填埋处理技术规范 [S].

[15] CJJ 113—2007，生活垃圾卫生填埋防渗系统工程技术规范 [S].

[16] CJJ 176—2012. 生活垃圾卫生填埋场岩土工程技术规范 [S].

[17] SL 386—2007，水利水电工程边坡设计规范 [S].

[18] 周健，屠洪权，缪俊发. 地下水位与环境岩土工程 [M]. 上海：同济大学出版社. 1995.

[19] 黄镇东. 领导干部交通知识读本 [M]. 北京：人民交通出版社，2002.

[20] 何水莲. 我国城市主要地质灾害分析 [J]. 广西地质，2000，13（3）：67-70.

[21] 王家全. 城市建设与地基土卓越周期变异研究 [D]. 南京：广西大学，2006.

[22] 李豫馨. 浅析地下水升降引起的岩土工程问题 [J]. 科技风，2019，3：108-109.

[23] 秦天，周健，孔戈. 武汉长江隧道工程场地粉细砂基于 GDS 的液化研究 [J]. 岩土工界，2007，10（5）：33-39.

[24] 张福泉. 调水工程的环境地质问题分析 [J]. 东北水利水电，1994（4）：31-34.

[25] 冯沛涛. 某高层商住楼地基土液化判定及其处理措施 [J]. 水利与建筑工程学报，2014，12（5）：216-218，222.

[26] 石永强. 水泥土搅拌桩加固可液化地基振动台试验研究 [D]. 成都：西南交通大学，2010.

[27] 吴沛沛. 锦屏水电站专用公路安宁河大桥桩—土相互作用分析 [D]. 成都：西南交通大学，2006.

[28] 吴志海. 安徽淮北平原新近沉积粉土工程性质研究 [D]. 合肥：合肥工业大学，2006.

[29] 李泉凤. 电磁场数值计算与电磁铁设计 [M]. 北京：清华大学出版社，2006.

[30] 蒙理明. 土骨架的新概念与土的动力特性 [J]. 建材世界, 2017, 38 (6): 65-70.

[31] 闫韶兵. 工程地质评价空间模拟方法研究与应用 [D]. 青岛: 中国海洋大学, 2007.

[32] 李巍, 王泰钦, 阴伟华. 严重液化场地单层建筑地基基础的选型及分析 [J]. 工程质量, 2013, 31 (5): 21-23.

[33] 苏生瑞, 王贵荣, 黄强兵. 地质实习教程 [M]. 北京: 人民交通出版社, 2005.

[34] 李红旗. 浅析采用挤密碎石桩 (干振法) 处理地基可液化土层 [J]. 西部探矿工程, 2006 (2): 22-24.

[35] 曾飞舟. 浅谈砂土和粉土液化的判别及相关的问题 [J]. 今日科苑, 2008, 16: 55-55.

[36] 徐永礼, 田佩林. 金工实训 [M]. 广州: 华南理工大学出版社, 2006.

[37] 张帅, 程晓辉. 微生物诱导碳酸钙结晶技术处理可液化砂土地基试验研究及数值模拟 [J]. 工业建筑, 2015, 45 (7): 23-27, 47.

[38] 刘汉龙, 赵明华. 地基处理研究进展 [J]. 土木工程学报, 2016, 49 (1): 96-115.

[39] 吴雨薇, 胡俊, 张皖湘, 汪树成, 刘文博. 微生物矿化技术加固土研究现状综述 [J]. 路基工程, 2018 (5): 6-11.

[40] 张浩然, 廉丽荣, 贺梓宸. 地下水污染现状及其治理技术措施 [J]. 环境与发展, 2019, 31 (9): 59, 61.

[41] 陈美平. 包头市地下水脆弱性评价研究 [D]. 北京: 中国地质大学, 2013.

[42] 地质矿产部岩石圈构造与动力学开放研究实验室. 1994 年年报汉英对照 [M]. 北京: 地震出版社, 1995.

[43] 缪玮. 西南矿区地下水重金属污染风险评价研究 [D]. 成都: 西南石油大学, 2017.

[44] 王诗语. 地下水污染现状与防治措施 [J]. 节能, 2019, 38 (8): 113-114.

[45] 王益. 徽州传统村落安全防御与空间形态的关联性研究 [D]. 合肥: 合肥工业大学, 2017.

[46] 刘艳刚, 朱卉. 关于斜坡地质灾害概念统一性和规范性理解之见析 [J]. 中国高新区, 2017, 18: 233-233.

[47] 鄢洪斌, 朱均安. 江西山洪灾害分布特征与预报初探 [C]. 中国气象学会 2005 年年会论文集, 2005.

[48] 余雷. 输气管道水毁灾害的分析研究 [J]. 商, 2015, (20): 60-62.

[49] 卓雅. 舟曲县泥石流特征与防治现状研究 [D]. 兰州: 兰州大学, 2014.

[50] 师哲, 赵健. 中国山洪灾害成因浅析 [C]. 2007 中国科协年会论文集 (三), 2007.

[51] 赵士鹏. 基于 GIS 的山洪灾情评估方法研究 [J]. 地理学报, 1996 (5): 471-479.

[52] 王益. 基于防洪视角的徽州古村落象形平面形态考察 [J]. 江淮论坛, 2018, 1: 155-160.

[53] 蒋佩华. 重庆市城口县山洪灾害成因分析及对策研究 [D]. 重庆: 西南大学, 2007.

[54] 胡万红, 胡艳卉, 范炜. 浅谈山区洪涝灾害及防治对策 [C]. "加快城市防洪抗旱减灾体系建设" 专题研讨会论文汇编, 2012.

[55] 崔传柏. 鹤岗市泥石流灾害分析 [J]. 黑龙江水利科技, 2008, 2 (36): 174-175.

[56] 傅春梅, 徐刚. 重庆市山洪灾害的危害、成因及防治对策 [J]. 太原师范学院学报 (自然科学版), 2011, 10 (1): 145-148.

[57] 杨良权. 尾矿库工程地质灾害风险性评价研究 [D]. 昆明: 昆明理工大学, 2013.

[58] 黄锦林. 库岸滑坡涌浪对坝体影响研究 [D]. 天津: 天津大学, 2012.

[59] 李莎莎. 甘肃省城市建设地质灾害防治研究 [D]. 兰州: 兰州大学, 2009.

[60] 杨引尊, 刘万明. 滑坡形成条件与勘察技术简析 [J]. 城市建设理论研究 (电子版), 2019, (8): 96-96.

[61] 朱凡. 土力学 [M]. 重庆: 重庆大学出版社, 2003,

[62] 张栋材. 滑坡稳定性分析及张清公路路堑滑坡加固方案研究 [D]. 长沙：中南大学，2002.

[63] 肖旭. 公路滑坡稳定性分析及加固治理 [J]. 科技信息（科学教研），2007，23：435，441.

[64] 成永刚. 滑坡的区域性分布规律与防治方案研究 [D]. 成都：西南交通大学，2013.

[65] RalphL，Shriner. 有机化合物系统鉴定手册 [M]. 北京：化学工业出版社，2007.

[66] 曲建民. 微型计算机应用基础教程 [M]. 北京：人民交通出版社，2004.

[67] 潘全祥. 土建工程技术主管实操手册 [M]. 北京：人民交通出版社，2008.

[68] 闫韶兵. 工程地质评价空间模拟方法研究与应用 [D]. 青岛：中国海洋大学，2007.

[69] 刘建民. 公路工程施工管理 [M]. 北京：人民交通出版社，2009.

[70] 国土资源部环境保护部. 全国土壤污染状况调查公报 [R]. 国土资源部环境保护部，2014.

[71] 李社锋，崔龙哲. 污染土壤修复技术与应用 [M]. 北京：化学工业出版社，2016.

[72] 刘松玉，杜延军，刘志彬. 污染场地处理原理与方法 [M]. 南京：东南大学出版社，2018.

[73] 周启星，宋玉芳. 污染土壤修复原理与方法 [M]. 北京：科学出版社，2004.

[74] 魏明俐. 新型磷酸盐固化剂固化高浓度锌铅污染土的机理及长期稳定性试验研究 [D]. 南京：东南大学，2017.

[75] 夏威夷，魏明俐，杜延军等. 有机物污染场地浅层异位固化稳定化试验研究 [J]. 岩土工程学报，2016，38（3）：510-517.

[76] 刘松玉，詹良通，胡黎明等. 环境岩土工程研究进展 [J]. 土木工程学报，2016，49（3）：6-30.

[77] US EPA. Superfund remedy report fourteenth edition [M]. Charlestone：Createspace Independent Publishing Platform，2013.

[78] 杜延军，金飞，刘松玉等. 重金属工业污染场地固化/稳定处理研究进展 [J]. 岩土力学，2011，32（1）：116-124.

[79] 环境保护部. 污染场地修复技术目录（第一批）[R]. 环境保护部，2014.

[80] 赵述华，陈志良，张太平等. 重金属污染土壤的固化/稳定化处理技术研究进展 [J]. 土壤通报，2013，44（6）：1531-1536.

[81] 夏威夷. 新型羟基磷灰石基固化剂修复铅锌镉复合污染土的机理与应用研究 [D]. 南京：东南大学，2018.

[82] 项莲. 基于钙矾石的重金属污染土固化/稳定化条件构建与机制探讨 [D]. 南京：东南大学，2018.

[83] 陈蕾. 水泥固化稳定重金属污染土机理与工程特性研究 [D]. 南京：东南大学，2010.

[84] Hooper K，Iskander M，Sivia G，et al. Toxicity characteristic leaching procedure fails to extract oxoanion-forming elements that are extracted by municipal solid waste leachates [J]. Environmental Science & Technology，1998，32（23）：3825-3830.

[85] HJ 55—2010，固体废物浸出毒性浸出方法水平振荡法 [S].

[86] HJ/T 300—2007，固体废物浸出毒性浸出方法醋酸缓冲溶液法 [S].

[87] HJ/T 299—2007，固体废物浸出毒性浸出方法硫酸硝酸法 [S].

[88] GB 5085.3—2007，危险废物鉴别标准浸出毒性鉴别 [S].

[89] Day S R，Zarlinski S J，Jacobson P. Stabilization of cadmium-impacted soils using jet-grouting techniques [J]. Geotechnical Special Publication，1997：388-402.

[90] 滕应，骆永明，李振高. 污染土壤的微生物修复原理与技术进展 [J]. 土壤，2007，39（4）：497-502.

[91] 陈红艳，王继华. 受污染土壤的微生物修复 [J]. 环境科学与管理，2008，33（8）：114-117.

[92] 薛高尚，胡丽娟，田云等. 微生物修复技术在重金属污染治理中的研究进展 [J]. 中国农学通报，2012，28（11）：266-271.

[93] 张彩丽. 微生物修复重金属污染土壤的研究进展 [J]. 安徽农业科学, 2015, 43 (16): 225-229.

[94] 钱春香, 王明明, 许燕波. 土壤重金属污染现状及微生物修复技术研究进展 [J]. 东南大学学报 (自然科学版), 2013, 43 (3): 669-674.

[95] 黄春晓. 重金属污染土壤原位微生物修复技术及其研究进展 [J]. 中原工学院学报, 2011, 22 (3): 41-44.

[96] 刘恩峰, 沈吉, 朱育新. 重金属元素 BCR 提取法及在太湖沉积物研究中的应用 [J]. 环境科学研究, 2005, 18 (2): 57-60.

[97] 周懿, 张萌, 陆友伟等. 土壤中 Pb、Cd 的稳定化修复技术研究进展 [J]. 环境污染与治理, 2015, 37 (5): 83-89.

[98] 李飞宇. 土壤重金属污染的生物修复技术 [J]. 环境科学与技术, 2011, 34 (S2): 148-151.

[99] 高彦波, 蔡飞, 谭德远等. 土壤重金属污染及修复研究简述 [J]. 安徽农业科学, 2015, 43 (16): 93-95.

[100] 涂书新, 韦朝阳. 我国生物修复技术的现状与展望 [J]. 地理科学进展, 2004, 23 (6): 20-32.

[101] 王瑞兴, 钱春香, 吴淼, 等. 微生物矿化固结土壤中重金属研究 [J]. 功能材料, 2007, 38 (9): 1523-1527.

[102] 刘文菊, 张西科, 张福锁. 根分泌物对根际难溶性镉的活化作用及对水稻吸收、运输镉的影响 [J]. 生态学报, 2000, 20 (3): 448-451.

[103] 代全林. 植物修复与超富集植物 [J]. 亚热带农业研究, 2007, 3 (1): 51-56.

[104] 杨良柱, 武丽. 植物修复在重金属污染土壤中的应用概述 [J]. 山西农业科学, 2008, 36 (12): 132-134.

[105] 江水英, 肖化云, 吴声东. 影响土壤中镉的植物有效性的因素及镉污染土壤的植物修复 [J]. 中国土壤与肥料, 2008, (2): 6-10.

[106] 黄铮, 徐力刚, 徐南军等. 土壤作物系统中重金属污染的植物修复技术研究现状与前景 [J]. 2007, (26): 58-62.

[107] 屈冉, 孟伟, 李俊生等. 土壤重金属污染的植物修复 [J]. 生态学杂志, 2008, 27 (4): 626-631.

[108] 白洁, 孙学凯, 王道涵. 土壤重金属污染及植物修复技术综述 [J]. 环境保护与循环经济, 2008, 28 (3): 49-51.

[109] 王学礼, 马祥庆. 重金属污染植物修复技术的研究进展 [J]. 亚热带农业研究, 2008, 4 (1): 44-49.

[110] 杨秀敏, 胡振琪, 胡桂娟等. 重金属污染土壤的植物修复作用机理及研究进展 [J]. 金属矿山, 2008, 385 (7): 120-123.

[111] 刘汉龙, 肖鹏, 肖杨等. 微生物岩土技术及其应用研究新进展 [J]. 土木与环境工程学报 (中英文), 2019, 41 (1): 1-14.

[112] 王俊丽, 王忠, 任建国. 耐铅微生物的筛选及其吸附能力的初步研究 [J]. 污染防治技术, 2010, 23 (1): 15-17, 63.

[113] 杨文浩. 镉污染/镉-锌-铅复合污染土壤植物提取修复的根际微生态效应研究 [D]. 杭州: 浙江大学, 2014.

[114] 刘保平, 王宁. 生物修复重金属污染土壤技术研究进展 [J]. 安徽农业科学, 2016, 44 (19): 67-69, 79.

[115] 崔龙哲, 李社锋. 污染土壤修复技术与应用 [M]. 北京: 化学工业出版社. 2017.

[116] 李朋飞. 浅析地下水升降引起的岩土工程问题 [J]. 世界有色金属, 2019, (6): 276-277.

[117] 张塬, 李平, 辜俊儒等. 砂土液化判别方法研究的若干进展 [J]. 防灾科技学院学报, 2019, 21

(1)：9-15.

[118] 吴雨薇，胡俊，张皖湘等. 微生物矿化技术加固土研究现状综述 [J]. 路基工程，2018，5：6-11.

[119] 程晓辉，麻强，杨钻等. 微生物灌浆加固液化砂土地基的动力反应研究 [J]. 岩土工程学报，2013，35（8）：1486-1495.

[120] 张帅，程晓辉. 微生物诱导碳酸钙结晶技术处理可液化砂土地基试验研究及数值模拟 [J]. 工业建筑，2015，45（7）：23-27，47.

[121] 杨梅，费宇红. 地下水污染修复技术的研究综述 [J]. 勘察科学技术，2008，(4)：12-16，48.

[122] 范宏喜. 我国地下水资源与环境现状综述 [J]. 水文地质工程地质，2009，36（2）：141-143.

[123] 张平仓. 中国山洪灾害防治区划 [C]. 第八届海峡两岸山地灾害与环境保育学术研讨会论文集，2011.

[124] 袁腾文. 盐渍土地区桥梁的耐久性设计 [J]. 山东交通科技，2015，1：101-102.

[125] 马健. 新疆博湖地区盐渍土对路基的危害及防治 [J]. 山西建筑，2014，40（10）：76-77.

[126] 张娜. 特殊性岩土的认识 [J]. 山西建筑，2014，40（5）：95-96.

[127] 王胜来. 盐渍土地区道路病害与防治研究 [J]. 市政技术，2007，25（4）：312-314.

[128] 郭兴. 盐渍土中易溶盐迁移规律与基本性质 [J]. 青海交通科技，2008，4：21-22.

[129] 袁腾文. 北方地区混凝土结构的耐久性设计 [J]. 山东交通科技，2015，2：111-112.

[130] 张有华. 焉耆盆地戈壁特殊土路基病害与防治 [D]. 兰州：兰州大学，2013.

[131] 薛明，朱玮玮，金众赞. 盐渍土路基盐分迁移防治与养护 [J]. 公路交通科技（应用技术版），2007（7）：28-31.

[132] 李自祥. 盐渍土中盐分迁移规律研究 [D]. 合肥：合肥工业大学，2012.

[133] 张冬菊. 盐渍土地区工程地基设计与防腐处理 [J]. 青海大学学报，2000，18（6）：21-28

[134] 付江涛，栗岳洲，胡夏嵩等. 含盐量对亚硫酸盐渍土抗剪强度影响的试验 [J]. 农业工程学报，2016，32（6）：155-161.

[135] 柴鋆之. 盐渍土的工程特性 [J]. 工程勘察，1983（6）：44-47.

[136] 吴玉梅. 盐渍土溶陷性及危害性 [J]. 科技风，2012（1）：24.

[137] 朱英. 中国及邻区大地构造和深部构造纲要 全国1：100万航磁异常图的初步解释 [M]. 北京：地质出版社，2004.

[138] 郭元明. 疏勒河苦沟-玉门关段盐渍土分析及工程地质评价 [J]. 甘肃水利水电术，2013，49（11）：34-36，58.

[139] 朱振学，章晓晖，李倩等. 盐渍土地基工程处理技术研究综述 [J]. 吉林水利，2019，448（9）：1-5.

[140] 高瑞华. 渤海海峡大风气候特征的初步分析 [D]. 兰州：兰州大学，2007.

[141] 孙颖士，邓松岭. 近年海洋灾害对我国沿海渔业的影响 [J]. 中国水产，2009，9：18-20.

[142] 杨骏. 发生学视角下人类活动对地质环境影响演进研究与生态文明实践 [D]. 西安：长安大学，2018.

[143] 张晓慧，盛春雁，邵滋和. 青岛沿海风暴潮分析 [J]. 海洋预报，2006（S1）：42-46.

[144] 卞明明，宋金玲，冯佳音等. 秦皇岛海域赤潮发生情况及分析 [J]. 河北渔业，2019，308（8）：26-28，48.

[145] 李明星. 认识海啸 [J]. 农村青少年科学探究，2019，11：35-35.

[146] 沈南熏. 全球气候变暖下的经济影响 [J]. 商讯，2019，04：71，88.

[147] 冯海波，钮海东. 广东海平面上升速度逐年加快 [N]. 广东科技报，2006-04-04（1）.

[148] 屠洪权，周健. 地下水位上升对砂性土地基承载力的影响 [J]. 上海地质，1994，50（2）：

33-43.

[149] 周健，屠洪权. 地下水位上升与粘性土地基承载力 [J]. 岩土力学，1994 (2)：62-69.

[150] 雷瑞波. 冰层热力学生消过程现场观测和关键参数研究 [D]. 大连：大连理工大学，2009.

[151] 刘海明. 昆明城市环境下附加应力场效应研究 [D]. 昆明：昆明理工大学，2008.

[152] 周健，贾敏才，陈正雄. 地下水位上升对土体震陷的影响 [J]. 工业建筑，2002，32 (3)：38-41.

[153] 吴吉春，薛禹群，谢春红等. 海水入侵过程中水-岩间的阳离子交换 [J]. 水文地质工程地质，1996，3：18-19.

[154] 张平仓，任洪玉，胡维忠等. 中国山洪灾害区域特征及防治对策 [J]. 长江科学院院报，2007，24 (2)：9-12，21.

[155] 于红梅. 火山分类 [J]. 城市与减灾，2018，(5)：12-17.

[156] 王跃杰，丁志平. 地震次生灾害预测和评价的研究 [J]. 山西地震，2002，(3)：33-37.

[157] 赵振东，王桂萱，赵杰. 地震次生灾害及其研究现状 [J]. 防灾减灾学报，2010，(2)：13-18.

[158] 邵虹波，刘宏. 地震次生灾害危害分析及建议 [J]. 长春理工大学学报（高教版），2009，4 (4)：183-184，7.

[159] 韦红波，李锐，杨勤科. 我国植被水土保持功能研究进展 [J]. 植物生态学报，2002，26 (4)：489-496.

[160] 杨劲松. 中国盐渍土研究的发展历程与展望 [J]. 土壤学报，2008，45 (5)：837-845.

[161] 成佳丽. 盐渍土地区路基地基处理措施研究 [D]. 西安：长安大学，2012.

[162] 赵宣，韩霁昌，王欢元等. 盐渍土改良技术研究进展 [J]. 中国农学通报，2016，32 (8)：113-116.

[163] 阿吉艾克拜尔，邵孝侯，常婷婷等. 我国盐碱地改良技术和方法综述 [J]. 安徽农业科学，2013，41 (16)：7269-7271.

[164] 俞冰倩，朱琳，魏巍. 我国盐碱土土壤微生物研究及其展望 [J]. 土壤与作物，2019，8 (1)：60-69.

[165] 杨真，王宝山. 中国盐渍土资源现状及改良利用对策 [J]. 山东农业科学，2015，47 (4)：125-130.

[166] 柴晓彤. 微生物菌剂对盐渍化土壤改良研究 [D]. 上海：上海交通大学，2016.

[167] 朱振学，章晓晖，李倩等. 盐渍土地基工程处理技术研究综述 [J]. 吉林水利，2019，9：1-5.

[168] 黎树式，戴志军. 我国海岸侵蚀灾害的适应性管理研究 [J]. 海洋开发与管理，2014，31 (12)：17-21.

[169] 王文海，吴桑云，陈雪英. 海岸侵蚀灾害评估方法探讨 [J]. 自然灾害学报，1999，8 (1)：71-77.

[170] 王玉广，张宪文，孙小婷. 海岸侵蚀灾害管理信息系统的实现 [J]. 中国地质灾害与防治学报，2007，18 (4)：50-53.

[171] 陈雪英，吴桑云，王文海. 海岸侵蚀灾害管理中的几项基础工作 [J]. 海岸工程，1998，17 (4)：57-61.

[172] 衣伟虹. 我国典型地区海岸侵蚀过程及控制因素研究 [D]. 青岛：中国海洋大学，2011.

[173] 殷杰. 中国沿海台风风暴潮灾害风险评估研究 [D]. 上海：华东师范大学，2011.

[174] 林峰竹，王慧，张建立，付世杰. 中国沿海海岸侵蚀与海平面上升探析 [J]. 海洋开发与管理，2015，32 (6)：16-21.

[175] 铁道部科学研究院西北研究所. 滑坡防治 [M]. 北京：人民铁道出版社，1977.

[176] 《环境科学大辞典》编委会. 环境科学大词典（修订版）[M]. 北京：中国环境科学出版

　　　　　社，2008.

[177] 《中国水利百科全书》第二版编辑委员会. 中国水利百科全书第二版 ［M］. 北京：中国水利水
　　　　电出版社，2006.

[178] 《中国水利百科全书》第二版编辑委员会. 中国水利百科全书第二版 ［M］. 北京：中国水利水
　　　　电出版社，2006.

[179] 《工程地质手册》编委会. 工程地质手册 ［M］. 北京：中国建筑工业出版社，2018.

[180] 魏进兵，高春玉. 环境岩土工程 ［M］. 成都：四川大学出版社，2014.

[181] 雷华阳. 工程地质 ［M］. 武汉：武汉理工大学出版社，2015.

[182] 席永慧. 环境岩土工程学 ［M］. 上海：同济大学出版社，2019.

[183] 王秀茹，王云琦. 水土保持工程学 ［M］. 北京：中国林业出版社，2018.

[184] 国家防汛抗旱总指挥部办公室，中国科学院　水利部成都山地灾害与环境研究所. 山洪泥石流
　　　　滑坡灾害及防治 ［M］. 北京：科学出版社，1994.